Willkommen in der Bürohölle!

Herausgegeben von Heike Abidi und Anja Koeseling

Willkommen in der Bürohölle!

Von schrecklichen Chefs, fiesen Kollegen
und unfähigen Untergebenen

Inhaltsverzeichnis

Willkommen in der Bürohölle

Blank gebohnerte Böden. Robuste Topfpflanzen. Hübsch gerahmte Familienfotos auf tadellos aufgeräumten Schreibtischen ...

Das mitteleuropäische Durchschnittsbüro hat eher etwas abgrundtief Piefiges als etwas Bedrohliches.

Doch der Schein trügt: Zwischen Kopierer und Teeküche, Vorzimmer und Abstellkammer, Großraumbüro und Aktenarchiv tobt ein nie enden wollender Kampf. Da wird gemobbt, gelästert, intrigiert, verleumdet und bloßgestellt, was das Zeug hält.

Flache Hierarchien? Transparente Kommunikationswege? Harmonische Unternehmenskultur?

Das sind doch bloß wohlklingende Worte in sorgfältig formulierten Leitbildern. Doch mit der Realität haben die nur selten etwas gemein. In Wahrheit geht es nur darum, mehr zu wissen als die anderen – und daraus Vorteile zu ziehen. Und natürlich darum, gratis Kopien machen zu können. Ganz davon abgesehen, dass ein Büro eine als Arbeitsplatz getarnte, gigantische Partnerbörse ist ...

Schreckliche Chefs. Fiese Kollegen. Unfähige Mitarbeiter. Und man selbst als einziger klar denkender Mensch mittendrin!

Der tägliche Gang ins Büro gleicht vor diesem Hintergrund fast einer Mutprobe. Wären da nicht die schönen Seiten des Arbeitsalltags: die Freundschaften, die Firmenfeste, die Betriebsausflüge und die Liebesgeschichten, die erstaunlicherweise auf dem erwähnten frisch gebohnerten Boden (oder dem Kopierer, dem Schreibtisch, in der Abstellkammer ...) höllisch gut gedeihen.

TEIL 1
»Der Fisch stinkt vom Kopf her«
Mitarbeiter über die da oben

Wer träumt nicht davon, im Lotto zu gewinnen, um dann nie wieder arbeiten gehen zu müssen?

Doch halt - hier fehlt ein kleiner, aber entscheidender Zwischenschritt, der in dieser Fantasie eine Rolle spielt: Denn anstatt dem Arbeitsplatz sang- und klanglos fernzubleiben, wünscht sich jeder, dem Chef einmal so richtig die Meinung zu geigen, sodass dem Hören und Sehen vergeht - und ihm dann den ganzen Kram vor die Füße zu werfen.

Fast erscheint diese Szene verlockender als das anschließende Leben in Saus und Braus!

Die Chefs dieser Welt wissen ja gar nicht, welch spektakuläre Show sie verpassen, solange keiner ihrer Mitarbeiter den Jackpot knackt.

Ja, sie ahnen oft nicht einmal, dass man sie für unfähig, ausbeuterisch, cholerisch, unfair, humorlos und schlichtweg fehl am Platz hält. Woher sollten sie es auch wissen? Niemand wagt es, sie darauf hinzuweisen. Stattdessen lacht man über ihre schalen Witze, lobt ihre klischeehaften Visionen, bewundert zähneknirschend ihre neue Villa mit Pool und vergibt in der jährlichen Mitarbeiterbefragung Bestnoten für den Boss.

Logischerweise, denn man will ja schließlich seinen Job behalten!

Aber hier, in diesem Kapitel, muss niemand katzbuckeln. Hier kommt die Wahrheit ans Licht – ganz ohne Lottogewinn. Und natürlich ohne Gewähr ...

KEINE ANGST VOR HOHEN TIEREN
Chef-Typen und wie man sie zähmt

Ganz egal, ob ein Unternehmen drei Mitarbeiter hat oder dreihundert: Wie sie sich fühlen, miteinander umgehen und zusammenarbeiten, bestimmt am Ende eine einzige Person. Chef bzw. Chefin definieren das Betriebsklima und das, was man heutzutage Unternehmenskultur nennt. Beispielsweise ob man sachlich miteinander diskutiert oder cholerisch herumbrüllt. Deshalb kann selbst der interessanteste, bestbezahlte Job zur Hölle auf Erden werden – wenn man mit dem Boss nicht klarkommt.

Doch das kann man lernen. Ganz einfach, indem man erkennt, mit welchem Typ Chef man es zu tun hat, und ihn (oder sie) dann entsprechend behandelt.

Lesen Sie hier, wie man die hohen Tiere erfolgreich zähmt!

Gorilla
Friedfertiger Familientyp mit moralischen Ansprüchen

Als Chef tritt er meist in der Variante Silberrücken in Erscheinung. Loyalität ist das Maß aller Dinge für diese Spezies. Seinem Team gegenüber ist er sanfter Beschützer, kluger Entscheider und fairer Schiedsrichter zugleich. Was der Silberrücken allerdings nicht ertragen kann, ist Verrat. Dann kennt er keine Gnade und schreckt auch vor fristlosen Kündigungen nicht zurück.

Wer den Chef vom Typ Gorilla reizt, ist selbst schuld. Sagen Sie nicht, wir hätten Sie nicht gewarnt!

Tiger
Power-Paket mit eingeschränkten Führungsqualitäten

Tiger sind Einzelgänger. Für Teamwork sind sie nicht geboren. Daher eigentlich auch nicht als Führungspersönlichkeit. Chefs dieses Typs wissen meist gar nicht, was ihre Mitarbeiter den ganzen Tag lang tun und wie gut sie darin sind. Auf die Idee, sie zu loben, kommen Tiger nicht von selbst. Wer darauf wartet, wird enttäuscht bleiben – wer es dagegen einfordert, kann sich den Respekt des Chefs verdienen.

Giraffe
Antiautoritärer Teamplayer mit Überblick

Praktikant oder Boss? Auf den ersten Blick kann man das nicht so eindeutig erkennen. Der Chef dieses Typs sieht sich selbst nicht gern als Vorgesetzter, was ihm oft als mangelndes Selbstbewusstsein ausgelegt wird. Und manchmal tut er sich bei Entscheidungen auch schwer. Denn Harmonie ist ihm einfach wichtiger als Machtkämpfchen. Aber letztendlich hat die Giraffe doch wieder den besten Überblick – wozu also der Stress?

Pfau
Selbstverliebter Möchtegern-Star mit Hang zur Drama Queen

Hauptsache auffallen – das ist das Motto dieser Spezies. Unauffällige Businessoutfits sind nicht sein Ding und billige schon gar nicht. Chefs dieses Typs sind zu selbstverliebt, um Konkurrenten neben sich zu ertragen, und auf Kritik reagieren sie geradezu allergisch. Doch wer sich als begeistertes Publikum erweist und davon absieht, mit lästigen Verbesserungsvorschlägen selbst Applaus einzufordern, kann mit dem Pfau ganz gut klarkommen.

Kamel
Ausdauernder Leistungsträger mit extrem gutem Gedächtnis

Chefs vom Typ Kamel sind schwer zu beeindrucken, denn das beste Vorbild für das Team sind sie selbst. Humorlos erledigen sie ihr Tagwerk und erwarten von allen anderen, dass sie genauso zäh sind – ganz egal, wie schwierig die Arbeitsbedingungen auch sind. Man mag sie auf den ersten Blick unterschätzen, aber ihr Gedächtnis ist phänomenal. Gut möglich, dass Sie in einem Mitarbeiterführungsgespräch auf einen Fauxpas von vor fünf Jahren angesprochen werden ... Kamele sind eben nicht nur diszipliniert, sondern auch nachtragend.

Buckelwal
Geselliger Spaßmacher mit Vorliebe für Kommunikation

Allein im Homeoffice zu arbeiten, käme für einen Menschen vom Typ Buckelwal niemals infrage. Er ist ein soziales Wesen und fest davon überzeugt, dass gemeinsame Aktivitäten gut für die Leistungsfähigkeit sind. Betriebsausflüge sind diesem Chef noch wichtiger als seinen Mitarbeitern, und wer hat bei der Firmenweihnachtsfeier am Ende das Karaoke-Mikro in der Hand? Richtig geraten ...

Nashorn

Schwergewichtiger Vegetarier mit niedriger Toleranzschwelle

Der größte Fehler, den man begehen kann, ist, einen Chef vom Typ Nashorn zu unterschätzen. Diese Spezies sieht nicht gerade majestätisch aus, auch nicht durchtrainiert oder elegant, sondern bodenständig, etwas träge und harmlos. Doch wehe, sie werden gereizt! Dann ist von Trägheit und Gemütlichkeit nicht mehr viel zu sehen. Lernen Sie, mit diesem Risiko zu leben und einer akuten Bedrohung auszuweichen. Brüllen Sie keinesfalls zurück, sondern gehen Sie in Deckung, bis die Gefahr vorüber ist.

Doch was, wenn Sie trotz aller Tipps nicht mit dem Wesen Ihres Chefs klarkommen? Ganz einfach: Was Sie weder ertragen noch ändern können, tut Ihnen nicht gut. Suchen Sie sich einen neuen Job – und damit einen neuen Chef oder eine neue Chefin!

EINSCANNEN, AUSDRUCKEN, ABHEFTEN

Als ich an meinem ersten Arbeitstag den Aufzug betrat, hatte ich vor Aufregung feuchte Hände und einen ganz trockenen Mund. Die Worte des Geschäftsführers, der das Einstellungsgespräch geführt hatte, klangen mir noch in den Ohren: »Frau Berger ist einzigartig. Sie gehört schon seit zwei Jahrzehnten zum Unternehmen und schuftet für drei. Als ihre neue Assistentin sollten Sie belastbar, motiviert und leistungswillig sein.«

Natürlich hatte ich überzeugend behauptet, dieser anspruchsvolle Job wäre wie für mich gemacht. Doch jetzt, auf dem Weg in den fünften Stock, war ich meilenweit entfernt von dieser Selbstsicherheit. Stattdessen kam ich mit jedem Meter, den der Lift an Höhe gewann, immer mehr zu der Gewissheit, eine dramatische Fehlbesetzung zu sein!

Immerhin war ich - Bettina Michels, Mittdreißigerin, gelernte Bürofachkraft und zweifache Mutter - dank Familienpause locker sieben Jahre lang völlig raus aus dem Berufsleben gewesen. Zwar hatte ich mich über die Updates der einschlägigen PC-Programme informiert, aber nicht wirklich damit gearbeitet.

Ich fühlte mich auch deutlich älter, langsamer, ausgelaugter als zu der Zeit vor den Kindern. Damals war mir keine Überstunde zu viel, keine Deadline zu knapp, kein Projekt zu kompliziert gewesen. Aber jetzt ... unzählige durchwachte Nächte, gewechselte Windeln und gebastelte Laternen später war mein Ehrgeiz von damals fast völlig erloschen.

Diese Frau Berger würde mich im Nullkommanix durchschauen und spätestens am dritten Tag in der Luft zerreißen, da war ich fast sicher! Entsprechend eingeschüchtert trat ich aus dem Fahrstuhl und klopfte an ihre Tür.

Frau Berger war weit davon entfernt, mich in der Luft zu zerreißen! Stattdessen begrüßte sie mich mit ganz unerwarteter Herzlichkeit.

»Und nennen Sie mich Reinhild!«, fügte sie hinzu.

»Bettina«, antwortete ich zaghaft.

Der erste Arbeitstag verlief völlig stressfrei. Reinhild stellte mir die Kolleginnen aus den Nachbarabteilungen Personal, Marketing und Vertrieb vor, gab mir die Unternehmensbroschüre zu lesen, deren Inhalt ich natürlich längst aus dem Internet kannte, und bat mich dann, die Abrechnungsbögen der Außendienstler einzuscannen. Eine stupide Arbeit, die sich bis zum Feierabend hinzog – aber ich war froh darüber. So konnte ich wenigstens durch Arbeitseifer für einen guten Eindruck sorgen. Meine Inkompetenz würde schon früh genug entlarvt werden und dann war es gut, wenn ich vorher ein paar Fleißpunkte gesammelt hatte.

Am nächsten Tag war ich schon deutlich entspannter. Meine Aufgabe bestand darin, allen Kunden eine Einladung zum Firmenjubiläum zu schicken. Der Text stand schon fest, eine Datei mit allen Kundenadressen war auch vorhanden.

»Kein Problem, ich mach das dann als Serienbrief.«

Reinhild stutzte. »Wie auch immer«, antwortete sie kurz angebunden und stöckelte davon in Richtung Kopierer. Für den Bruchteil einer Sekunde schoss mir der Verdacht durch den Kopf, Reinhild Berger hätte noch nie zuvor das Wort *Serienbrief* gehört. Aber das konnte ja nicht sein. Schließlich war sie die Kompetenz in Person!

Während ich also meinen Arbeitstag damit verbrachte, die Einladungen versandfertig zu machen, eilte sie emsig zwischen Kopierer und Schreibtisch hin und her, heftete ab, schleppte Ordner durch die Gegend, prüfte mit ernster Miene Zahlenkolonnen und nahm Telefonate entgegen. Ich war irrsinnig beeindruckt von so viel Schaffenskraft – immerhin war Reinhild schon Mitte fünfzig und doch so viel tüchtiger als ich.

An einem Spätvormittag in meiner zweiten Arbeitswoche – ich durfte inzwischen auch Telefondienst schieben und einfache Korrespondenz erledigen – jagte mir Reinhild, kaum dass sie mein Büro betreten hatte, den Schreck meines Lebens ein: Erst stieß sie einen schrillen Schrei aus, dann warf sie sich wie eine Torfrau beim Elfmeter auf den Boden. Zuerst kapierte ich gar nicht, was sie da tat, glaubte sogar an eine Art Unfall oder ein medizinisches Problem, doch dann wurde urplötzlich mein Bildschirm schwarz. Reinhild hatte den Stecker meines Rechners gezogen.

»Das war Rettung in letzter Sekunde«, keuchte sie, während sie sich aufrappelte.

»Was in aller Welt sollte das?«, fragte ich leicht ungehalten. »Zum Glück hab ich gerade gespeichert, sonst wäre die Arbeit der letzten Viertelstunde futsch gewesen.«

»Schon, aber in diesem Fall war Gefahr im Verzug«, erklärte sie. »Du hattest doch auf die verbotene Taste gedrückt.« Seit einem gemeinsamen Mittagessen in der Kantine neulich duzten wir uns. Doch das half mir jetzt auch nicht dabei, die kryptische Botschaft meiner Chefin zu begreifen.

»Auf die verbotene Taste?«, wiederholte ich verständnislos. Seit wann gab es denn so was?

»Na, auf den Störungsknopf.« Reinhild deutete auf die Strg-Taste. »Den darf man niemals, *wirklich niemals* benutzen, sonst geht alles kaputt.«

»Alles?«, echote ich ungläubig. Reinhild wollte mich wohl verkohlen. Gleich kam bestimmt ein Kamerateam hinter dem Benjamini hervorgesprungen und rief: »Willkommen bei *Versteckte Kamera!*«

»Alles, was jemals auf diesem Computer gespeichert war, ist dann gelöscht. Auch sämtliche Programme«, bestätigte Reinhild mit heiligem Ernst. »Deshalb habe ich auch dieses Warnschild angefertigt.«

Tatsächlich, schräg hinter der Tastatur entdeckte ich einen zweckentfremdeten Dessert-Aufsteller aus der Cafeteria, auf dem ursprünglich wohl Zitronen-Sorbet, Tiramisu oder Crème brulée angepriesen worden war. Jetzt war das Täfelchen mit einem Totenkopfsymbol beklebt. Darunter stand: »Strg-Taste drücken streng verboten.«

Wortlos schob ich den Stecker wieder in die Dose, schaltete den PC an, loggte mich im Internet ein

Strg-Taste drücken streng verboten.

und öffnete eine Seite, auf der nützliche Tastenkombinationen aufgelistet waren.

»Mit Störung hat das alles nichts zu tun«, versuchte ich Reinhild klarzumachen. »Die Steuerungstaste ist total praktisch, wenn man nicht wegen jeder Kleinigkeit zur Maus greifen will. Strg + C ist ein Kürzel für Kopieren, Strg + X für Ausschneiden, Strg + S für Speichern. Und genau das habe ich vorhin gemacht: gespeichert.«

Reinhild Berger starrte mich ungläubig an. Ich öffnete meine Word-Datei und führte ihr ein paar dieser Funktionen vor.

»Da haben mich die Jungs aus der Technikabteilung wohl auf den Arm genommen«, meinte sie schließlich, nahm das Totenkopfschild, warf es in den Abfall und zog mit klappernden Absätzen von dannen.

Reinhilds Ego schien unter diesem Vorfall nicht gelitten zu haben. Nach wie vor strahlte sie so viel Sachverstand aus, als wäre der Strg-Zwischenfall nie passiert. Sie eilte durch die Gänge, befüllte Hängeregistraturmappen, schrieb Telefon-notizen, legte neue Ordner an, machte sich an Drucker und Scanner zu schaffen und natürlich verging kein Tag, ohne dass sie Überstunden machte. Doch meine Zweifel an Reinhilds legendärer Kompetenz waren gesät. Und ich fragte mich, was sie da eigentlich tat mit all diesen Ordnern, Mappen und Kopien.

Einige Tage später erhielt ich einen ersten Hinweis darauf. Denn da bat mich Reinhild, einen Stapel Sitzungsprotokolle, die ich unlängst abgetippt hatte, einzuscannen.

»Wozu?«, fragte ich neugierig. Ich war ja immer noch in der Einarbeitungsphase und wollte signalisieren, wie begierig ich darauf war, die internen Arbeitsabläufe und Gepflogenheiten kennenzulernen. Und natürlich hatte ich auch den leisen Verdacht, dass Reinhilds Antwort in etwa auf Totenkopfschild-Niveau sein könnte. Doch selbst wenn mein Leben davon abgehangen hätte, wäre ich nie auf ihre Begründung gekommen.

»Die Dokumente sollen als PDF gespeichert werden«, informierte sie mich.

Ich stand auf dem Schlauch. Was hatte das mit dem Scan-Auftrag zu tun?

Nachsichtig schüttelte sie den wohlfrisierten Kopf. »Du musst wissen, Betty, was man einscannt, hat man dann als PDF-Datei.«

Ich biss die Zähne aufeinander – nicht nur, weil sie mich Betty genannt hatte, eine Verniedlichung, die ich schon immer gehasst habe. Sondern vor allem, weil ich nicht laut herausplatzen und sie mit einem unkontrollierten Kicheranfall beschämen wollte. Ich tat so, als müsste ich husten. Als ich meinen Lachreiz wieder im Griff hatte, zeigte ich ihr wortlos, wie man

Word-Dokumente im PDF-Format abspeichert. Ohne sie erst auszudrucken und einzuscannen.

»Oh«, sagte sie beeindruckt und wurde blass. Und dann noch mal: »Oh. Ach, ehrlich? Na gut, dann mach es halt so, wenn dir das lieber ist. Und dann druckst du sie bitte noch mal aus, stempelst sie mit dem Datum von heute ab und heftest alles in diesen Ordner.«

Und weg war sie wieder mit ihren klappernden Absätzen.

Mit der Zeit blühte ich regelrecht auf. Von meinen anfänglichen Selbstzweifeln war nicht mehr viel übrig. Zumindest was die Technik betraf, war ich meiner Chefin weit überlegen. Und weil meine Arbeitsweise so viel zeitsparender war als ihre, konnte ich es ganz ruhig angehen lassen, ohne dass Arbeit liegen blieb oder ich auch nur eine einzige Überstunde machen musste.

Reinhild dagegen blieb weiterhin jeden Abend länger. Sie tat mir fast leid. »Kann ich dir irgendwie helfen?«, fragte ich eines Nachmittags. Ich hatte die Jacke schon übergezogen und schaute noch einmal kurz in Reinhilds Büro vorbei. Sie hatte gerade ihre Goldrandbrille abgesetzt und rieb sich die Augen.

»Ach, geh du nur nach Hause«, sagte sie, »ich krieg das schon hin.« Sie klang müde und ein bisschen frustriert.

»Aber zu zweit geht es vielleicht schneller. Was machst du da eigentlich?«

Ich trat näher und warf einen Blick auf die Papiere voller Zahlenkolonnen, mit denen ihr Schreibtisch übersät war. »Korrigierst du die Bilanzen?«

Sie nickte. »Die Quartalsabrechnungen sind fällig. Ich muss das alles noch prüfen.« Sie deutete auf einen gigantischen Stapel.

»Du Ärmste«, rief ich erschrocken, »das schaffst du ja niemals vor Mitternacht!« Spontan stellte ich meine Tasche ab und zog die Jacke wieder aus. »Gib her, ich lese vor und du vergleichst, dann geht es doch viel schneller. Wo ist die Vorlage?«

»Welche Vorlage?« Reinhild zog die Stirn kraus.

»Ich dachte, du prüfst diese Zahlen. Die kannst du doch sicher nicht alle auswendig. Also - womit vergleichst du die Ausdrucke?« Tatendurstig schnappte ich mir einen Stuhl und setzte mich neben meine Chefin.

»Na, damit«, erwiderte Reinhild und deutete auf den Monitor.

Ich fiel fast vom Hocker.

»Wie jetzt?«, japste ich fassungslos. »Du vergleichst die Ausdrucke mit der Datei?«

Reinhild nickte. »Das mache ich immer so. Seit Jahren. Ist immer eine Heidenarbeit, das kannst du mir glauben.« Selbstzufrieden faltete sie die Hände vor ihrem Wohlstandsbäuchlein.

»Und? Hast du dabei jemals eine Unstimmigkeit gefunden?«, fragte ich halb amüsiert, halb fassungslos.

»Noch nicht. Aber wenn ich es nicht kontrolliert hätte, könnten wir das so genau nicht wissen.«

Was war denn das für eine absurde Logik?

»Doch, das wüssten wir – weil Ausdruck und Bildschirmansicht immer identisch sind.«

»Ihr jungen Dinger meint immer, alles besser zu wissen«, seufzte Reinhild. »Ich mache nun mal keine halben Sachen.«

Ich glaubte nicht nur – ich wusste es tatsächlich besser. Aber ich hatte nicht die geringste Ahnung, wie ich Reinhild davon überzeugen sollte.

»Mach dir nichts draus, Betty, eines Tages, wenn du lange genug hier angestellt bist, überblickst du bestimmt auch die Zusammenhänge.«

Ich schloss die Augen. Zählte stumm bis zehn. Und dann weiter bis zwanzig. Doch auch das half nicht. Genauso wenig wie tiefes Durchatmen. Sie hatte mich wieder Betty genannt. Und sie hatte wirklich, *wirklich* nicht die geringste Ahnung, wie unfassbar bescheuert sie war!

Wortlos stand ich auf, zog meine Jacke über und ging zur Tür. Dort drehte ich mich noch einmal kurz um und sagte: »Nur zu deiner Information, liebe Reinhild. Zwischen der Datei auf deinem Bildschirm und dem Ausdruck kann es keinen Unterschied geben. Er! Muss! Identisch! Sein! Jede Minute, die du damit verschwendest, beides zu vergleichen, ist verlorene Lebenszeit. Und übrigens: Mein Name ist Bettina.«

Am nächsten Morgen kam Reinhild nicht zur Arbeit. Auch am übernächsten nicht. Am dritten Tag war ihre Krankmeldung in der Post. Auf unbestimmte Zeit.

Man munkelte, sie hätte einen Nervenzusammenbruch erlitten. Andere sprachen gar von Burn-out.

Na, super. Das hatte ich nun davon. Warum nur hatte ich meine Chefin so vor den Kopf gestoßen? Nun musste ich sehen, wie ich all ihre Arbeit bewältigte. Zusätzlich zu meinen Aufgaben, wohlgemerkt.

Wobei – eine feste Tätigkeitsbeschreibung gab es für mich bislang nicht. Ich hatte einfach immer das erledigt, was Reinhild mir auftrug. Und das fiel ja nun weg.

Umso besser. Ich hatte also nur noch Reinhilds To-do-Liste abzuarbeiten. Doch wie genau sah die aus? Sollte ich etwa auch mit klappernden Absätzen zwischen Kopierer und Aktenschrank hin- und herstöckeln? Oder Dokumente einscannen, um eine PDF-Datei zu generieren? Ausdrucke mit der Bildschirmansicht vergleichen? Totenkopfwarnschilder basteln, die vor der Strg-Taste warnen?

Ich beschloss, herauszufinden, worin Reinhilds eigentliche Arbeit bestand. Also *der* Teil ihrer eifrigen Aktivitäten, der in irgendeiner Form sinnvoll war.

Der Geschäftsführer rief mich zum Krisengespräch. »Trauen Sie sich denn zu, Frau Berger in nächster Zeit zu vertreten?«, fragte er mit ernster Miene, ohne sich näher darüber auszulassen, was konkret damit gemeint war.

Ich versicherte, dass ich mein Bestes geben würde. Dann fragte ich nach einer Prioritätenliste. »Welche von Frau Bergers vielen Aufgaben sind die wichtigsten?«

Der Geschäftsführer hatte es plötzlich sehr eilig, brach das Gespräch nach einem hektischen Blick auf die Uhr ab und meinte nur, ich solle das selbst entscheiden.

Aha. Er hatte also auch keine Ahnung, was Reinhild seit zwanzig Jahren so eifrig getrieben hatte. Ich musste mich selbst daran machen, es herauszufinden – und bezog noch am gleichen Tag ihr Büro.

Als Erstes durchforstete ich die riesigen Aktenschränke. Dabei fiel mir ein Ordner mit der Aufschrift »Aktennotizen Bettina Michels« ins Auge. Was denn für Notizen? Ich hatte doch nichts verbrochen … Neugierig griff ich danach.

»Anruf von Firma Schwarz von Frau Michels angenommen und durchgestellt«, stand da beispielsweise in Reinhilds exakter Handschrift. Dazu Datum und Uhrzeit. Das Formular war eingescannt, ausgedruckt und abgeheftet – natürlich mit einem Stempel versehen und einem Vermerk, wo die PDF-Datei abgespeichert ist. Ich überprüfte das – tatsächlich, alles war so, wie es in der Aktennotiz stand.

Und obwohl ich erst seit wenigen Wochen im Unternehmen arbeitete, gab es unzählige ähnliche Vermerke über meine Tätigkeiten. Alles, was ich je erledigt hatte, war dokumentiert. Notiert, eingescannt, ausgedruckt, abgeheftet. Und nicht nur über mich existierte so ein Ordner – sondern über alle

Mitarbeiterinnen und Mitarbeiter im Büro. Auch über solche, die schon seit Jahren nicht mehr hier arbeiteten.

Grundgütiger!

Ich wühlte mich weiter durch die Schränke und fand die abenteuerlichsten Spuren von Reinhilds zwanzig Jahre währenden Arbeitsbeschaffungsmaßnahmen. Nicht nur Aktennotizen. Sondern auch Protokolle. Tabellen. Bilanzen. Alles mehrfach kopiert und mit dem Stempel »geprüft« versehen. Vermutlich Zeile für Zeile mit der Bildschirmansicht verglichen.

Ich überschlug, wie viele Stunden auf diese Weise vergeudet worden waren, und kam auf eine Zahl, die mir die Haare zu Berge stehen ließ.

Was am Ende an echter Arbeit übrig blieb, war überschaubar. Telefondienst, Korrespondenz, Rechnungen, Buchhaltung. Für Letzteres gab es ein hervorragendes Programm, das die Bilanzen quasi von selbst erstellte. Auf Knopfdruck. Alles war auf dem Server gespeichert, mit Sicherheits-Back-up. Ich musste nichts ausdrucken, schon gar nicht sechsfach. Und auch nichts einscannen oder abheften.

Nach einigen Tagen überschaute ich die Lage so weit, dass ich dem besorgten Geschäftsführer, der immer mal wieder hereinschneite, versichern konnte, alles laufe bestens. Es lief sogar so gut, dass ich spätestens gegen Mittag fertig war mit meinem Tagwerk. Was natürlich ungünstig war, denn immer, wenn jemand hereinschaute, musste ich schwer beschäftigt wirken, sonst wäre ich meinen Job sofort los, sobald Reinhild wieder gesund war.

Und so begann ich, Italienisch zu pauken. Ich fand ein groß-artiges Online-Selbstlernerprogramm, das super funktionierte. Außerdem vertickte ich nach und nach den kompletten Inhalt meiner Abstellkammer auf eBay. Ursprünglich hatte ich den Kram auf dem Flohmarkt verkaufen wollen, wozu ich allerdings nie gekommen war. Jetzt hatte ich endlich mal Zeit für dieses Projekt.

Als die Abstellkammer leer und mein Italienisch auf Touristen-Small-Talk-Niveau war, rief mich der Geschäftsführer mal wieder zum Gespräch.

»Frau Berger kommt nicht mehr zurück«, teilte er mir mit. »Sie geht in den Vorruhestand.«

Ich nickte und schwieg. Damit hatte ich schon fast gerech-net. Aber was bedeutete das für mich? Wenn er mir jetzt eine andere Chefin vor die Nase setzte, war es vorbei mit der schö-nen Zeit. Dann würde unweigerlich herauskommen, dass ich eigentlich gar nichts zu tun hatte, und ich müsste mir über kurz oder lang einen neuen Job suchen ...

»Können Sie sich vorstellen, die Abteilung auf Dauer eigen-verantwortlich zu leiten?«, unterbrach der Geschäftsführer meine düsteren Gedanken. »Natürlich stellen wir eine persön-liche Assistentin für Sie ein.«

Ich brauchte einen Moment, um zu begreifen. Dann wurde mir klar, dass er mir gerade den Himmel auf Erden anbot!

Die Vorstellungsgespräche führte ich selbst. So konnte ich sicherstellen, dass meine neue Mitarbeiterin nicht gerade die hellste Leuchte am Bewerberhimmel war. Ich brauchte eine Assistentin, die mit meinen bisherigen Tätigkeiten voll ausgelastet war und nicht auf die Idee kam zu fragen, was ich eigentlich den ganzen Tag lang so trieb.

Melanie Parker war die perfekte Wahl. An ihrem ersten Arbeitstag wirkte sie zwar etwas eingeschüchtert von meiner souveränen Chefinnen-Ausstrahlung, aber das legte sich bald, als ich sie herzlich begrüßte und ihr anbot, mich Bettina zu nennen.

Nachdem ich ihr alles erklärt hatte, zog ich mich in mein Büro zurück und setzte mich an den PC. Jetzt konnte ich mich endlich ganz meiner neuen Leidenschaft widmen: Kurzgeschichten schreiben. Ich wusste auch schon, wie die Überschrift meiner ersten Story lauten sollte. »Einscannen, ausdrucken, abheften«, schrieb ich in großen, fetten Buchstaben und lehnte mich dann mit einem zufriedenen Lächeln zurück.

NENNT MICH JOKER

Oder: Highlights aus zwanzig Jahren Zeitarbeit

Kennen wir uns?

Ich sehe die Frage in deinem Gesicht und grinse zur Antwort. *Irgendwas von mir wird dir bestimmt schon begegnet sein. Meine Stimme, mein Gesicht oder beides. Denk mal scharf nach, Süßer!*

Mir in dieser Region komplett aus dem Weg zu gehen, ist nämlich so gut wie unmöglich. Es reicht schon, die große Tageszeitung im Abo zu haben. Wenn einer einen Urlaub plant und vorher bei der Servicehotline anruft, um das Käseblatt für zwei Wochen abzubestellen, hat er eine nicht unerhebliche Chance, mich in die Leitung zu bekommen.

Du bist Nicht-Leser? Und fährst lieber mit deinem Flitzer in die Berge?

Dann bist du vielleicht schon mal im Straßengraben liegen geblieben. Sagen wir, an Neujahr. Du riefst bei deiner Reiseversicherung an, damit die dir den Abschleppdienst schicken und die Reparatur organisieren. Und wer nahm deinen Anruf entgegen? Vielleicht ich – Feiertagsdienste mache ich öfter.

Du hast seit Ewigkeiten gar kein Auto mehr?

Hast früher heiße Schlitten aufgebrochen und musstest dafür in den Knast? Na dann – vielleicht trafen wir uns ja in der Zeit danach, irgendwann zwischen Januar und Juli 2013.

Ich war das Mädel, das dir half, die ersten Bewerbungsschreiben nach deiner Entlassung auf die Reihe zu kriegen.

»Bewährungshilfe hinterm Turm« - bringt dieser Name bei dir was zum Klingeln?

Nicht? Dann hast du mich vielleicht im Fernsehen gesehen. An einem Montag im Dezember, um 18.50 Uhr im Dritten. Ich war die Leiche auf den Stufen der Stadtpfarrkirche, ganz zu Anfang der Sendung.

Du starrst mich mit offenem Munde an. Ich höre dein Gehirn förmlich rattern.

Wo, zum Teufel, arbeitet die denn?

Ich überlege kurz, dir noch ein Liedchen von Hannes Wader vorzusingen, *Heute hier, morgen dort.* Oder dir zu erzählen, wie meine Freunde mich nennen: »Der Joker«. Endlich verrate ich dir meine offizielle Berufsbezeichnung: kaufmännische Angestellte für eine Zeitarbeitsfirma.

Zeitarbeit! Da kratzt du dich am Kopf, scharrst mit den Füßen und machst dich schnell vom Acker. Ich weiß schon, was dir jetzt durch den Kopf geht:

Moderne Sklaverei, Opfer, ausgebeutet.

Doch so pauschal sagen konnte man das noch nie - bei mir zweimal nicht.

Als ich aus der Ausbildung kam, steckten wir mitten in den 1990er-Jahren. Zeitarbeit, das roch nach einem Gegenprogramm zur Spießigkeit. Nach Abenteuer, Ausprobieren, Was-von-der-Welt-Sehen. Genau mein Ding: Ich war 19 und ziemlich planlos, was ich mit dem Rest meines Lebens anfangen sollte. Großes Unternehmen oder kleine Klitsche? Was Soziales oder eher Kulturelles? Lieber im hektischen Großraumbüro oder ruhig im Archiv?

»Bei uns können Sie unterschiedlichste Aufgaben und Branchen kennenlernen«, lockte die Personalchefin beim Vorstellungsgespräch. Und was das Geld anging: Ich brauchte sowieso nicht viel in meiner WG und ohne Auto.

Also unterzeichnete ich meinen ersten Vertrag.

»Sie arbeiten jetzt erst mal vier Wochen lang als Schwangerschaftsvertretung in dieser Versicherung«, teilte meine Disponentin mir zwei Tage später mit. »Danach sehen wir weiter – bleiben oder wechseln. Wirtschaftlich läuft es bei uns in der Region gerade gut, wir werden für Sie sicher gleich einen neuen Einsatz finden.«

So tauchte ich ein in die Welt der Versicherungen. Im freundlichen, hellen Viererbüro tippte ich von neun bis fünf Uhr Briefe, telefonierte mit Kunden und denen, die es werden sollten, machte die Ablage, kochte Kaffee, lauschte dem Geplänkel der anderen Mädels und langweilte mich. Diese Art von Jobs gab es von nun an öfter, auch in der Kosmetikbranche oder bei den Kirchen. Meine Mutter war entzückt und sagte, ich solle mich bemühen, bald eine Festanstellung zu kriegen. »Nur über meine Leiche«, antwortete ich.

Zum Glück brauchten sie kurz danach jemanden im Vertrieb eines Autoteileherstellers. Eine schmutzige Fabrikhalle am

Stadtrand, Schichtdienst. Als die Disponentin vier Kollegen und mich fragte, wer das übernehmen wolle, hob nur ich die Hand.

»Aber Sie sind doch eine Frau«, staunte die Disponentin.

»Ja, leider, ich hab es mir nicht raussuchen können«, antwortete ich. »Im nächsten Leben kreuze ich ›Mit Glied‹ an.«

Die Jungs lachten.

»Mal ernsthaft«, schob ich hinterher, »Autos find ich viel spannender als Bibeln, Wimperntusche und Haftpflichtversicherungen zusammen. Schon der Duft nach Öl und Benzin ...«

»Sie werden Sicherheitsschuhe tragen müssen«, warnte die Disponentin, »und Gehörschutz. Und es wird Frühschichten geben.«

Autos find ich viel spannender als Bibeln, Wimperntusche und Haftpflichtversicherungen zusammen.

»Geh ich halt direkt von der Disco aus hin. Und?«

So bekam ich den Job. Und Stahlkappenschuhe. Und jede Menge Insiderwissen in Sachen Motoren und Karosserien.

Jeden Morgen freute ich mich auf die Arbeit – als das Unternehmen weit weg zog, trauerte ich ihm lange hinterher.

Lager und Fabrikhallen, Hochglanzbüros und Container. Mal eine Woche, mal ein Jahr am selben Ort. Viel zu schnell war ich 24 und fünf Jahre dabei. Viele Kollegen waren inzwischen in einem Betrieb kleben geblieben, hatten sich fest übernehmen lassen und planten ihren Aufstieg. Kolleginnen in meinem Alter verlobten sich, kriegten dicke Bäuche, hörten auf zu arbeiten.

Der einzige Typ, bei dem ich mir so was vorstellen konnte, wollte allerdings nichts Festes – und eine Firma, die ich so liebte wie die mit den Autoteilen, buchte mich nicht wieder. Stattdessen hatte ich viele langweilige Einsätze als Büromieze.

»Ich will eine Veränderung«, heulte ich meinem neuen Disponenten vor. »Was mit Menschen. Weniger tippen, mehr Verantwortung. Weniger Schickimicki, mehr Schicksal.«

»Schicksal? Können Sie haben. Die Verwaltung im größten Asylbewerberheim der Stadt sucht jemanden. Ihr Profil könnte passen.«

Ich nickte wild. Arbeit mit Kriegsflüchtlingen – das war mal was Sinnvolles!

Drei Tage später lernte ich René kennen.

»Wir sind hier übrigens per Du«, stellte der Sozialarbeiter klar, der den Laden am Laufen hielt. »Und du brauchst a) gute Nerven, b) Impfungen gegen Hepatitis B, Diphtherie, Tetanus und Polio, c) gute Nerven und d) gute Nerven.«

»Wieso das denn?«

»Hier leben sechshundert Leute auf engstem Raum zusammen. Unbegleitete Teenies und Großfamilien, Chaoten und Ordnungsfanatiker, Leute von drei Kontinenten und allen Glaubensrichtungen. Manchmal scheppert's. Und wir müssen durchgreifen.«

»Wir? Ich dachte, ich sitz hier dekorativ am Schreibtisch rum und kümmere mich um den Schriftkram.« Ich sah ihn mit Unschuldsblick an und plinkerte mit den Wimpern, wie ich es mir bei den Versicherungskolleginnen abgeschaut hatte.

René schnaubte: »Dann verpiss dich! Ich hab dem Dispo doch gesagt, ich brauch 'n Back-up mit Rückgrat!«

Ich drückte das meine durch, freute mich über diesen Ritterschlag durch meinen Disponenten und sah René lange in die Augen.

»Vera-harscht!«, jubelte ich. »Rumsitzen? Hatte ich lange genug! Bei uns in der WG scheppert's auch und wir sind nur fünf. Also: Wo fangen wir an?«

»Stell die Ohren auf – wir gehen immer in die Richtung, aus der der Lärm kommt.«

Bald wohnte ich nahezu bei René und allen seinen Schützlingen. Er brauchte mich immer wieder an Wochenenden und nachts und ich gab es bald auf, die Stunden zu zählen. Es war spannend, so dicht dran zu sein an dem, was ich sonst nur aus den Nachrichten kannte.

An guten Tagen zeigte ich sympathischen Neuankömmlingen ihre Zimmer, ging mit Gruppen von Teenagern oder Familien zum Essenkaufen, erklärte mit Händen und Füßen, wofür mein Englisch und das Deutsch der Flüchtlinge noch nicht reichten. Ich futterte mich durch die afrikanischen, osteuropäischen und arabischen Spezialitäten, die mir angeboten wurden, telefonierte mit Behörden, Ärzten, Schulen, Kindergärten, Sprachschulen und Vermietern, füllte Formulare aus. Es gab ein großes Hallo, wenn ein Schwung neuer Möbel, Bilder, Teppiche und Elektrogeräte ins Haus kam – an Sperrmüll-Tagen: Der Wohlstandsmüll der Städter machte unsere Leute glücklich.

Immer wieder gab es auch eine Anerkennung zu feiern – und einen Auszug derjenigen, die dauerhaft in Deutschland wohnen und arbeiten durften, in ihre eigene Wohnung.

Leider waren die nicht so guten Tage in der Überzahl. Die, an denen Männer und Frauen abgeschoben wurden und schier durchdrehten vor Frust, Angst und Wut. Die, an denen jemand schreiend durchs Haus rannte – wenn die Albträume zu schwer wogen. Die, an denen René und ich verdächtigen Gerüchen nachgingen und Koch-, Rauch- und andere illegale Aktionen in Zimmern beenden mussten. Jene, an denen Jungs sich prügelten und mal schnell eine komplette Einrichtung zerlegten. Und die schwarzen Stunden, in denen Neonazis vorm Heim randalierten.

Trotzdem tat es mir leid, als ich von dort wieder wegmusste – René und einige Flüchtlinge waren mir ans Herz gewachsen.

»Diesmal hab ich ein Sahnehäubchen für Sie«, machte mir die nun zuständige Disponentin den Mund wässrig. »Sie dürfen zu den Reichen und Schönen. In eine internationale Unternehmensberatung. Schickimicki – dafür sehr abwechslungsreich. Könnte Sie weiterbringen für die Zukunft.«

Sie musterte mich mit kritischem Blick – ich trug ein Flanellhemd, Jeans und die Art von Schuhen, die jedem Glassplitter und zerborstenen Holztisch standhält.

»So müssen Sie nicht mehr herumlaufen«, meinte sie abschließend, »das ist ja auch nichts für eine junge Dame. Ab

Montag dann in Bluse und mit Stoffhose. Oh, und bitte in eleganten Schuhen. Sie haben doch Pumps zu Hause?«

Ich kotzte fast, als ich nach Feierabend durch die Läden ging und die Preise von Stoffhosen, Blusen, Feinstrumpfhosen und eleganten Schuhen studierte. Die Miete in dieser Stadt war hoch, mir blieb etwa ein Hunni Taschengeld im Monat – und für diese ungeplante Shoppingrunde ging ich knietief in die Miesen. Aber mir blieb nichts anderes übrig. So verkleidete ich mich am Montag, trug sogar ein wenig Lipgloss auf und fuhr ins beste Viertel der Stadt zu meinem neuen Einsatz.

Von außen glitzerte und schimmerte das Hochhaus verheißungsvoll. Innen, direkt hinterm Eingang, saß ein überschminktes Püppchen und sah mich abschätzig an. Dass meine Tasche nicht von Chanel kam, die Schuhe nicht von Prada und die Stoffhose aus dem Schlussverkauf von C&A, schien ihr nicht zu passen. Oder störte sie mein Blumentattoo am Hals? Ich hätte sie gern geschüttelt, tat aber, was ein Profi in solchen Situationen tut: Ich lächelte sie an.

»Kann ich Ihnen helfen?«, piepste das Dämchen. »Wo darf ich Sie denn anmelden?«

»In der neunten Etage bitte, ich habe einen Termin mit Frau Feuerstein«, antwortete ich und hielt ihrem Blick stand. Wer eine Prügelei zwischen drei Zwei-Meter-Männern mit einem Brüller beenden kann, lässt sich doch von dieser halben Portion nicht abschrecken!

Sie griff zum Hörer und kündigte mein Kommen an – dann durfte ich endlich den Fahrstuhl benutzen. Die Feuerstein nahm mich gleich in Empfang. Auch sie wirkte skeptisch. Ich sog die Luft tief in meine Lungen – es roch nach Desinfektionsmitteln, teurem Parfüm und sehr viel Geld – und nahm mir vor, es diesen Posern so richtig zu zeigen. Ich, der Joker, würde mich bei den Reichen und Schönen unentbehrlich machen!

So einen riesigen Schreibtisch ganz für mich allein hatte ich noch nie besessen. Und was für eine Aussicht! Die ganze Stadt lag mir zu Füßen. Wenn ich abends länger bliebe, könnte ich die hinreißendsten Sonnenuntergänge bewundern.

Anfangs dachte ich tatsächlich, dass die anderen auch hier wären, weil sie sich hier so wohl fühlten. Meine Arbeit selbst war kein Hexenwerk, mit der EDV war ich vertraut und mit Kunden konnte ich auch. Die DIN-Normen der Geschäftsbriefe kannte ich aus dem Effeff, das Ablagesystem hatte keine Tücken.

Schwierig fand ich die Vorstellung, dass die Unternehmensberater von hier aus anderer Leute Jobs wegrationalisierten. Dass sie darüber entschieden, wo Mitarbeiter heimgeschickt werden – Eltern kleiner Kinder vielleicht oder Menschen ohne Ersparnisse, Menschen wie ich. Ich tröstete mich damit, dass die ja vielleicht dasselbe Glück haben würden, das mir widerfahren war: Sie konnten auch zur Zeitarbeit, die stellten gerade ein wie blöde. Die Guten würde eine neue Chance erhalten. Die Schlechten ... so war eben das Leben. Jeden Tag wurde ich ein bisschen skrupelloser.

Auch das Schwindelgefühl, das ich spürte, wenn ich einen Geldbetrag mit sieben oder acht Nullen in einem Schreiben las, wurde von Woche zu Woche kleiner. Irgendwann machte es von den Gefühlen her keinen Unterschied mehr, ob für ein Projekt zehntausend oder eine Million D-Mark eingeplant wurden. Beides war mehr, als ich je in den Händen halten würde.

Frau Feuerstein bezahlte mir einen Business-English-Kurs samt Prüfung und ich bestand sehr gut. Alles flog mir zu.

Ich bekam einen Sonderbonus, später noch einen. Nach vier Monaten hatte ich unerwartet so viel auf der Seite, dass ich aus der WG in eine eigene Wohnung ziehen konnte. Klein, aber mein. Mama und Papa waren stolz. Und ich erst!

Dass etwas nicht stimmte, fiel mir erst auf, als ich meine Einweihungsparty feierte und nur mein alter Schulfreund Frieder kam.

»Wo sind die anderen alle?«, wunderte ich mich.

»Die sind sauer, weil du sie seit Monaten nicht mehr anrufst«, antwortete Frieder.

»Hä? Ich arbeite!«, rief ich entrüstet.

»Wir auch alle, Süße, wir auch! Aber wir arbeiten, um leben zu können – und du lebst nur noch, um zu arbeiten. Rufst nie zurück, gehst nicht mehr in die Kneipe, vergisst Verabredungen. Musst dich nicht wundern, wenn die anderen die Schnauze voll haben.«

Ich verteidigte mich, doch Frieder ließ nichts gelten. Nach zwei Bier ging er heim.

Ein paar Tage später sprach ich Sven, einen netten jungen Berater, auf das Thema Privatleben an.

»Das gönn ich mir mit vierzig wieder«, antwortete er knapp. Mir flog die Kinnlade runter. Sven war 22.

»Aber du hast doch Freunde, oder?«

»Nicht mehr. Keine Zeit.«

»Und Hobbys?«

»Mein Beruf ist mein Hobby.«

»Und Träume?«

»Klar - irgendwann eine eigene Unternehmensberatung und mit vierzig verkaufe ich dann alles. Dann heirate ich, bekomme ein paar Kinder und habe alle Zeit der Welt für Freunde, Hobbys und so weiter.« In dem Moment klingelte sein Handy. Sven tauchte wieder ab. Beratungsgespräche konnte man rund um die Uhr machen - irgendwo auf der Welt war es immer zwischen neun und fünf.

Ich ging an meinen Schreibtisch zurück. Der Stapel, den ich abzuarbeiten hatte, war wie durch Zauberhand weiter gewachsen und ich tippte wie ferngesteuert meine Briefe. Als ich den Computer runterfuhr, funkelten draußen längst die Sterne. Für mich nichts Besonderes mehr. Alltag.

Die Feuerstein zitierte mich in ihr Büro. Um ihre schmalen Lippen spielte ein Lächeln.

»Sie haben mich überrascht«, sagte sie schließlich. »Eigentlich setze ich auf den ersten Eindruck, aber bei Ihnen hat er mich getäuscht. Ihre schnelle Auffassungsgabe, Präzision und Wortgewandtheit haben mich, haben uns alle überzeugt. Ich möchte Ihnen heute anbieten, Sie fest in unser Team zu übernehmen.«

Mein Herz hüpfte. Das war er, der große Augenblick, in dem aus mir eine gemachte Frau werden würde. Pleitegeier, ade! Meine Eltern würden richtig stolz auf mich sein! Nie wieder Zeitarbeit. Stoffhosen und Riesenschreibtische für immer. Aber so ganz traute ich dem Frieden nicht.

Das war er, der große Augenblick, in dem aus mir eine gemachte Frau werden würde. Pleitegeier, ade!

»Und das bedeutet ...?«, fragte ich.

Frau Feuerstein erklärte: »Sie sind ab nächstem Monat eine vollwertige Assistentin unserer Geschäftsführung. Wir verdoppeln das Gehalt, das Sie jetzt bekommen.«

Musik in meinen Ohren!

»Und Stunden erfassen wir natürlich nicht«, schob meine zukünftige Chefin hinterher.

»Das heißt, ich kann gelegentlich früher gehen?«, freute ich mich. Die Augenbrauen der Feuerstein zogen sich missbilligend zusammen.

»Mitnichten. Das heißt, wir erwarten, dass Sie da sind, wann immer wir Sie brauchen. Das könnte auch an einem Samstag oder Sonntag passieren. Und wir schenken Ihnen das neueste Handy, damit Sie immer erreichbar sind.«

Die Musik in meinen Ohren klang wie ohrenbetäubender Lärm.

»Danke für Ihr Vertrauen«, stammelte ich, »doch darüber muss ich erst einmal schlafen.«

Ich rief dann Frieder an. Und die Freunde, bei denen ich mich die letzten Monate zu selten gemeldet hatte. Mit jedem Gespräch wurde mir klarer, dass ich nicht zur Assistentin in diesem Unternehmen geschaffen war. Lieber arm und frei sein, dachte ich mir, als eine gut bezahlte Leibeigene. Eine der klügsten Entscheidungen, die ich in meinem Leben getroffen habe.

Die nächsten 13 Jahre verliefen natürlich nicht ohne Krisen. Manch eine Disponentin behandelte mich von oben herab, manch ein Team, in dem ich aushalf, war menschlich ein Griff ins Klo. Da fand ich es toll, dass man bei der Zeitarbeit so oft wechseln kann.

2002 und 2008 wackelte die Weltwirtschaft und ich wurde tatsächlich arbeitslos – meine Disponenten fanden einfach keine Einsätze für mich. Ich bewarb mich jedes Mal wie blöde – und kam, kurz bevor ich in Hartz IV gefallen wäre, zum Glück wieder unter. Und wo? Bei neuen Zeitarbeitsfirmen, natürlich. Die betrat ich gleich in Chucks, Jeans und Karohemd und ohne ein Fitzelchen Schminke, damit allen klar wurde: Die Büromieze würde ich nie wieder geben.

Stattdessen gestaltete ich Ausschreibungen für Riesenprojekte im Hoch- und Tiefbau, rannte über Baustellen, fühlte mich pudelwohl mit Helm und Sicherheitsschuhen. Und ich kam wieder in die Automobilbranche, wo mein Herz sofort schneller schlug. In meinem nächsten Leben, nahm ich mir vor, werde ich Kfz-Mechatroniker.

In der Medizintechnik landete ich auch einmal und war ganz hingerissen von den filigranen Skalpellen, die ich da sah. Wir versendeten OP-Sets für winzige Frühgeborene. Das nannte ich sinnvoll: Statt denen zuzuarbeiten, die Jobs killten und Leben zerstörten, half ich nun, Kinderleben zu retten.

Schön war's auch beim Fernsehen, wo es zu jeder Tages- und Nachtzeit zuging wie im Taubenschlag. Manch ein Promi verhielt sich sehr hässlich, sobald keine Kamera mehr auf ihn gerichtet war. Und manche Volksmusik-Tussi, deren Songs ich keine Sekunde ohne Kopfschmerzen ertrug, fand ich als Person total nett. Mit einigen Journalisten konnte ich besonders gut.

So kam es zu meinem Einsatz als Komparsin: »Du hast doch diese Haut wie Milch und Honig, dich müsste man nicht mal blasser schminken«, schwärmte die Redakteurin. »Dürfen wir dich als Leiche buchen?«

Gesagt, getan. Zwei Stunden Dreharbeiten für zehn Sekunden auf dem Bildschirm!

»Und was verdienst du mit all deiner Berufserfahrung und Flexibilität?«, fragst du mich, als ich fertig erzählt habe. Du hast tatsächlich nach Dienstschluss auf mich gewartet und wir laufen durch den Park.

»Jetzt zwölfhundert netto«, berichte ich. »Lange waren es neunhundertfünfzig.«

»Aber das ist Ausbeutung!«

»Aber mehr war nicht drin. Die Zeitarbeitsfirma muss doch mitverdienen.«

»Und wie konntest du davon leben? In dieser teuren Stadt?«

Ich erkläre dir, dass wir alle unsere Tricks haben, wir Joker. Ich habe schon mal in einer Dreißig-plus-WG gelebt, um Geld zu sparen (zu anstrengend), Nebenjobs an freien Tagen ausprobiert (zu ermüdend), die meisten Möbel und ein Fahrrad gebraucht organisiert und gelernt, mit regionalen und saisonalen Zutaten günstig zu kochen. Ich habe natürlich weder Mann noch Frau noch Kind, aber trotzdem.

»Mitnehmen«, meine ich zu dir, »kann ich eh mal nichts. Und mit vierzig oder fünfzig ganz aufhören? Vergiss es. Will ich auch gar nicht. Ich bin eine Arbeitsbiene.«

»Und wenn ich dir bei mir in der Bank eine gute Stelle am Schalter vermitteln könnte?«

»Bloß nicht. Ich brauch die Abwechslung – und mit der Finanzbranche habe ich schlechte Erfahrungen gemacht.«

»Und wenn du heiraten würdest und dein Kerl würde super verdienen? Dann könntest du zu Hause bleiben.«

»Davon hab ich tatsächlich mal geträumt – aber jetzt nicht mehr. Auch das liefe doch auf ein Sklavinnenleben raus. Wer zahlt, schafft an, und würde es in die Binsen gehen, wäre ich wieder ganz am Anfang. Nein, danke. Dann lieber so wie jetzt.«

»Und was sollten Leute wie du deiner Meinung nach verdienen?«, bohrst du nach.

Ich denke eine Weile nach. Dreitausend wie ein junger Lehrer? Schließlich habe ich kürzlich begonnen, Berufsanfänger einzuarbeiten. Oder viertausend wie eine TV-Redakteurin?

Auch ich recherchiere und schreibe eine Menge. Oder doch zehntausend wie ein kleiner Manager? Mit all den Wochenenddiensten und Neuanfängen ...

»Weißt du was?«, antworte ich endlich. »Darauf habe ich keine richtige Antwort: Das heißt, doch, eine: Respekt. Der ist etwas, das wir definitiv verdienen.«

DENN SIE WISSEN NICHT, WAS SIE TUN

Ich denke, jeder Angestellte hat eine bestimmte Geschichte über seinen Chef zu erzählen. Viele sind lustig, einige peinlich, etliche machen einen einfach nur wütend. Man fragt sich, wie all die Teamleiter, Abteilungschefs, Senior-Manager, Divisions-Leaders und CEOs an ihre Posten gekommen sind. Dabei fällt es schwer, über sie zu schreiben, ohne in einen abrechnenden Wortlaut zu verfallen. Gerade wenn sie jedermann das Leben wieder so schön schwer machen. Oftmals möchte man sie am Kragen packen, laut anschreien und hoffen, dass die Einsicht doch noch kommen möge.

Diese wahre Geschichte stellt leider keine Ausnahme dar. Aber wahrscheinlich würde man selbst so handeln, wenn man in diesem Moment Chef wäre.

Zumindest rede ich mir das ein. Sie, »die da oben«, geben ihr Möglichstes, ihr Bestes, zum Wohle der Firma und aller Mitarbeiter. Leider fällt das manchmal schwer zu glauben.

Als Callcenteragent in einem mittelständischen Unternehmen ist es meine Aufgabe, Anrufern schnell bei ihren Computerproblemen zu helfen. Unser Team besteht aus vierzig Leuten, die jeweils in Früh- und Spätschicht eingeteilt sind. Wir bearbeiten circa 1800 Anrufe am Tag, wobei jeder Mitarbeiter ungefähr 45 Calls annehmen und bearbeiten muss. Natürlich, manchmal ist es stressig, aber dafür gibt es auch ruhigere Phasen, die Zeit für ein etwas längeres Gespräch lassen.

Ich mag meinen Job.

Großraumbüros fand ich schon immer interessanter als abgeschottete Räume, in denen man nichts sieht außer einer weißen Wand und ein paar Comics, die man selbst dort mit Tesafilm befestigt hat. Mit den Kollegen komme ich prima klar und auch der Chef ist eigentlich ein fairer Leiter des Teams. Leider sind nicht alle Entscheidungen sofort und direkt verständlich.

Vor einigen Wochen stellte er unserem Team einen »Kommunikationsmanager« zur Seite. Um genau zu sein, nicht nur unserem Team, sondern allen Abteilungen - aber er sollte hauptsächlich uns schulen. Warum dies aus heiterem Himmel geschah, konnten wir beim besten Willen nicht verstehen. Die Zahlen waren gut, die Stimmung ebenfalls. Unsere Qualität sprach für sich, nie zuvor waren die Kunden zufriedener mit unserer Arbeit. Trotzdem wurde Herr Bricks mit gerade einmal 27 Jahren eingestellt und sofort in diese neu geschaffene Position gehoben. Was per se schon komisch war, da die Schulungen und Kommunikationsseminare eigentlich dem Abteilungsleiter oblagen. Vorkenntnisse und Erfahrungen in diesem Beruf waren bei dem Neuen nicht vorhanden. Er war die ersten Jahre in Großbritannien, die letzten Jahre in Deutschland zur Schule gegangen und konnte lediglich ein abgebrochenes Studium im Marketingbereich vorweisen. Ansonsten schien das seine erste Stelle zu sein.

Sie können sich sicher vorstellen, dass der Unmut wegen dieser Einstellung recht groß war. Doch genauso kräftig, wie die Aufregung anschwoll, ebbte jeder Gedanke darüber zeitnah wieder ab. Schließlich ließ er uns in Ruhe die Arbeit verrichten, verzog sich in sein Büro und verließ es lediglich zu den Teamleiter-Meetings. Gern hätte das stille Arrangement ewig so weitergehen können, nur leider sprach ihn ein Abteilungsleiter vor allen anderen auf seine Tätigkeit an. Den übrigen Damen und Herren sei nicht ganz bewusst, was er eigentlich im Haus für eine Position innehätte ...

Für Bricks muss dies ein peinlicher Moment gewesen sein, schließlich ging es um seine Daseinsberechtigung. Von dieser Sekunde an schien er es allen zeigen zu wollen. Nur leider war es gerade kein typischer Montag im Callcenter, sondern der Tag nach einem Update-Wochenende. Am Sonntag wurden alle Rechner unserer Kunden mit neuen Versionen versorgt. Dies hatte erfahrungsgemäß Probleme zur Folge, was sich selbstverständlich in den Anrufen niederschlug.

Zudem waren an diesem Tag ohnehin sechs Mitarbeiter krank und weitere vier im Urlaub, sodass unsere Personaldecke bereits sehr ausgedünnt war. Wir rechneten mit einem hohen Aufkommen an Anrufern und ausgerechnet jetzt konnte ich beobachten, wie Bricks aus seinem Büro kam, verschiedene Mitarbeiter einsammelte und sie mit in den Konferenzraum nahm. Eine »Kommunikationsschulung« stand an.

Ganze drei Stunden verbrachte er mit den Kollegen im Konferenzraum. Wir waren nur noch zu zehnt und konnten natürlich nicht mal im Ansatz die Flut an Fragen beantworten. Auch in den nächsten Tagen hielt Bricks die Mitarbeiter in Scharen vom Arbeiten ab. Natürlich hauptsächlich unsere jungen Auszubildenden, einige von ihnen mussten diese Kommunikationsschulung gar dreimal über sich ergehen lassen.

Die eigentliche Arbeit litt sichtlich, sodass bald schon die ersten Beschwerden über unsere neue Arbeitsweise auf den Tischen der Chefs landeten. Auch unser Abteilungsleiter war von der Schelte nicht ausgenommen und versuchte Bricks, so gut es ihm möglich war, zu bremsen. Doch auch er konnte nicht verhindern, dass Bricks' gefürchtete mehrstündige »Kennenlernschulungen« und »Be-Friends-Meetings« abgehalten wurden. Fallen lassen, während der Kollege einen auffangen muss, Gespräche über unsere Gefühle, die Weitergabe eines Ballons nur mit der Stirn ... Das alles und noch viel mehr gehörte zu Bricks' Repertoire, der bei diesen Schulungen sichtlich auflebte. Jeden Tag aufs Neue suchte er sich Leute aus, um seine Daseinsberechtigung ein weiteres Mal unter Beweis zu stellen, bis es unserem nominellen Abteilungsleiter zu bunt wurde.

Offen stellte er den Vorstand zur Rede. Die klare Antwort: Bald schon würde der neue Besitzer unserer Firma hier eintreffen, da sollten diese Art Grabenkriege tunlichst vermieden werden. Harmonie und Produktivität seien die Gesetze der Stunde, mahnte der Vorstand und schickte unseren Abteilungsleiter wieder in sein Büro.

Es dauerte nur wenige Stunden, bis er entlassen wurde. Selbstverständlich würde er dagegen klagen, doch sein

Nachfolger stand bereits in den Startlöchern: Es war kein Geringerer als Herr Bricks.

Die Stimmung wurde sichtlich schlechter. Und doch hatte Bricks gerade erst losgelegt. Das Zauberwort in diesem Fall hieß »Restrukturierung«. Man kann sich vorstellen, dass es ein schockierendes Gefühl war, aus einer funktionierenden Abteilung in ein Tollhaus geworfen zu werden. Die Überprüfung der Arbeitsplätze stand als Erstes auf seiner Liste. Vormals locker in kleinen Gruppen in dem so lieb gewonnenen Großraumbüro angeordnet, wurden nun amerikanische Verhältnisse eingeführt.

Das Zauberwort in diesem Fall hieß »Restrukturierung«.

Es dauerte nur Tage, bis die sogenannten »Boxen« standen. Von Lärmschutzwänden getrennt, sahen wir nun nicht mehr in die Weite des Büros oder in das Gesicht eines Kollegen, sondern auf eine blaue Wand, auf die wir höchstens noch ein paar Fotos unserer Liebsten pinnen durften. Mehrere langjährige Mitarbeiter nahmen ihren Hut, die Einarbeitung der Neuen verschlang so viel Zeit, dass die Arbeit verteilt werden musste. Die Schichten wurden kurzzeitig verlängert, ein brandneues Modell sah vor, dass wir auch am Samstag arbeiten mussten.

Natürlich gab es den einen oder anderen Aufstand gegen die von Bricks eingeführten Neuerungen. Er hielt mit noch mehr Meetings dagegen. Als Teambuilding-Maßnahme sollten wir aus Papier eine Brücke bauen. Ein Stock signalisierte, wer gerade reden durfte. Unterbrechen war strengstens verboten. Eine »Meckerbox« vor Bricks' neuem Abteilungsleiterbüro wurde aufgestellt. Jeden Freitag sollten alle zu ihm kommen, um über die Vorschläge zu diskutieren. Anhand von farbigen Post-its sollten wir an jedem Arbeitstag unsere Stimmung entsprechend erfassen. Blau hieß zufrieden, rot bedeutete unglücklich.

Bricks schwamm nach wenigen Wochen in roten Papierchen. Und zu guter Letzt stellte er auch noch sündhaft teure Consultants ein, um die derzeitige Situation analysieren zu lassen.

Die Berater kamen zu einem klaren Ergebnis: Es gab zu viel Arbeit für zu wenig Leute, die Führungsstruktur war schlecht und auch die Qualität der Arbeit ließ zu wünschen übrig. Wenn das Problem eines Kunden nicht durch den ersten Anruf gelöst werden konnte, würde er wieder anrufen. Wir müssten also nur die Lösungsrate für den ersten Anruf erhöhen und schon würden viele Probleme der Vergangenheit angehören.

Selbstverständlich hätte jeder Mitarbeiter, der länger als sechs Wochen in dem Unternehmen tätig war, dasselbe in einer fünfminütigen Raucherpause skizzieren können, aber Consultants wollen schließlich auch bezahlt werden. Als Bricks dem Vorstand diese bahnbrechende Erkenntnis mit vielen schönen Zahlen und Tabellen belegt vorstellte, bekam er sogar einen Bonus für seine messerscharfe Kombinationsgabe.

Schnell wurde ein Haufen Leute eingestellt, die möglichst nach wenigen Tagen bereits am Telefon sitzen sollten. Natürlich litt die Qualität zusätzlich darunter, was weitere verschärfte Maßnahmen zur Folge hatte. Bricks war jetzt beinahe jede Woche auf einem Managerseminar und brachte von den Tagungen immer obskurere Ideen mit:

An einem Montag waren keine Stühle mehr vorhanden, sondern nur noch Sitzbälle. Angeblich würde dies die Produktivität steigern.

Eines Tages stand ein Kicker im Großraumbüro. Wir wurden dazu ermuntert, jeden Tag mindestens zehn Minuten lang zu spielen. Natürlich außerhalb der Arbeitszeit.

Unter größten Anstrengungen und immenser Kostenaufwendung wurde ein Raum geschaffen, in dem die Mitarbeiter in ihren Pausen schlafen konnten. Power-Napping hieß das Zauberwort. Auch dies sollte dazu beitragen, dass die Qualität wieder altes Niveau erreichte. Eigens dafür wurden mehrere Schlafstühle aus Japan importiert. Nach mehrwöchiger Testphase mottete Bricks diese Idee allerdings wieder ein. Der Raum wurde zur Abstellkammer und die Schlafstühle dienten nur noch als Stütze für den Kicker-Tisch. Die Sitzbälle landeten übrigens auch in diesem Raum.

Ein weiteres Schichtmodell wurde ausprobiert. Bricks hatte gelesen, dass die meisten Kunden ihre Computerprobleme nachts bearbeiteten. Also wurde unter großem Aufwand ab Mitternacht eine Hotline freigeschaltet. Auch dies hielt nur ganze drei Wochen, bevor Bricks das Konzept aus Kostengründen wieder einstampfen musste.

Selbstverständlich wurden auch die Website, unser Logo und die Schriftart verändert, damit wir uns dem Kunden in einem positiveren Licht empfehlen konnten.

Kurzum: Es wurde alles noch viel schlimmer.

Bricks' Durchhalteparolen nahm nach wenigen Wochen natürlich niemand mehr ernst. So ziemlich jeder Mitarbeiter  **Kurzum: Es wurde alles noch viel schlimmer.** sah sich nach einer neuen Stelle um. Die meisten wollten nur noch den Besuch der neuen Besitzer abwarten und dann ganz schnell »krank werden« oder sich anderswo bewerben.

Am Tag der Ankunft der neuen Besitzer waren die Hallen unserer Firma seit langer Zeit endlich mal wieder gut gefüllt. Beinahe jeder wollte wissen, wer denn der neue, ominöse Besitzer war. Der Vorstand lud die gesamte Belegschaft nach Feierabend in einen angemieteten Festsaal ein. Uns überraschte es nicht mehr wirklich, als wir endlich den Namen des neuen Inhabers erfuhren:

Albert Christian Bricks, der Großvater unseres Chaos-Chefs.

Mit charmantem britischem Akzent erklärte er, warum er die Firma übernommen hatte, was er gedachte zu tun und dass es natürlich Synergieeffekte geben würde. Wir sollten die Nummer eins in Deutschland werden, unsere Qualität müsse den hohen Ansprüchen der Kunden genügen und jeder, wirklich jeder hätte dazu seinen Beitrag zu leisten. Auch er selbst …

Wir waren davon überzeugt, dass ab jetzt alle Dämme brechen würden. Mit der Firma würde es bergab gehen.

Die folgenden Tage verbrachte Bricks Senior damit, die Zahlen zu studieren.

Doch wir irrten uns. Anscheinend nahm der Alte die eigenen Worte sehr ernst, denn seine erste Amtshandlung war, den eigenen Enkel zu feuern. Fristlos – und ganz ohne teure Consultants zu befragen.

Meinen Respekt hatte er.

ICH BIN HIER NUR DIE PUTZFRAU

Vor Gott sind alle Menschen gleich.

Steht in der Bibel. Ich sage Ihnen, vor Gott *und* vor einer Putzfrau sind alle gleich.

Ich stelle mir gern manchmal vor, wie so ein Mensch dann da steht, in der Unterhose, allerhöchstens, hoppla, tot – und jetzt? *Welcome to Judgement Day, Bro.* Abrechnung und totale Entblößung in einem. Aber keine Sorge, mich interessiert nicht Ihr Slip. Nein, Sie brauchen nicht mal persönlich anwesend zu sein, um von mir gescannt zu werden, als lägen Sie in einem MRT-Gerät.

Wollen Sie einen brandheißen Insider-Tipp? Bevor Sie sich eine Putzhilfe für Ihre Wohnung zulegen, machen Sie den YouTube-Test: Der Inhalt Ihres Badezimmermülleimers, ausgebreitet auf schwarzem Grund, langsam abgefilmt, im Fließtext Ihr voller Name mit Foto, Telefonnummer und Adresse.

Verstehen Sie jetzt? Ihr Abfall ist intimer als Sex! Er sagt mir mehr über Sie, als Sie Ihrem Therapeuten je anvertrauen würden. Und mehr, als Sie von sich selbst zu wissen glauben.

Ihr Abfall ist intimer als Sex!

Aber ich kann schweigen, bei mir sind Ihre Geheimnisse sicherer als in einem Schweizer Banksafe. Ich verschicke auch keine CDs zu Denunziationszwecken an Behörden. Obwohl ich natürlich jede Menge Daten gesichert habe.

Safety first, sozusagen. Oder nennen wir es steuerneutrale Altersvorsorge, man weiß ja nie ...

Wo war ich stehen geblieben?

Als Putzfrau kann man demnach privat putzen gehen und fällt damit eine rein finanztechnische Entscheidung. Brotjobmäßig erste Sahne, weil dich kein Mensch als Minijobber anmelden will, schon gar nicht die Reichen. Bei denen ist dieses Sklavenhalterdings noch in den Genen verankert. Was es allerdings einfacher macht, den Stundenlohn nach oben zu schrauben. Aber ich habe auch noch einen Bürojob, sozusagen. Wegen des ganzen Versicherungskrams. Ist quasi andersrum als bei den Künstlern.

Zwei Großraumbüros, direkt übereinander. Achter Stock, Werbeagentur, Cross-Media, B2C, Lifestyle, solche Sachen. Sehr hip. Ich fange immer hier an, damit ich es hinter mir habe. Ein Stockwerk tiefer, Versicherung, grün-graues Firmenzeichen, ein Seil zwischen zwei Felsen oder was immer dieses einfallslose Logo darstellen soll. Lauter kleine Bienenwabenbüros mit halbhohen Stellwänden in aufmunterndem Schlammbeige. Cubicals. Cooler Name - scheiß Konzept. Wirklich wahr. Überlegen Sie doch mal, man kann sich zwar ungestört den Schlüpfer aus der Ritze fummeln, aber eBay gucken stelle ich mir schwierig vor. Das Abartigste ist, dass die Arbeitsplätze nicht personalisiert werden dürfen. Hat mir mein Chef erklärt, als ich ihn fragte, ob hier überhaupt jemand arbeitet. Das heißt, keine Überraschungseier-Figuren auf dem Monitor, keine Post-its an der Tastatur, keine Familienbilder, Topfpflanzen,

Klebemarienkäfer, Postkarten oder Rückenkeile. He, man darf den Bürostuhl nicht mal durch einen Gymnastikball ersetzen. Ich frag mich, wie die ganzen Weiber hier ihre Beckenbodenübungen machen wollen?

Aber so ganz kann es natürlich niemand lassen. Schließlich sind das alles Menschen, keine Ameisen oder Nordkoreaner. Sorry, aber ist doch so.

Nehmen wir mal exemplarisch dieses Kabuff:

Riechen Sie es? Parfüm. Nichts Aufregendes, Kleinmädchenkram, vermutlich bloß Deo, Sparkling Strawberry Morning, so in der Art, Sie verstehen? Wahrscheinlich hatte sie also nach der Arbeit noch was vor. Hier, lange Haare auf der Rückenlehne. Rote Nagellackkratzer hinter den Griffen der Schubladen. Falls Sie mir immer noch nicht glauben: Sie hat sämtliche Büroklammern in Herzform umgebogen! Sehen Sie, das macht man so. Ich finde das echt niedlich.

Räumen wir letzte Zweifel aus.

Der Müll.

Die Blätter nicht geknüllt. Papierbälle machen nur die Männer. Zielen mit der Kugel in den Korb, Treffer. Der kleine Testosteron-Booster für zwischendurch. Ist wichtig fürs Ego und den Hormonhaushalt, wenn du gezwungen bist, in so einem kastrierenden Job zu arbeiten ... frustrierend, wollte ich sagen.

Aber weiter. Cola Zero, fettarmer Joghurt, was haben wir noch? Reiscracker. Selbstverständlich die ohne Schokolade. Himmel, nicht mal mit Meersalz gewürzt, ganz protestantisch, völlig plain! Und zuletzt: ein Obstsalat-to-go-Becher.

So, und jetzt sage ich Ihnen was. Diese Dinge wären Ihnen natürlich auch aufgefallen. Aber im Müll zu lesen, bedeutet, sich hineinzuversetzen, einzudenken, mitzuleiden.

Empathie heißt das Zauberwort.

Und glauben Sie mir, die Frau hatte Hunger. Sie konnte sich die letzten drei Stunden kaum konzentrieren. Bestimmt hat sie mit einer kleinen Sünde angefangen. Die Besuchergummibärchen, schätze ich. Bingo, zwei Packungen, vermutlich auf dem Weg zur Toilette mitgenommen. Ganz unten im Eimer drei Teebeutel, Mate. Das ist jetzt vielleicht nichts, was Ihnen bekannt ist, aber dieses Gebräu soll das Hungergefühl dämpfen. Funktioniert aber nur bei Koka kauenden Amazonas-Indianern. Oder wenn du gleichzeitig auf Speed bist. Aber dazu komme ich noch. Jedenfalls nehme ich ihr diese Disziplin nicht ab. Nach zwei Portionen Süßkram kriegt sie nämlich einen Zuckerflash, auch von den ganz kleinen, unschuldigen Minibärchen, das ist ja das Fatale. Im Gegensatz zum Gehirn lässt sich der Insulinkreislauf niemals verarschen. Das Herzchen puckert, die Hände beginnen zu zittern, es bildet sich ein Schweißfilm auf der hübschen Oberlippe. Leider ist es aber erst kurz nach 15 Uhr, stellen Sie sich das mal vor. Die Kollegen schlürfen schläfrig an ihrem gezuckerten Nachmittagskaffee und Sie schmecken den Zimtmuffin oder die Karamellkekse dazu quasi auf der eigenen Zunge.

Hier, sehen Sie, was habe ich Ihnen gesagt? Man muss wirklich kein Pathologe sein, um den Todeszeitpunkt dieses Schokoriegels festzustellen. Könnte ich Ihnen auf die Minute genau datieren. Gott, wie mich das ankotzt, was man als Frau immer aushalten muss. Hallo? Sollen wir unsere Eingeweide morgens in der Organ-Kita abgeben, damit wir den ganzen Tag über nur Arsch und Titten sind? Und es ist auch noch ein Twix! Das ist wirklich tragisch. Die Frau hat echt gekämpft. Ich schätze sogar, sie hat jeden Riegel noch mal geteilt. Alle halbe Stunde ein Stück, dann Wasser bis zum Feierabend. Ein letzter Schluck, kurz vor dem Aufbruch, da hatte sie schon frisches Lipgloss drauf. Von wegen Superstay. Höchstens auf dem Glasrand.

Da vorn der Typ, kommen Sie ruhig mit, der ist besonders eklig. Spuckt seinen Kaugummi immer in den letzten Rest Kaffee, von dem er mindestens die Hälfte auf dem Schreibtisch verkleckert hat. Manchmal stopft er auch noch ein Papiertaschentuch dazu.

Warum ich weiß, dass es sich um einen Mann handelt?

Na, riechen Sie doch mal. Ja, schön rein mit der Nase in das Strukturfaser-Mischgewebe. Finden Sie eklig? Ich bitte Sie. Aber auf fremde Klobrillen setzen Sie sich, ja?

Jedenfalls riechen die Bürostühle von Männern anders als die von Frauen. Weil die Herren mehr Abwinde produzieren. Und ich habe extra nicht furzen gesagt, um Sie nicht schon wieder zu schockieren. Der Grund? Liegt doch auf der Hand. Kennen Sie auch nur einen einzigen Mann, der in der Kantine freiwillig auf den Gyrosteller mit frittierten Zwiebelringen verzichtet, nur weil er festgestellt hat, dass er beim Sitzen sein Gemächt nicht mehr sehen kann und/oder er befürchtet, möglicherweise nach dem Essen die Kollegen mit üblen Flatulenzen zu belästigen? Ich nicht.

So, kommen Sie, ich zeige Ihnen noch den Boss. Er kann in seinem Glashaus wenigstens die Tür zumachen, wenn ihn sein Team allzu sehr als Ihresgleichen wahrnimmt. Ganz klarer Nachteil der flachen Hierarchien. Lean Management: alles Häuptlinge, keine Indianer. Das kann nicht funktionieren, zumindest nicht auf Dauer. Meine Meinung.

Treten Sie ein.

Ist es nicht der Wahnsinn? Jedes Passwort muss zwanzig Stellen haben, Ziffern, Zeichen, gemischte Groß- und Kleinschreibung und was weiß ich noch alles, aber so einen Schreibtisch lässt jeder offen rumliegen, gewissermaßen.

Drücken Sie mal auf die Wahlwiederholung. Doch, kommen Sie. Na? Escort-Service Pearl, stimmt's? Ist freitags immer die zuletzt gewählte Nummer. Hiesige Vorwahl, dann 3311336, richtig? Und hier, voilà, haben wir das Notizbuch. Einsehbar für jedermann. Schließlich enthält es nichts als vermeintlich ordinäre Alltagsnummern. Frisör, Bügelservice, Lieferdienst, Büromaterial, Taxi A, Taxi B, Taxi C. Ja, Sie haben ganz recht, da ist aber einer gut strukturiert. Oh, das ist so lächerlich! Autohaus, 4422447, na klingelt's? Jedenfalls nicht bei BMW, sondern bei der Puffmutter von Pearl höchstpersönlich. Jede Ziffer im Büchlein minus eins. Herrlich. Ein Sammelsurium von Chantals, Olgas, Moniques, Nataschas und Michelles. Dabei ist seine Frau doch eine echte Trophy Wife. Und zwei so hübsche Kinder!

Manchmal lege ich den Bilderrahmen nach dem Abstauben um, damit der Herr Geschäftsführer ihn am Montagmorgen wieder aufstellen muss. Ich denke mir, dabei wirft er vielleicht wenigstens mal einen Blick auf seine Familie. Ich schwöre Ihnen, dieser Mensch hier ist auch so einer, der die Geburtsdaten seiner Kinder nicht fehlerfrei zusammenkriegt. Der Vater von meinem Jüngsten hat sich das Datum auf den Unterarm stechen lassen. Vor fünf Jahren. Seitdem haben wir ihn nicht mehr zu Gesicht bekommen. Entweder du hast dein Kind im Herzen oder eben nicht, so sehe ich das.

Vielleicht fragen Sie sich inzwischen, warum ich nicht auch hinter so einem Schreibtisch sitze und versuche, gleichzeitig zu arbeiten und dünn zu werden. Weil ich einen Sohn habe, der ist so schwarz, dass ich sauer werde, wenn alle versuchen, politisch korrekt zu sein, und ihn farbig nennen. Das klingt irgendwie so bunt. Er hat exakt eine Farbe. Und was für eine. Wenn ich mit dem kleinen Mohrenkopf kuschle, bekomme ich ganz viele kleine Negerküsschen. Meine Tochter sieht aus, als hätte ich Boris in der Besenkammer getroffen, und wenn mein Ältester einen Waschzettel am Nacken hätte, dann stünde Made in Cambodia drauf. Wir sind nicht gerade Brangelina, aber so bunt wie United Colors of Benneton, kennen Sie doch noch, oder?

He, Sie müssen jetzt nicht peinlich berührt sein. Drei Väter, die gehen, eine Big Mama, die bleibt, wo ist das Problem? Oder ist Ihnen ganz allgemein unwohl dabei, dass ich noch dazu eine Putzfrau bin? Werden Sie jetzt damit anfangen, wie wertvoll auch noch die unbedeutendste Reinigungskraft für das Allgemeinwohl und die Weltwirtschaft sei, um den Fremdschämanfall abzuschütteln und Ihr Gewissen zu beruhigen? Damit kriegen Sie Ihr Karma nämlich auch nicht aufgehübscht, vergessen Sie's.

Natürlich ist es ein Scheißjob, aber es ist einer, oder? Damals in Kasachstan war ich Grundschullehrerin. Die schönste Arbeit der Welt. Das Kopftuch trage ich nur zur Tarnung, macht mich noch unsichtbarer. Da tritt sofort der Japaner-Effekt ein: In euren Augen sehen wir Frauen damit alle gleich aus. Okay, wenn es Ihnen hilft, bezeichnen wir mich als »Account Executive Profiler im Facility Management«. Können Sie etwa eine Tätigkeit im Management vorweisen? Na, bitte.

Aber weiter.

Hier, noch was Hübsches: Verraten Sie mir doch mal, was das für Sie darstellt! Ein hochglanzpolierter Designer-Büroklammermagnet? Genau richtig. Mit den ewig drei gleichen Klammern drauf. Wird also nicht benutzt. Gut, jetzt lecken Sie mal dran. Nein, kein Scherz, machen Sie's. Na, ist das was Feines? Sie dachten doch wohl nicht, ich lasse Sie meine Arbeit machen. Für Staub habe ich Mikrofaser, für Koks meine Zunge. Erst zieht er sich also eine Line, dann macht er den Anruf bei Pearl.

Die Antwort lautet übrigens Ja. Auf welche Frage, wollen Sie wissen? Nun tun Sie nicht so unschuldig. Ja, er bunkert das Zeug hier in seinem Büro. Zum Glück geht mir diese Dealer-Mentalität völlig ab, sonst käme ich noch in Versuchung. Sehen Sie hier, ist es nicht goldig, dieses altmodische Stück Nostalgie? Ein Tintentrockner, rührend. In einem Büro ohne Füller, ohne Patronen, ohne Tintenfass. Man kann den Knauf abdrehen, bitte schön. Wollen Sie einen Blick reinwerfen? Aber bitte nicht einatmen dabei. Zumindest nicht allzu tief.

»Oh! Gutes Abend. Ichä binse nurä Butzefrau. Komms immer Freietag, wueissu? Kannich helf, hassu vergesst wos?«

Gott, dieser Vollidiot. Das Geschenk für seine Frau. Hat die Sekretärin besorgt, wie im Film, das reinste Klischee, letzte Woche klebte ein - vermutlich genehmigungspflichtiges - Memo an ihrer Tastatur. Kann man nur hoffen, dass sie einen scharfen Liebhaber hat. Die Ehefrau, nicht die Assistentin. Und einen guten Scheidungsanwalt. Oder andersrum. Oder beides in einem.

Kommen Sie, machen wir Schluss. Oben bei den Kreativen kann ich auch morgen noch sauber machen. Da merkt sowieso keiner einen Unterschied. Drei Minuten später sieht's wieder aus wie im IKEA-Bällebad. Die nehmen ihre Fahrräder mit, Hunde, Hanfpflanzen. Doch. Zur Tarnung legen sie ab und zu eine frische Cocktailtomate in den Topf. Und überall Smoothie-flaschen, denen fallen noch die Zähne aus von dem ganzen Brei.

Und alles voll mit Moodboards. Da pinnen sie ihre Gedanken dran. Und Stimmungen. *Visionen!* Riesige Collagen aus Augenblicken. Auch aus meinen. Ich will nicht unbescheiden klingen, aber kennen Sie die preisgekrönte Kampagne von ... ach, egal, ich will Ihnen nicht die Illusion rauben, dass solche

Da pinnen sie ihre Gedanken dran. Und Stimmungen. *Visionen!*

Dinge von hippen, gut ausgebildeten jungen Art Directors mit stylischen Schlumpfmützen und Nerdbrillen ausgebrainstormt werden und nicht von übergewichtigen, alleinerziehenden, bildungsfernen Gebäudereinigungskräften mit Migrationshintergrund.

Manchmal sehe ich mich allerdings gezwungen, nein, das ist falsch ausgedrückt, manchmal kann ich den Verlockungen der freien Marktwirtschaft nicht widerstehen. Zwei, drei Leute da oben, die sind so brillant, dass jeder Headhunter Schnappatmung bekäme, wenn er sie in seinem Portfolio führen dürfte. Na ja, aber nicht alle Werber halten sich für Gott, nicht mal dann, wenn sie gekokst haben. In den Abfalleimern von zwei, dreien findet sich immer das eine oder andere. Was nicht am Moodboard landet oder attitude-technisch not yet fits, ist immer noch mehr, als andere Agenturen in einem ganzen Jahr produzieren. Ich habe einen Verbindungsmann bei einer Konkurrenzfirma. Okay, zugegeben, es sind zwei Firmen. Man muss abwechseln, vorsichtig sein. Mal versorge ich die eine, mal die andere mit den zerknüllten Ideen. Peppt ein wenig meine Kasse auf. Und wenn ein echter Knüller draus wird, komme ich mir vor wie in einem Agententhriller. Ja, ja, ja, hör mir auf mit Industriespionage und Verfassungsschutz, sehen Sie hier irgendwo einen Spion? Bloß weil ich einen russischen Akzent habe, heißt das ja nicht gleich, dass ich für den Moskauer Auslandsgeheimdienst den Snoopy mache.

Und jetzt Platz da, ich muss fertig durchwischen. Übrigens, möglicherweise machen Sie lieber einen Umweg über die Waschräume, sieht mir ganz so aus, als hätten Sie da noch etwas »Puderzucker« am Kinn ...

Und *bitte!* Nicht da lang! Sie latschen mir ja mit den dreckigen Schuhen mitten durchs Feuchte ...

Ich bin hier schließlich nur die Putzfrau.

N U R.

Darüber sollte der eine oder andere vielleicht mal nachdenken.

DER GRAPSCHER

Job gut, alles gut – so in etwa hatte ich mir das nach meiner Ausbildung zur Automobilkauffrau und der langen Suche nach der passenden Stelle gedacht. Endlich ein festes Einkommen, um meinen Verpflichtungen in Form einer verdammt teuren Altbauwohnung in der Bremer Innenstadt und einer herzkranken Katze nachkommen zu können. Außerdem Spaß bei der Arbeit, Eigenverantwortung und ein netter Chef.

Zu hohe Ziele? Eigentlich nicht, sollte man meinen …

Es war einer dieser Tage, an denen man nichts Böses erwartet. Ich war bester Dinge, bis mich eine schlimme E-Mail erreichte und fast zeitgleich mein Vorgesetzter um die Ecke kam.

»Liebe Eva, da haben Sie sich aber einen Fauxpas geleistet. Das könnte noch ein Nachspiel haben«, erklärte Herr Urban – ein groß gewachsener Mittdreißiger mit ziemlich eindrucksvollen Ohren, die er unter dichtem Haar zu verstecken versuchte, mit besorgter Miene. Offenbar hatte ich versehentlich die falschen Fahrzeuge nach Übersee verschiffen lassen. Jetzt sprang der Kunde förmlich im Dreieck und verfluchte den Tag meiner Geburt.

Zum Glück eilte Herr Urban mir zu Hilfe und verhinderte, dass ich vor Panik hyperventilierte. Er war charmant, ruhig und besonnen und schaffte es irgendwie, mich zu beruhigen. Als er sich zu mir herüberbeugte, um die bitterböse E-Mail des Großkunden besser lesen zu können, registrierte ich zunächst kaum, dass er mit seiner Hand wie beiläufig den Ansatz meiner Brüste streifte. Da ich mit einem guten D-Körbchen gesegnet bin, war ich es gewohnt, dass Wimm und Wumm manchmal im Weg waren. Also setzte ich mich einfach ein wenig weiter zurück und ließ meinen Chef arbeiten.

»Eva, lassen Sie mich kurz auf Ihren Bürostuhl, damit ich mir Ihre Tabellen einmal ansehen kann?«, bat er nach einiger Zeit höflich.

»Natürlich, Herr Urban«, antwortete ich hastiger, als mir lieb war, und fing ein seltsames Lächeln auf, als er hinzufügte: »Sie können auch gern auf meinem Schoß Platz nehmen, wenn Sie möchten. Dann können Sie noch was lernen.«

Das dämliche Kichern meinerseits schmerzte in meinen Ohren wie eine Alarmsirene.

»Sehen Sie? Hier haben Sie das Häkchen falsch gesetzt. Eine kleine Nachlässigkeit mit fatalen Folgen.«

Tja, da hatte er wohl recht. »Es tut mir wirklich leid, Herr Urban. Es wird nicht mehr vorkommen«, versprach ich und er schaute lange zu mir auf. Seine Augen verdunkelten sich kaum merklich.

»Natürlich nicht. Da bin ich mir sicher«, beruhigte er mich und begann, meinen Fehler zu berichtigen. »Sie haben noch nicht viel Erfahrung. Sie sind ja noch blutjung.« Wieder dieser Blick. Ich räusperte mich unbehaglich und trat von einem auf das andere Bein.

»Ich kann das auch selbst erledigen«, schlug ich vor und endlich erhob er sich wieder von meinem Platz.

»Gern, dann zeigen Sie mal, was Sie können.«

Den leicht zweideutigen Unterton überhörte ich und begann zu schreiben. Im nächsten Moment schnalzte er mit der Zunge. Auf eine Art, wie es meine Mathelehrerin immer getan hatte, wenn ich im Begriff war, eine Aufgabe zu vermasseln.

»Achten Sie bitte auf diese Nummer«, mahnte er, beugte sich wieder zu mir herunter und tippte auf ein Feld auf dem Bildschirm. Ich hätte schwören können, dass ich dort vorher eine andere Zahl gesehen hatte, verwarf den Gedanken aber wieder. Sein Aftershave roch scharf und ich rümpfte automatisch die Nase. Zeitgleich kam mir die Frage in den Sinn, wie sehr meine Brüste wirklich im Weg sein konnten. Sie konnten sich doch unmöglich von allein aufdrängen. Oder?

»Na gut. Dann werde ich einmal in der Geschäftsleitung Bescheid geben.« Er verzog sein hageres Gesicht, was sein Grinsen wie ein Zähnefletschen aussehen ließ. »Das wird nicht schön.«

»Ich kann das auch selbst erledigen. Wenn ein Kopf rollt, dann besser meiner. Schließlich ist mir der Fehler unterlaufen«, schlug ich tapfer vor. Er hob seine viel zu buschigen Augenbrauen.

»Nicht nur wunderschön, sondern auch mutig, wie mir scheint«, staunte er und legte seine leicht schwitzige Hand auf meinen Rücken. »Nein, nein, Eva. Lassen Sie mich das lieber machen. Sie haben ja keine Ahnung, was da auf Sie zukommen würde«, warnte er väterlich. Ich atmete gerade tief durch und versuchte, den leichten Druck seiner Hand zu ignorieren, die jetzt auf meiner Schulter ruhte, als die Tür zu meinem Büro aufging. Genauso schnell, wie Frau Alfmann, die Antiquität des Unternehmens, hereinkam, verschwand auch die Hand.

»Na gut. Das ist wirklich liebenswert von Ihnen«, bedankte ich mich und war froh, dass er endlich in seinem Büro verschwand.

Am nächsten Tag trafen Herr Urban und ich uns beim Kopierer. Ich ließ meine Kopien fallen, weil er seine Griffel nicht von meiner Hüfte lassen konnte. Ganz Gentleman, half er mir beim Aufsammeln, doch als seine Hand dabei verdächtig nah an meinen Po wanderte, wurde es mir schlagartig klar: kein Versehen! Ich hatte anscheinend etwas Bedeutsames in der Stellenbeschreibung überlesen ...

Er reichte mir die übrigen Blätter und ich trat zunächst die Flucht an.

Ich ließ meine Kopien fallen, weil er seine Griffel nicht von meiner Hüfte lassen konnte.

Von da an versuchte ich, meinem Chef so gut es ging aus dem Weg zu gehen, was mir kläglich misslang. Seine Freundlichkeiten verfolgten mich auf Schritt und Tritt. Am nächsten Abend konnte ich zwei Busenstupser, drei Popotätschler und einen Beinahe-zusammenstoß der besonderen Art beim Treppenaufgang verzeichnen.

Als ich im Bett lag, kreisten meine Gedanken so wild, dass mir fast schlecht wurde. Lag es an mir? Und, viel wichtiger, was sollte ich tun? Kündigen und wieder auf Arbeitssuche gehen? No way! Der Job war hammergut bezahlt und ich hatte einen unbefristeten Vertrag. Außerdem lag das Autohaus so günstig, dass ich es mit dem Fahrrad erreichen konnte.

Mitten in der Nacht hatte ich eine Erleuchtung. Hatte es nicht neulich geheißen, meine Stelle sei schon das dritte Mal in diesem Jahr neu besetzt? Wer waren meine beiden Vorgänge-rinnen – und warum waren sie so schnell wieder fort gewesen? Ich hatte da so eine Ahnung. Und irgendwie würde ich schon herausfinden, ob die stimmte ...

Ganze drei Tage voller unerwünschter Zärtlichkeiten – denen ich fast schon automatisch auswich – später, als die ständig wachsame Frau Alfmann unterwegs war, ergab sich endlich die Gelegenheit, einen Blick in die Personalakten zu werfen. Fast schon fiebrig schrieb ich mir die Adressen meiner Vorgängerin-nen auf. Dann kontaktierte ich sie und bat sie ohne viele Erklä-rungen um ein Treffen nach Feierabend in einer Bar.

Einige Tage später war es dann so weit. Ich wurde bereits von meinen beiden Vorgängerinnen erwartet, als ich eintraf. Mir fielen als Erstes unsere Gemeinsamkeiten ins Auge. Herr

Urban hatte ganz offensichtlich ein klar definiertes Beuteschema.

»Hey, es ist toll, dass ihr Zeit für mich gefunden habt. Ich bin Eva«, stellte ich mich vor.

»Du hast uns schließlich ganz schön neugierig gemacht«, antwortete eine Blondine, die fast ein Abziehbild von mir selbst hätte sein können. »Ich bin Nicole.«

»Und ich heiße Monika«, erklärte die Dritte im Bunde. Der gleiche Vorbau, die gleiche schmale Taille. Einziger Unterschied: Sie war brünett und nicht blond wie Nicole und ich.

Ich folgte den beiden an den Tisch, an dem sie schon eine Flasche Prosecco mit drei Gläsern stehen hatten.

»Schön. Wir haben da so eine Ahnung, warum du dich mit uns treffen wolltest«, begann Monika mit leicht bitterem Unterton.

»Dann brauche ich wohl nicht weit auszuholen. Ich sage nur ein Wort: Herr Urban.«

»Das sind zwei Wörter, aber das macht nichts«, berichtigte mich Nicole mit einem Zwinkern und schob mir kurzerhand ein Glas über den Tisch zu.

»Grapscht er noch oder fummelt er schon?«, wollte Monika wissen. Ich verzog automatisch mein Gesicht.

»Soll das heißen, es wird noch schlimmer? Ich meine, es geht über die angeblich zufälligen Berührungen hinaus?«, fragte ich schockiert. Monika strich sich ihr dickes Haar zurück und beugte sich leicht über den Tisch zu mir herüber.

»Nun ja. Wenn du nicht mitmachst, wird er dafür sorgen, dass du Fehler machst. Dumme Fehler, die du dir selbst gar nicht erklären kannst, die aber bis zur Geschäftsleitung nach Hamburg durchdringen.« Die Pause, die sie machte, gefiel mir nicht und sofort kam mir die Fehlverschiffung von neulich in den Sinn. Ich hatte nämlich noch immer nicht die geringste Idee, wie mir das hatte passieren können. »Irgendwann werden sie beschließen, dass du für die Firma nicht länger tragbar bist, und dann kannst du gehen«, prophezeite sie düster.

»So in etwa kann es laufen«, stimmte Nicole zu. Aus ihrer Stimme klang Mitleid. »Ich hab selbst gekündigt, weil ich das Ekel nicht mal mehr ertragen konnte.«

»Shit!«, stieß ich aus und schluckte trocken. »Was soll ich jetzt machen?«

Das Glas Prosecco hatte ich noch nicht angerührt. Mir war nicht danach. Ganz im Gegensatz zu Monika, die sich gelassen nachschenkte.

»Erst einmal trinken wir einen, würde ich vorschlagen.«

»Na gut. Dann auf uns, die Bedrängten von urbanistischem Schrecken!«, stimmte ich halbherzig zu.

»Prost!«

Zwei Flaschen später knallte Nicole ihr Glas etwas zu hart auf den kleinen Tisch in der Ecke, in der wir saßen.

»Ich hab's! Wir suchen uns einen Transvestiten und sorgen dafür, dass Urban ihm begegnet. Einen mit Mordstitten und 'nem hübsch versteckten Schwanz«, schlug sie vor und verschluckte sich anschließend gewaltig an ihrem Brausegetränk.

»Uh, Eiersuchen, das ist ja wie Ostern«, trällerte Monika.

»Hoppla. Was für eine unverschämt gute Idee«, gab ich zu. Da ließe sich bestimmt was draus machen. Nur was? Leider machte der Alkohol das Grübeln anstrengend und den Rest der Nacht verbrachten wir drei neuen Freundinnen dann doch lieber damit, zu feiern und in einem Club abzutanzen.

Spät in der Nacht torkelte ich nach Hause und nahm mir vor, dass Herr Urban mir den Buckel runterrutschen sollte! Ich würde mir sein Gegrapsche nicht länger gefallen lassen. Dem würde ich's zeigen!

Zwei Tage später zog ich meinen knappsten Mini und meine höchsten Heels an und ging zur Arbeit.

Spät in der Nacht torkelte ich nach Hause und nahm mir vor, dass Herr Urban mir den Buckel runterrutschen sollte!

Brav kochte ich den Kaffee, brachte das Gebräu meinem Ekel-chef an den Tisch und wartete auf das Unvermeidliche. Doch bis zum Mittag verhielt er sich tadellos und ich zog mich verwirrt in meine Pause zurück. Sollte der Spießrutenlauf etwa ein jähes Ende gefunden haben? Einfach so? Und ausgerechnet heute?

Ich stand gerade am Kopierer, entspannter als sonst, da tauchte er wie aus dem Nichts hinter mir auf und erschreckte mich fast zu Tode. Als seine Hand auf meine Schulter kroch, kostete es mich eiserne, fast übermenschliche Willenskraft, nicht aus der Haut zu fahren.

»Herr Urban, Sie sind mir ja einer«, scherzte ich und wirkte dabei offenbar recht überzeugend. Denn er lächelte sein wölfisches Lächeln und kam näher. Zu allem Überfluss roch sein Atem heute besonders säuerlich.

»Ich glaube, ich hatte noch nie eine Angestellte, die beim Kopieren so bezaubernd aussah wie Sie, meine liebe Eva«, schmeichelte er und ich begann meine Blätter einzusammeln.

»Vielleicht gebe ich mir für Sie ja besonders viel Mühe«, hörte ich mich säuseln. Dabei reckte ich meinen Hintern etwas weiter nach hinten, als nötig gewesen wäre, und streckte mich über den Kopierer hinweg zum Regal, in dem das Papier gelagert war.

»Oh, das ist ja mal entzückend.« Er lacht heiser. Ich spürte förmlich, wie der Fisch anbiss.

»Ja, so bin ich«, flötete ich und zwinkerte ihm zu. Für einen Wimpernschlag wirkte er überrascht, als ich ihm signalisierte, dass er mir folgen dürfte.

In meinem Magen summte es, als hätte ich hundert Bienen verschluckt. So aufgeregt war ich. Aber da musste ich jetzt durch. Schließlich wollte ich meinen Job behalten, komme, was wolle.

Die Tür des kleinen, aber feinen Mitarbeiter-WCs mit seinen drei Kabinen schloss sich leise hinter uns. Ich atmete tief durch und setzte mein nettestes Lächeln auf.

»Ich wusste vom ersten Blick an, dass Sie etwas ganz Besonderes sind, Eva«, hauchte mein Chef, während ich meine

Finger Halt suchend um die Stäbe des Heizkörpers krallte und meinen Rücken gegen die kalte Keramik des Waschbeckens presste.

»Herr Urban, ich bin mir sicher, wir beide werden uns in Zukunft gut verstehen«, säuselte ich und ließ zu, dass er mir noch näher zu Leibe rückte als sonst.

»Aber natürlich. Sie haben ja keine Ahnung, was für Türen ich Ihnen in unserer Branche öffnen kann.« Seine Stimme klang rau und ich musste mich zwingen, nicht schreiend den Raum zu verlassen. Seine Grapscherpranke legte sich seitlich an meinen Oberschenkel und fuhr hinauf. Der kurze Rock war kein Hindernis und ich zählte innerlich rückwärts.

Zehn, neun, acht, sieben ...

»Was zur Hölle!«, stieß mein Chef plötzlich aus und fuhr zurück, als hätte er sich an etwas verbrannt.

Er hatte ihn endlich entdeckt – den Fake-Penis zwischen meinen Schenkeln.

»Das ist doch nicht möglich«, hauchte er entsetzt und wich so weit zurück, bis er mit dem Rücken an der gegenüberliegenden Wand stand. In meinen Mundwinkeln zuckte ein Lächeln. Mutig trat ich einen Schritt auf ihn zu, was ihn in eine Art Schockstarre versetzte.

»Aber Herr Urban, ist das nicht genau, was Sie wollen?«, fragte ich unschuldig. Seine Froschaugen gingen fast über. Dann bemerkte er, dass wir gar nicht allein waren, und seine Gesichtsfarbe wechselte von Rot zu Weiß.

Nicole und Monika, die unbemerkt aus der hintersten Kabine getreten waren, zückten demonstrativ ihre Smartphones. Es war unübersehbar, dass die Handykameras liefen.

»Was geht hier vor?«, ächzte der Grapscher.

»Das ist doch offensichtlich, Herr Urban. Oder, um es mit Ihren Worten auszudrücken: Sie sind doch nicht schwer von Begriff, *Liebchen?* Mit ihrer *unkooperativen Art* haben Sie sich soeben den Weg verbaut«, zitierte Nicole ungerührt und kam, die Hüften schwingend, näher. Herr Urban begann, hektisch mit den Händen herumzufuchteln.

»Machen Sie das Ding aus!«, forderte er.

Monika grinste nur.

»Apropos unkooperative Art: Hat er dich deswegen gefeuert?«, wandte ich mich mit gespielter Neugier an Nicole.

Sie nickte. »So in etwa. Ich wollte ihn nicht fummeln lassen.«

»Das ist eine Ungeheuerlichkeit«, schoss Herr Urban jetzt zurück. »Ich verklage Sie. Sie alle drei.«

Monika hob lässig ihre fein gezupfte Augenbraue.

»Aber weswegen denn? Gefällt Ihnen unser Geschenk etwa nicht?« Auf ihr Stichwort befreite ich mich von meinem Fake-Penis.

»Herr Urban, ich bitte Sie. Wie gesagt, ich bin mir sicher, wir können ein gutes Arbeitsverhältnis haben. Sie müssen nur eines beherzigen.« Lässig schleuderte ich den Gummischwanz in die Luft und fing ihn direkt vor seiner Nase wieder auf. »Mit welchem Penis ich spiele, entscheide ich ganz allein. Mit Ihrem will ich definitiv nichts zu tun haben. Und ab sofort will ich Ihre

Hände nie wieder an Stellen spüren, an denen sie nichts verloren haben. Davon stand weder etwas in der Stellenbeschreibung, noch ist es arbeitsrechtlich legitim.« Ich machte eine Pause und warf ihm den Fake-Penis zu, den er im Affekt auffing.

»Und sollten Sie je in Erwägung ziehen, Eva noch einmal einen Fehler unterzujubeln oder ihr das Leben auf andere Art schwer zu machen, geht dieses Video auf alle Kanäle«, erklärte ihm Nicole überdeutlich, als wäre er schwer von Begriff. »Facebook, YouTube, Twitter ... um nur ein paar Möglichkeiten zu nennen.«

Ich beobachtete, wie er trocken schluckte und sich rückwärts zur Tür bewegte.

»Herr Urban, habe ich Ihr Wort, dass wir in Zukunft einen angemessenen Umgang pflegen?«, hakte ich versöhnlich nach.

»Ich werde darüber nachdenken«, gab er zurück.

»Was Sie uns angetan haben, können Sie leider nicht wieder gutmachen, Herr Urban. Aber wenn Sie brav sind, verzeihen wir Ihnen«, erklärte Monika feierlich.

»Ich sagte, ich werde nachdenken.« Herr Urban marschierte mit dem Gummipimmel in der Hand an uns vorbei durch die Tür und stieß just in diesem Moment mit der Sekretärin zusammen.

»Entschuldigung«, hauchte er entsetzt. Frau Alfmann starrte entgeistert auf den Penis, der in seiner Hand wackelte.

»Was haben wir denn hier für eine Versammlung?«, fragte sie spitz. Ich wette, die Gute hatte keine Ahnung von den Unarten des Chefs. Ich wollte sie jetzt auch nicht aufklären und ihre heile Welt noch mehr ins Wanken bringen. Vorerst nicht.

»Frau Alfmann, Sie wissen doch, Mädels gehen nie allein aufs Klo. Das liegt uns in den Genen«, flötete ich und meine beiden Mitstreiterinnen mussten ein Prusten unterdrücken. Die Sekretärin schüttelte wortlos den Kopf und verschwand in eine Kabine.

Ich beschloss, früher Feierabend zu machen, und lud die Mädels zu Pizza und Wein ein. Bis heute stehen wir in gutem Kontakt. Und nie wieder ist eine von uns in eine Situation geraten, in der sie sexuell belästigt wurde. Ich schätze, etwas Entscheidendes hat sich in unserer Ausstrahlung verändert. Was auch immer es war: Die Grapscher dieser Welt mieden uns fortan wie der Teufel das Weihwasser. Und das war gut so.

BETRIEBSRAT? DAS MACHT DIE MAMA!

»Niemals! Ich und zu Hause im Familienbetrieb? Noch dazu Handwerk? Das geht gar nicht.« Das war jahrelang meine Einstellung. Felsenfest. Unverrückbar. Bis mich dann letztes Jahr meine Eltern zu einem Gespräch baten.

Und dann ging es doch. Nicht ganz freiwillig, aber wie hätte ich beim Anblick ihrer Hundeaugen Nein sagen können? Ging nicht. Im Prinzip hatte ich es ja immer geahnt. Denn logischerweise brauchten sie für die Familie jemanden aus der Familie. Zumal ich doch »Büro gelernt« hatte.

Nur gab es da deutliche Unterschiede zwischen dem Großraumbüro eines Industriebetriebs und einem Kleinbüro des Handwerks. Das ist ungefähr so, als würde man einen Elefanten mit einer Kuh vergleichen. Nicht umsonst hatte mein damaliger Chef bei meiner Kündigung erstaunt nachgefragt, ob ich mir das mit dem Wechsel auch wirklich gut überlegt hätte.

Aber was gab es da groß zu überlegen? Schließlich kannte ich meinen neuen Arbeitgeber, solange ich lebte, denn besagter Familienbetrieb hatte sein Hauptquartier in meinem Elternhaus. Das Büro direkt neben dem Wohnzimmer und als Fliesenausstellung diente unser Haus, durch das regelmäßig fremde Menschen flanierten. Da war ich mir als Kind manchmal schon vorgekommen wie ein Zebra im Zoo.

 **Da war ich mir als Kind manchmal schon vorgekommen wie ein Zebra im Zoo.**

Und obwohl ich all das nur zu gut wusste, traf mich nun, nach all den geregelten Jahren im Industriebetrieb, die knallharte Chaosrealität wie ein Fausthieb.

Natürlich war meine Entscheidung ziemlich blauäugig gewesen. Ich fuhr sozusagen, wie sich herausstellen sollte, auf einer Autobahn ins Desaster. Ganz ohne Tempolimit.

Diszipliniert, wie ich nun mal bin, notierte ich mir vor Arbeitsantritt die wichtigsten Eckpunkte. Eine Checkliste nur für mich. Die ich nach und nach mit wichtigen Erfahrungen und Hinweisen füllen wollte. Und was soll ich groß weitererzählen? Meine Liste spricht für sich ... Hier ist sie:

Ausbildung. Mal abgesehen von der Eignung durch genetische Abstammung gibt es natürlich so etwas wie Einstiegsqualifikationen. Da wäre zum Beispiel: Wie sorge ich bei meinen Geschwistern für Ruhe, wenn gerade ein wichtiger Kunde anruft? Ist es mir möglich, unfallfrei Notizzettel zu Telefonaten anzufertigen, die der Chef verpeilt hat? Kann ich das Gekritzel meines Vaters entziffern?

Habe ich Kuchenbacken erwähnt? Dank süßer Kalorien kann ein Arbeitskampf ganz schnell beigelegt werden. Vor allem wenn der Vaterchef gern nascht.

Arbeitsvertrag. Ja, den braucht man schon. Auch als Tochter. »Machen wir morgen«, hat Mutter damals gesagt und irgendwie war das ja auch okay. Oder sollte ich meinen Eltern da etwa misstrauen? Gesehen hab ich den Vertrag dann allerdings nie. Bis ich ihn mir irgendwann selbst aufgesetzt und meinem Vater zwischen seine Angebote zur Unterschrift gelegt habe. Check.

Erster Arbeitstag. Da kommt man sich immer ein bisschen dümmlich vor. Wenn man während der Einarbeitungszeit eher wie das fünfte Rad am Wagen wirkt. Und die Mitarbeiter einem geduldig den Einstieg ins Kalkulationsprogramm erklären. Zumindest in einem großen Unternehmen. Auf meinem neuen Posten fühlte ich mich eher wie ein Nichtschwimmer. Da stand das Becken mit dem Eiswasser. Schwups hinein, den Rest »lernst du schon«.

Arbeitszeit. Wann fängt der Arbeitstag eigentlich an? Und noch besser, wann hört er auf? Bei der Großraumbürostelle war das einfach, da gab es Anfangszeiten und Endzeiten und Pausen (kommt noch). Nicht zu vergessen: Urlaub (das auch). Ganz anders als jetzt, wo jeder Tagesausflug Titanic-mäßig scheitert, noch ehe er überhaupt beginnt. Denn das Handy klingelt ständig, selbst auf Hochzeitsreise. Und dann diese Worte, die mich bis in den Wahnsinn treiben: »Kannst du mal kurz?«

Aufgabenbereiche. Die gibt es. Ganz bestimmt sogar. Nur ganz anders als in der Industrie. Da kann es schon mal sein, dass der Vaterchef dir ein Stück tiefgekühltes Fleisch hinlegt. Und dich damit kurzfristig zur Chefköchin der Betriebskantine ernennt. Mein Kopfkino zeigt mir, wie es aussähe, wenn das der

CEO eines internationalen Konzerns mit einer x-beliebigen Schreibkraft machen würde.

Pausen. Habe ich schon die Pausen erwähnt? Ja, ja. Die hat man logischerweise auch, aber eigentlich nur ungeplant und spontan. Weil zwischen Kundenanrufen, Fahrdiensten und Tipp-arbeiten manchmal kaum Zeit zum Luftholen bleibt. Dennoch hat die Kaffeepause auf der elterlichen Veranda schon mehr Flair als die Sechziger-Jahre-Kantine eines Großbetriebs.

Kundengespräch. Wenn der Chefübervater mal einen Termin vergisst oder einfach ein wichtiges Meeting wahrnehmen muss (hat da jemand was von seiner Kneipe gesagt?), dann über-nimmt man quasi automatisch die Kundenbetreuung. Natürlich auf die sympathische Art und Weise. Mit Kaffee und Kuchen. Was für mich dann eher als Pause durchgeht.

Urlaub. Die Arbeitstage gehören dem Chef, die Urlaubstage mir! So war es zumindest früher. Irgendwie schleichend wurde aus meinem romantischen Traumurlaub zu zweit dann so etwas wie der allgemeine Betriebsausflug. Für Firmenangehörige mit demselben Nachnamen. Aber ehrlich, das hat schon auch was und macht ganz schön viel Spaß.

Weiterbildung. Ich erinnere mich noch an meine erste Stelle. Da war *Weiterbildung* so etwas wie die heilige Kuh. Wehe, wer da nicht dabei war und fleißig mitmachte. Der blieb garantiert irgendwann auf der Strecke. Im Kreise meiner Familie gibt es Weiterbildung natürlich auch. Das sieht dann aber verdächtig so aus wie die Hausaufgabenbetreuung für meine jüngeren Geschwister ...

Der Chef. Der wichtigste Punkt beim Umstieg von groß auf klein. Wenn ein Großraumbürochef schon beängstigend ist, die Personalunion von Vater und Vorgesetztem ist schlimmer. Ein bisschen wie eine Mischung aus Bundeskanzler, Pate und Oberlehrer. Hat aber auch seine guten Seiten, weil man als Tochter gelernt hat, wie man den Vater um den Finger wickeln kann. Wenn er nicht gerade meint, recht haben zu müssen. Was leider ziemlich oft der Fall ist. Da helfen dann nicht mal mehr Süßigkeiten.

Betriebsrat. In ernsten Auseinandersetzungen mit dem Chef hilft nur noch der Betriebsrat. Übersetzt heißt das, die Mutter. Die verhält sich selbstredend so, wie man es erwarten kann. Großzügig und verständnisvoll. Stets mit einem Tässchen Kaffee und Keksen. Aber man muss schon aufpassen. Die Worte »Lass mich das mal mit Papa regeln« können auch bedeuten, dass sie sich klammheimlich zum Kaffeeklatsch mit der Nachbarin davonschleicht und das Problem aussitzt. Es sei denn, man ist schneller.

Arbeitskampf. Wenn Auseinandersetzungen mit dem Vaterchef dann doch zu dolle werden, muss man dem Betriebsrat das Messer auf die Brust setzen. Am besten, ehe er bzw. sie das Gartentor der Nachbarin erreicht. Nur kann es passieren, dass der Betriebsmutterrat sich darüber so ärgert, dass er spontan die Seite des Chefs ergreift. Also die ihres Mannes. Da wird dann die Mediation schnell zu einer Art Kreuzverhör für die arme Seele (= natürlich mich).

Businessoutfit. Bei den Klamotten ändert sich so gut wie gar nichts. Obwohl, die Schuhe ändern sich schon. Nix mehr mit hohen Absätzen, sondern Filzpantoffeln. Ist ja auch besser für die Füße. Blazer und Hosenanzüge sind im Grunde total übertrieben. Gerade wenn man auf die Baustelle muss oder die Ausstellung putzt. Irgendwie schaltet man dann auf normal und bequem. Auch nicht schlecht.

Personalführung. Das ist, wenn der Papa ein Machtwort spricht. In seiner Chefrolle. Aber nur, wenn auch jemand da ist, der sich das anhört. Wenn nicht, dann ist es eher eine Art Vorstandssitzung. Mit derselben Wirkung wie in einem Dax-Konzern. Viele Worte, garantiert ohne Nebenwirkungen.

Kollegen. Die Meister, Gesellen und Azubis sind schon was anderes als Kolleginnen mit lackierten Fingernägeln. Und leichter zu handhaben. Einfach einen Korb mit Süßigkeiten hinstellen, für alle griffbereit, dann läuft das schon. In der Fachsprache nennt man das dann Steigerung der innerbetrieblichen Kommunikation.

Termine. Mit Schaudern denke ich an eine meiner Dienstfahrten zurück. Der Vaterchef musste zum Gericht. Ruckzuck war ich mittendrin und am Ende auch noch Zeugin. So schnell kann's gehen.

Einkauf. Die Einkaufsorganisation obliegt meist dem Betriebsrat ... äh ... der Mutter. Von Nahrungsmitteln bis hin zu Klamotten ist sie die zentrale Einkaufsmanagerin des Familienbetriebs. Es sei denn, es geht um irgendwelches Zeugs für die Firma. Dann eher nicht. Das wird dann geschickt delegiert, weil die Einkaufsmanagerin einen wichtigen Termin hat (richtig, die Nachbarin).

Kundenbeschwerden. Was soll ich sagen? Im Großraumbüro gab es dafür Beschwerderoutinen und -formulare. Alles kein Problem. Nicht so auf meinem neuen Posten. Da trifft mich Kritik direkt und knallhart. Egal, ob ich was davon verstehe oder nicht. Die Lautstärke am Telefon ist der direkte Gradmesser für die Unzufriedenheit.

Da kann ich froh sein, wenn der Beschwerdeführer ins Büro kommt. Denn, Sie werden es kaum glauben, da habe ich Kaffee und Süßes ...

Ende gut – alles gut. Dazu kam es, als ich das Ultraschallbild zur Arbeit mitgebracht

Denn, Sie werden es kaum glauben, da hatte ich Kaffee und Süßes ...

habe. Damit hat sich alles geändert und ich bin sozusagen in direkten Mutterschutz gegangen. Natürlich berufsbegleitend.

Da war es auch kein Zufall, dass ich kurz vor dem Kreißsaal noch geschwind das wichtige Angebot fertigstellen musste. Für meinen Chef. Aber ganz ohne Arbeitskampf, denn er benahm sich da ja wirklich anständig. Als werdender Großvater und so.

Denn eine Familie, die muss schließlich zusammenhalten. Und so ein monarchisch geführter Betrieb braucht schließlich einen Thronfolger.

GABI T. UND DER PLÜSCHBÄR

»Saskia, kommst du mal? Wir müssen mal wieder kreatiiiv sein!«
Die überdrehte Stimme meiner Chefin Gabi T. gellte durch die
Agenturräume. Kurz danach ertönte ein Plöpp – der Korken der
ersten Prosecco-Flasche. Ich seufzte, stand langsam von meinem Schreibtischstuhl auf und ging Richtung Konferenzraum.
Der Konfi war Gabis Denkraum: Hier öffnete sie regelmäßig
direkt nach dem Mittagessen die erste Flasche, um dann Ideen
aus ihrem Hirn zu saugen – eine Arbeitsweise, die ich nicht
wirklich nachvollziehen konnte.

Doch ich kannte das Spiel – schließlich hatte ich bereits mit
süßen 24 in der kleinen Agentur angefangen und war dort seit
inzwischen acht Jahren für alle Textaufgaben zuständig. Neben
mir gab es noch sieben weitere Angestellte: die Sekretärin, drei
Grafikdesigner, einen weiteren Texter und zwei Kontakter, die
alle Aufträge mit den Kunden abwickelten.

Geschäftsführerin dieser Agentur war Gabi T., 49, seit ihrer
Scheidung unfreiwillig Single, immer superchic angezogen und
auch immer genauso überdreht. Noch dazu hatte Gabi ein mit
den Jahren schlimmer werdendes Alkoholproblem.

Gabi T. betrachtete ihre Angestellten mit zunehmendem
Alkoholpegel als »Ersatzfamilie«. An den Weihnachtsfeiern
brach sie regelmäßig in Tränen aus und beteuerte schluchzend,
wie lieb sie uns alle hätte und dass wir sooo toll wären und
sie bloß nie im Stich lassen dürften. Einige von uns – darunter

ich - waren von diesen Vorstellungen eher peinlich berührt, andere dagegen feixten und schlossen schon Wochen vor der Weihnachtsfeier Wetten ab, wie lange es wohl dauern würde, bis der Gabi'sche Tränenfluss einsetzte.

Irgendwie konnte ich meine Lästerkollegen und -kolleginnen auch verstehen, denn der Arbeitsalltag mit Gabi T. war nicht immer leicht: Sie hatte zum Beispiel eine Art, die ganz oft übergriffig wirkte. So kam sie zum Beispiel regelmäßig in mein Büro, rieb mir über den Rücken oder wuschelte in meinen Haaren und fragte mich dann, ob ich den Text für Kunden XY schon fertig hätte. Auch ihr Umgang mit der Freizeit von uns Arbeitnehmern war nicht wirklich vorbildlich: So mussten wir alle viele Überstunden machen, die weder mit Geld noch mit Freizeit ausgeglichen wurden. Dieses Prozedere ist leider üblich in der Agenturwelt und so kommt es, dass viele Leute aus den Agenturen in die Marketingabteilungen großer Unternehmen wechseln.

Gabi T. fand auch, dass wir ohnehin alle sehr dankbar sein müssten, in der Werbung und dann auch noch in ihrer tollen Agentur arbeiten zu dürfen - schließlich hatte sie hier doch lauter Traumjobs zu vergeben, nach denen sich andere - jüngere - Menschen als wir die Finger lecken würden. Und das Arbeitsrecht wäre eh reiner Sozialismus und wir würden doch glücklicherweise nicht im Sozialismus leben ...

Noch schlimmer als diese verquere Logik waren allerdings ihre Launen. So sollte man ihr zum Beispiel morgens vor elf Uhr am besten nicht über den Weg laufen, denn da litt sie oft unter den starken Nachwirkungen des Proseccos vom Vortag: Sie schrie und tobte wegen der kleinsten Kleinigkeit, meckerte uns an und machte dabei manchmal auch vor persönlichen Beleidigungen nicht halt. Einen Kollegen, der wegen eines Staus einige Minuten zu spät in einem Meeting erschien, schrie sie vor der gesammelten Mannschaft an, er solle doch gefälligst seinen »Arsch pünktlich in die Firma bewegen«. Und zu mir sagte sie mal im Beisein von Kunden, ich hätte in Sachen Klamotten einfach keinen Geschmack – ich käme ja schließlich vom Land!

Besonders abgesehen hatte sie es aber auf die Sekretärin: Sie ließ sie überflüssige Kopien machen – natürlich einzeln, wie sonst! – oder schickte sie los zum Bäcker, um ein Katerfrühstück zu holen. Leichte Gegenwehr erstickte sie dann gleich mit einem Schreianfall, den man noch im Treppenhaus hören konnte.

Gabi T. hatte aber auch ihre guten Seiten: Sie war exzellent darin, den Kontakt zu den Kunden zu halten, und sie hatte Ideen. Allerdings waren viele ihrer Suff-Ideen am nächsten Tag nicht wirklich zu gebrauchen – denn im Allgemeinen waren die potenziellen Kunden der Produkte, für die wir warben, nüchtern und so trafen die Ideen nicht selten meilenweit daneben.

Kaum im Konfi angekommen, überfiel Gabi T. mich mit lauter Fragen: »Und, Saskia? Hast du noch ein paar Ideen, welche Kundengruppen wir noch akquirieren sollten? Oder Unternehmen? Oder Ansprechpartner? Oder hast du sogar Adressen? Namen? Orte, an denen wir diese Personen direkt treffen oder ansprechen können?«

Mein kleiner Schelm brachte mich dazu, folgenden Satz zu sagen: »Wie wäre es denn mal mit einer Kellerei als Kunden?« Ups ... ob das gut geht?, dachte ich sofort. Doch Gabi T. fing lauthals an zu lachen: »Wow, das ist 'ne coole Idee! Dann könnten wir unseren ganzen Vorratsraum mit Proseccokisten vollstellen – schließlich müssen wir das Produkt gut kennen, das wir bewerben sollen! Und in den Ruheraum packen wir einen riesigen Kühlschrank, gemütliche Sitzsäcke und kleine Tische. Dort können wir dann in Ruhe brainstormen!«

Ah, brainstormen – und ich dachte bisher immer, das heißt trinken. Glücklicherweise habe ich diesen Satz tatsächlich nur gedacht.

Übrigens: Der Grund, warum ich in den vergangenen acht Jahren nicht selbst zur Alkoholikerin geworden war, lag darin, dass ich immer noch auf dem Land wohnte und deshalb jeden Tag mit dem Auto in die Agentur fuhr. So wurde ich zum Glück eher selten dazu genötigt, mit ihr anzustoßen – die bahnfahrenden Kolleginnen und Kollegen waren da schon schlechter dran. Allerdings brachte mir das auch einen Spitznamen ein: Nach dem dritten Glas nannte Gabi T. mich gern »die Agentur-Spaßbremse« und fand das unheimlich lustig. Ich eher nicht, aber ein gequältes Lächeln presste ich mir immer heraus, um des lieben Friedens willen.

Denn auch ich war nicht gerade pflegeleicht: So habe ich zum Beispiel keine Hirn-Mund-Schranke.

 **Nach dem dritten Glas nannte Gabi T. mich gern »die Agentur-Spaßbremse«.**

Im Arbeitsalltag bedeutet das, dass ich so gut wie alles, was ich denke, auch sage – und das ist zuweilen nicht gerade diplomatisch, um nicht zu sagen: völlig unpassend.

So kam meine Chefin eines Tages in mein Büro, tänzelte auf und ab und präsentierte mir ihre neueste Anschaffung: ein wirklich scheußliches Ungetüm von einem grob karierten Kostüm in den Farben Hornhautbeige, Baustellenorange und Pudeldurchfallbraun. An der Jacke prangten darüber hinaus noch riesige Goldknöpfe, auf denen in Großbuchstaben CHRISTIAN DIOR stand – wie peinlich ist das denn?

Meine vollkommen in dieses *Ding* verliebte Chefin fragte mich, wie ich es denn finden würde, und ich antwortete, ohne auch nur eine Sekunde nachzudenken: »Scheiße!«

Autsch, für mehrere Sekunden war es sehr, sehr still in meinem Büro. Doch glücklicherweise war es schon Nachmittag und Gabi T. hatte bereits einen im Tee. Sie reagierte also mit einem Lachkrampf und feixte: »Ja ja, die Landpomeranze sagt immer brav die Wahrheit – und hat keinen Geschmack!« Nach diesem Schlagabtausch, bei dem ich mit Glück noch ein Unentschieden herausgeholt hatte, verließ sie mein Büro, um den gleichen Tanz noch vor den Kolleginnen und Kollegen aufzuführen – die Armen.

Ich nahm` meinen Texter-Plüschbären vom Schreibtisch und boxte ihm wütend auf die Nase, natürlich stellvertretend für mich. Diese dämlichen Plüschbären standen, saßen und lagen überall in der Agentur herum, denn wir hatten vor einigen Wochen eine Incentive-Kampagne für eine große Bank geplant:

Geschäftsführer mittelständischer Unternehmen wurden gemeinsam mit Gattinnen und Kindern übers Wochenende auf ein exklusives Hofgut eingeladen. Auf dem Programm standen so schicke Sachen wie ein Golfturnier oder eine Modenschau. Ganz nebenher sollte dieser umsatzstarken Zielgruppe ein neues Geldanlageprodukt verkauft werden. Und damit sich der Nachwuchs nicht ganz so langweilte, hatten wir die Plüschbären besorgt - und zwar viel zu viele! So kam es, dass Gabi T. jedem ihrer Angestellten einen davon schenkte und auch in ihrem eigenen Büro mehrere Exemplare hielt. Sie hatte ihren Zöglingen sogar Namen gegeben und ich war mir sicher, dass sie manchmal mit ihnen redete - aber da hörte ich lieber nicht so genau hin.

Denn eigentlich war ich in dieser Agentur schon auf dem Sprung. Seit mehreren Monaten war ich auf der Suche nach einem neuen Job und hatte auch schon mehrere vielversprechende Vorstellungsgespräche gehabt. Aber eines wusste ich genau: Ich wollte Gabis Plüschbären-Prosecco-Agentur verlassen, um irgendwo mit etwas normaleren, weniger übergriffigen und nicht ganz so oft betrunkenen Menschen zusammenzuarbeiten. Es war also nur noch eine Frage der Zeit, bis ich ihr die Kündigung auf den Tisch legen konnte - aber so lange konnte ich das Geld doch noch sehr gut gebrauchen.

Da kam mir dann eines Tages der Zufall zu Hilfe: Ich war eigentlich schon um 19 Uhr gegangen und hatte mich mit einer Freundin in der Innenstadt getroffen. Wir waren erst lecker essen und dann noch im Kino - ein schöner Abend mit tollen

Gesprächen und einem lustigen Film. Kurz nach Mitternacht setzte ich mich ins Auto, um nach Hause aufs Land zu fahren. Doch dann fiel mir ein, dass ich meinen Laptop, den ich am nächsten Morgen für einen Kundentermin brauchen würde, in der Agentur hatte liegen lassen! Also fuhr ich wieder ein kurzes Stück zurück, parkte vor der Agentur und entdeckte, dass im Konfi noch Licht brannte. Auweia, dachte ich, welches arme Schwein wird denn da noch arbeiten müssen? Bereits im Treppenhaus hörte ich die laute Musik und eine schrille Stimme, die versuchte, Celine Dion an Stimmgewalt zu übertreffen - was aber ziemlich misslang.

Ich wurde neugierig: Was war hier los? Wer ließ hier in der Agentur weit nach Mitternacht die Puppen tanzen? Leise öffnete ich die Tür zur Agentur und trat ein. In der gesamten Agentur war es stockdunkel, nur der Konfi war hell erleuchtet und wurde von einer voll aufgedrehten Anlage beschallt, mit der man auch ein Stadion hätte bespaßen können. Die Tür war nur angelehnt - vorsichtig öffnete ich sie ein Stück und warf einen Blick hinein. Mich traf fast der Schlag: Auf dem großen Konferenztisch tanzte Gabi T. mit einem der Plüschbären im extremen Nahtanz. Doch das Unglaublichste dabei: Sie war bis auf ihre wirklich ziemlich sexy Unterwäsche nackt!

Da stand also meine Chefin. Auf dem Tisch. In Strapsen. Und halterlosen Strümpfen. Mit Push-up-BH. Einem Spitzenhöschen. Und tanzte mit einem Plüschbären ziemlich innig zu Celine Dions Titanic-Hit. Umgeben von so einigen leeren

Proseccoflaschen. Scheinbar hatte sie schon am Mittag mit der Kreativarbeit gestartet, um sich dann auf den Abend und die Nacht mit noch mehr Prosecco einzustimmen. Krass. Einfach nur krass.

Für den Bruchteil einer Sekunde überlegte ich, ob ich sie ansprechen sollte – doch ich entschied mich dagegen. Und das aus zweierlei Gründen: Zum einen war diese Situation peinlich, und zwar für uns beide. Und zum anderen würde dies eine einigermaßen professionelle Begegnung in Zukunft unmöglich machen. Ich konnte mir lebhaft vorstellen, wie sie reagieren würde, wenn sie wüsste, was ich über ihre nächtliche Freizeitgestaltung so mitbekommen hatte ...

Ich lehnte also die Tür ganz leise wieder an, schlich auf Zehenspitzen in mein Büro, holte den Laptop und sah zu, dass ich Land gewann. Auf dem Heimweg wechselten sich bei mir hysterische Kopfschüttler und nicht minder hysterische Lachkrämpfe ab ... und ich bekam die ganze Nacht kein Auge zu. Wie sollte ich mit dem, was ich gesehen hatte, umgehen? Ich hatte ehrlich gesagt keine Ahnung.

Etwas Schonfrist blieb mir noch, denn ich hatte ja morgens einen Termin beim Kunden. Als ich dort fertig war, setzte ich mich ins Auto und fuhr Richtung Agentur. Mit Herzklopfen öffnete ich die Tür und fragte mich, was mich wohl erwarten würde: Haben die Kollegen Gabi T. morgens schlafend auf dem Konfitisch gefunden?

Doch alles schien wie immer. Ich begrüßte die Sekretärin und ging in mein Büro.

Da gellte Gabi T.s Stimme aus ihrem Büro: »Saskia, bist du das? Mit dir habe ich ein Hühnchen zu rupfen – komm sofort in mein Büro!«

Ich folgte umgehend, denn in diesem Zustand sollte man die Diva wirklich nicht warten lassen.

Kaum war ich im Raum, schrie sie mich an: »Was fällt dir ein, dich hinter meinem Rücken bei anderen Agenturen zu bewerben? Sind wir hier nicht mehr gut genug für dich? All die Jahre habe ich mir solche Mühe mit dir gegeben und jetzt willst du einfach so gehen? Ich habe so viel in dich investiert, ohne mich wärst du immer noch die kleine, dumme Landpomeranze!«

Während sie mir diese Unverschämtheiten ins Gesicht brüllte, dachte ich darüber nach, wie sie dahintergekommen war, dass ich mich tatsächlich beworben hatte. Sie brüllte weiter: »Dieter hat mich heute angerufen und sich nach dir erkundigt – du hättest dich in seiner Marketingabteilung beworben. Bei meinem Ex! So eine Unverschämtheit ...«

In dem Moment passierte etwas, was ich einfach nicht steuern konnte: Mir fuhren wie kleine Blitze die Bilder der letzten Nacht in den Kopf. Ich fing an zu lachen. Erst ein bisschen, dann immer lauter und schließlich schallend. Mir liefen die Lachtränen übers Gesicht und ich musste mir den Bauch halten, weil ich Seitenstechen bekam!

Gabi T. guckte mich ziemlich irritiert an, um dann weiterzupoltern: »Und jetzt lachst du mich auch noch aus, du unverschämtes Miststück, was fällt dir eigentlich ein?«

In diesem Moment war mir klar, dass ich diese Agentur sofort verlassen würde - denn diese persönlichen Beleidigungen würde ich mir auf keinen Fall gefallen lassen.

Also wischte ich mir die Lachtränen ab, beruhigte mich ein bisschen und überlegte, was ich nun antworten sollte. Doch dann fing ich einfach an, Celines größten Hit zu pfeifen: *My Heart Will Go On*.

Rums, raus war es - der fehlenden Hirn-Mund-Schranke sei Dank! Denn Gabi T. hielt erst die Luft an, dann wurde sie dunkelrot, um im Anschluss in ihren Bürostuhl zurückzufallen. Sie legte den Kopf in ihre Hände und starrte auf den Fußboden - fast tat sie mir ein bisschen leid. Dann hob sie den Kopf und fragte mich flüsternd: »Was willst du? Du kannst sofort bei Dieter anfangen. Soll ich dich heute noch freistellen? Willst du eine Abfindung? Den Laptop mitnehmen?«

»Gabi, beruhige dich, ich will gar nichts von dir außer die sofortige Freistellung und ein richtig gutes Zeugnis. Denn ich möchte mich einfach nicht mehr von dir anschreien, betatschen und beleidigen lassen. Deal?«

Sie schlug ein.

Ich ging in mein Büro, packte meine persönlichen Sachen zusammen und verabschiedete mich dann von den Kollegen, die mich alle mit großen Augen anschauten und flüsternd fragten: »Hat der Drachen dich rausgeschmissen? Oh, wie schlimm für dich ...«

Hat der Drachen dich rausgeschmissen?

Doch ich konnte sie beruhigen: »Nein, nein, alles kein Problem, wir haben uns im beiderseitigen Einvernehmen getrennt
und sie hat mich netterweise freigestellt. Ich fange jetzt in einer
Marketingabteilung an!«

Dann ging ich mit einem Lächeln auf den Lippen. Und
natürlich ohne Plüschbär.

DREI FÄUSTE FÜR EIN HALLELUJA

Ich wurde innerhalb meiner Abteilung für ein wichtiges Projekt versetzt. *Maximal drei, vier Monate* lautete die Aussage vom Projektmanagement, aber ich kannte solche anvisierten Termine schon, die hielt eh niemand ein.

Das hieß, ich musste von meinen Freunden Leo, Carsten und Kuni an unserer Tischinsel Abschied nehmen und mehrere Räume weiter in einen anderen Teil unserer Bürohallen ziehen.

Schweren Herzens packte ich also meinen Kram zusammen, die Visitenkarten, die Stifte, den Rollcontainer, mein Schreibzeug und alles andere, was sich so im Laufe der Zeit angesammelt hatte: ein altes Gummiband, zwei von diesen Messingpilzen für Briefumschläge, ein halbes Dutzend Büroklammern und ein Hustenbonbon von wann auch immer. Wenigstens räumte die IT meinen Rechner und allen dazugehörigen Elektronikkram rüber, sodass ich mich darum nicht auch noch kümmern musste.

Ich kam also irgendwann morgens ins Büro, ging an meinen Arbeitsplatz und begrüßte die Kollegen an meiner neuen Tischinsel – einen direkten Nebenmann und zwei gegenüber.

Meinem Nachbarn schüttelte ich die Hand, stellte mich vor, bekam allerdings keine Antwort. Sein Name war Jan Kades, so viel wusste ich, und ich hatte bereits gehört, dass er

»merkwürdig« sei. Dass er allerdings stumm wie ein Fisch war und niemals auch nur ein einziges Wort sagte, davor hatte mich keiner gewarnt.

Mir direkt gegenüber saß Jörg Huber. Ein kleiner Mann, der älter aussah, als er in Wirklichkeit war. Eingefallenes Gesicht mit dunklen Augenringen, weiße Haare und ein ordentliches Sendungsbewusstsein. Huber nahm sich unglaublich wichtig und ich war mir sicher, dass er sich insgeheim für den Chef unserer kleinen Insel hielt.

Neben ihm saß Anders Hobrecht, ein dicker Typ mit kleinen Augen, die in dem feisten Gesicht kaum zu erkennen waren. Er trug die bereits schütteren Haare halblang und leicht gelockt.

Die beiden redeten immerhin mit mir und erwiderten meine Begrüßung, als ich zu ihnen trat, um ihnen die Hand zu schütteln. Auch wenn Hubers Hand sich in meiner eher wie ein toter Fisch anfühlte und Hobrecht sich darauf beschränkte, guttural zu grunzen, anstatt viel zu reden.

Die ersten paar Tage hatte ich nicht viel mit den dreien zu tun, weil ich noch ein paar Controlling-Vorgänge meiner letzten Projektgruppe bearbeiten musste, aber schließlich wurde es ernst und ich hatte das erste Planungsmeeting mit ihnen und unserem Produktmanager. Es war eine echte Qual. Kades sagte wie immer nichts, Hubers enervierende Stimme ging mir schnell auf den Senkel und Hobrecht machte ein Gesicht, als wollte er uns alle am liebsten backpfeifen.

Abends traf ich eine Entscheidung. Ich glaubte nicht, dass ich mit einem von ihnen je wieder zu tun haben würde, wenn das Projekt einmal abgeschlossen war, aber für den Moment mussten wir miteinander klarkommen.

Also verpflichtete ich uns alle, gemeinsam nach der Arbeit ein Bier trinken zu gehen. *Socializing* nennt man das bei uns im Business und der Arbeitgeber sieht es gern, wenn sich seine Mitarbeiter außerhalb der Arbeitszeit verbrüdern, weil dies das Klima verbessere. Behauptet zumindest HR, *Human Resources*, die Personalabteilung.

Kades reagierte auf meine deutliche Einladung einfach gar nicht, aber Huber und Hobrecht

Socializing nennt man das bei uns im Business.

stimmten schließlich zu. Beide mit einem Gesicht wie sieben Tage Regenwetter, aber das war mir in dem Moment egal. Ich war entschlossen, meinen Aufenthalt in dieser Projektgruppe so angenehm wie möglich zu gestalten, und wenn dazu gehörte, mich mit diesen Miesepetern abzugeben, dann würde ich das eben tun.

Der Abend in der Kneipe wurde sogar einigermaßen lustig. Der Alkohol half, die beiden ein wenig zu entspannen, und irgendwann unterhielten wir uns wie Leute, die sich sogar ein klein wenig leiden können.

Ich, bereits etwas angetrunken nach dem dritten oder vierten Weizenbier, machte allerdings einen folgenschweren Fehler: Ich weihte die beiden in ein Geheimnis ein.

»Weißt du, was ich gedacht habe, als ich dich das erste Mal gesehen habe?«, sagte ich und stach mit dem Zeigefinger in Richtung des mir gegenübersitzenden Hubers. Unbewusst hatten wir am Kneipentisch die gleiche Verteilung eingenommen wie an unserer Insel. »Ich habe gedacht: Ratzinger!«, fuhr ich fort.

Die beiden starrten mich an.

»Kardinal Ratzinger, wisst ihr nicht?« Ich wandte mich an Hobrecht. »Sieht er nicht genauso aus wie er? Das verkniffene Gesicht, die Augenringe, die hängenden Schultern?«

Hobrecht sah zur Seite, legte den Kopf schief, überlegte. Grunzte.

»Der Papst?«, fragte Huber schließlich.

»Nein, wie der Kardinal«, entschied ich. »Bevor er Papst geworden ist. So siehst du aus, wie Kardinal Ratzinger. Und weißt du was? Das hilft mir. Mit euch zusammenzuarbeiten«, gestand ich mit gesenkter Stimme, der Atem alkoholdurchtränkt. »Das zaubert mir schon morgens ein Lächeln auf die Lippen, wenn ich reinkomme. Da denke ich dann: Mir sitzt Kardinal Ratzinger gegenüber. Und ich denke nicht mehr: Meine Fresse, was zieht der Huber schon wieder für ein Gesicht und der Hobrecht kriegt die Zähne ja auch nicht auseinander.« Ich lächelte, froh darüber, dass mein kleines Geheimnis hinaus war, und lehnte mich zurück.

»Was ist mit ihm?«, wollte Ratze sauertöpfisch wissen und deutete mit dem Daumen zur Seite auf Hobrecht. »Wenn ich der olle Ratzinger bin, wer ist dann er? Auch ein Papst?«

Ich antwortete, ohne zu zögern, weil die Entscheidung bereits am allerersten Tag gefallen war: »Carlo Pedersoli!«

»Was?«, fragte Ratze. Hobrecht grunzte.

Ich verzog das Gesicht. »Bud Spencer. Plattfuß? Das Nilpferd? Banana-Joe? Der Bomber? *Sie nannten ihn Mücke?* Sagt euch das nichts?«

Ratze winkte ab. »Klar. Kenne ich«, aber sein Gesichtsausdruck schien zu sagen, dass er von Bud Spencer nicht viel hielt. Vermutlich war er eher Terence-Hill-Fan.

Bud grunzte bloß. Ich konnte nicht erkennen, ob in Zustimmung oder in Ablehnung.

»Jedenfalls, ich weiß nicht, seit dem ersten Tag war mir irgendwie klar, dass ihr wie die beiden seid.« Ich zuckte mit den Schultern, wie um mich zu entschuldigen. Ich konnte ja nichts dafür, ich hatte ja nicht entschieden, mit Ratze und Bud zusammenzuarbeiten. Ich hielt die Faust nach vorn. Die anderen sahen mich fragend an. »*Brofist*«, sagte ich. »Los. Streckt mal eure Griffel vor.« Und so stießen der Ratzinger, Bud Spencer und ich an diesem Abend unsere Fäuste zusammen. Drei Fäuste für ein Halleluja.

Lange blieben wir nicht mehr. Tatsächlich hatten wir auch alle mehr als genug getankt und ich brauchte länger als gewöhnlich, um mit der Bahn nach Hause zu kommen. Vor allem, weil ich mehrmals in der Ringbahn einschlief.

Zwei Tage später erwartete mich morgens eine Überraschung. Ratze hatte seinen Tisch von den Admins austauschen lassen. Anstelle des weißen Büromöbels, das wir alle dort stehen hatten, saß er nun hinter einem Ungetüm aus Stahl, das man mit einem Knopfdruck hochfahren konnte. Stolz präsentierte Ratze

uns die Funktion, indem er seinen Tisch surrend bis auf Brusthöhe hochschraubte.

»Was soll das denn?«, brummte Bud. »Wofür brauchst
du denn den Quatsch?« Er schaute misstrauisch mit seinen
Schweinsäuglein von unten zu dem Tisch hoch. Man konnte
sehen, dass es ihm nicht passte, so tief unten zu sitzen.

»Ich brauche das für meinen Rücken. Da muss man regelmäßig stehen. Das Attest liegt im Frontoffice«, behauptete Ratze.
Er schien sehr zufrieden mit sich, wie er da so hinter seinem
hohen Pult stand.

Am nächsten Tag hatte er sich eine Art Barhocker besorgt,
damit er auch im Sitzen immer noch an den hochgefahrenen
Tisch kam.

»So ein Quatsch«, entschied Bud, als er sich das Ganze
ansah. »Ich denke, du sollst stehen, du Flitzpiepe. Wenn du da
oben hockst, kannst du auch unten bleiben mit dem Tisch.«
Er sah so aus, als würde er Ratze am liebsten direkt von seinem Hocker zerren oder ihm zumindest links und rechts eine
verpassen.

»Mein Rücken!«, beschwerte sich Ratze. »Ich darf nicht so
lange stehen.«

»Wenn dein Rücken so krumm ist, dann komm runter, dann
prügel ich ihn dir wieder gerade, du Gewürzgurke«, grollte Bud,
aber man konnte sehen, dass er das Gespräch längst abgehakt
hatte. Er wandte sich wieder seiner Arbeit zu und Ratze saß den
Rest des Tages zufrieden da und thronte über uns allen.

Kades hingegen sagte zu den neuen Entwicklungen nichts.

In den nächsten Tagen und Wochen begann die Situation zu eskalieren: Bud fing an, nicht nur dem Ratzinger, Kades und mir zu drohen, sondern auch den anderen, die er in Meetings, auf dem Gang oder in der Toilette traf. Immer wieder hörte man Sätze wie »Keine Sorge, leichte Schläge auf den Kopf erhöhen das Denkvermögen« oder »Freund Schneckenschiss, halt mal die Luft an oder ich lass sie dir ab«.

Mich rempelte er einmal an und als ich mich beschwerte, meinte er bloß: »Quatsch keine Girlanden, das ist gesund und macht einen schmalen Fuß.«

Als der Chef irgendwann über die HR-Abteilung die ersten Beschwerden zu hören bekam, stellte er Bud vor versammelter Mannschaft zur Rede und bekam als Antwort: »Stecken Sie sich mal einen Apfel ins Ohr. Das hilft.«

Besonders schlimm wurde es zwischen Ratze und Bud. Immer wieder kam es zwischen den beiden zu kleinen Handgreiflichkeiten, die oft dadurch ausgelöst wurden, dass der Ratze von oben herab ermahnte und, wenn man ihm kein Gehör schenkte, mit Dingen zu werfen begann. Auf mich, den Kades und auf den Bud. Der sprang jedes Mal auf und drohte mit Bunkerschellen und Kasperklatschen, die er verteilen wollte. Ratze dagegen beschwor immer wieder, er sei sakrosankt, man dürfe Geistliche nicht schlagen und überhaupt, wenn Bud nicht aufpassen würde, dann drohe ihm die Exkommunikation.

»Ich bin nicht gläubig«, knurrte Bud. »Nur an die hier glaube ich«, fügte er hinzu und hielt seine Schinkenfäuste hoch.

»Ob du gläubig bist oder nicht, ist mir egal, aber ein Katholik bist du in jedem Fall, Carlo Pedersoli«, triumphierte Ratze.

Bud warf mir einen unsicheren Blick zu. Ich musste einlenken. »Als Neapolitaner? Ich fürchte schon.«

Jedenfalls wurde das Gezanke der beiden unausstehlich. Ich fühlte mich wie der arme Zauberlehrling, der nicht wusste, wie er seiner Lage wieder Herr werden sollte.

Eine Weile lang nahm ich mir Kopfhörer mit auf die Arbeit, um die beiden nicht streiten hören zu müssen, aber Bud ließ sich davon kaum beirren. Immer wieder zupfte er mir die Dinger grob aus dem Ohr und sagte Sachen wie: »Hey, der Kerl zieht Nebenluft und macht jede Menge schlechten Wind. Sag ihm, er soll das durch die Hose filtern, sonst falte ich ihn auf noch eine Nummer kleiner. Los, erzähl ihm das!«

Ratzes gezischte Erwiderung hörte ich schon nicht mehr, weil ich mir den Stöpsel zurückgeholt und wieder ins Ohr gestopft hatte.

Bevor mein Blick erneut auf meinen Monitor glitt, wie um mich zu verstecken, streifte er Kades. Mit traurigem Gesichtsausdruck schaute er mich an und ich wusste nicht, ob darin mehr Mitgefühl oder Vorwurf lag.

Seine rotblonden Locken und die klaren, wasserblauen Augen passten so wenig zu seiner andauernden Melancholie. Aber plötzlich kam mir beim Betrachten seines Gesichtes eine Idee.

Am nächsten Tag brachte ich Kades ein Geschenk mit: die große Monsterbox Reloaded, zwanzig DVDs mit insgesamt 2040 Minuten Spielzeit. Bud Spencer und Terence Hill.

Kades sah mich mit großen Augen an und ich nickte bloß auffordernd. »Ansehen«, sagte ich. »Alle.«

Danach ging ich mehrfach mit ihm in die Mittagspause oder begleitete ihn ein Stück nach Hause. Ob ihm das recht war, wusste ich nicht, aber er sagte auch nichts, um zu protestieren.

Und dann, eines Tages, passierte es. Gerade war Ratze wieder in eine seiner keifenden Tiraden verfallen und Bud wollte sich drohend aufsetzen, als Kades den Mund aufmachte. »Ihr zwei seid schlimmer, als wenn einem ein Schwarm Hornissen um den Arsch fliegt«, fluchte er und erhob sich drohend. Ratze schnappte nach Luft, aber Kades stach mit dem Finger nach ihm. »Hör zu, Knödelgesicht, ich weiß, wir haben Vollmond, aber  **»Ihr zwei seid schlimmer, als wenn einem ein Schwarm Hornissen um den Arsch fliegt.«** du machst jetzt mal für fünf Minuten den Kopp zu. Da wird einem ja schwindelig, wenn du einem konstant einen Lutscher ans Ohr quatschst.« Er wandte sich Bud zu. »Und du, Fettbacke, hältst jetzt mal schön die Füße still, bis sie qualmen. Sonst fängst du dir richtig was am Scheitel ein, dass es kracht. Hast du das verstanden, du Cousin dritten Grades eines verkochten Wirsings?«

Wir standen alle bloß da und ich hätte nicht sagen können, wessen Kiefer am meisten heruntergeklappt war.

Mein Programm hatte Erfolg gehabt. Ich hatte den schweigsamen Kades mit den stahlblauen Augen und den hübschen Locken in Mario Girotti, auch besser bekannt als Terence Hill, verwandelt. Innerlich jubelte ich auf. Endlich gab es jemanden, der den beiden Streithähnen Einhalt gebieten konnte.

Und tatsächlich wurde es etwas ruhiger an unserer Insel. Jedes Mal, wenn der Ratze und Bud sich in die weniger werdenden Haare kommen wollten, fuhr der Terence dazwischen. Ließ ein paar markige Worte los, knallte verbal quasi die Köppe zusammen und schon war Ruhe im Karton. Ich musste mich zusammenreißen, nicht jedes Mal die Faust in die Luft zu pumpen. Ich war ein Genie!

Allerdings währte meine Freude nicht lange. Ich stand gerade in der Küche und bereitete mir einen Kaffee zu, als Terence hereinkam, sich meine Tasse nahm und schlürfend davon trank.

»Hey!«, protestierte ich, aber der Blick, den er mir über den Rand zuwarf, ließ große Teile meiner Empörung gleich wieder versickern. Unbeugsam fixierte er mich mit diesen Augen und ich musste schlucken. Konnte nicht wegsehen. Ich spürte, wie mir ein Schweißtropfen die Stirn herunterrann. Ohne dass wir den verschränkten Blick voneinander lösten, warteten wir beide angespannt auf das Fallen des Tropfens. Wie in Zeitlupe löste er sich schließlich, fiel auf das schwarz-weiße Karomuster zu und platzte dort lautlos auf.

Terence ließ die Tasse sinken, sah mich mit einem kaum erkennbaren Lächeln an und machte eine kleine Bewegung mit dem Kinn. So wie *Na los* oder *Versuch's doch.*

Ich versuchte es nicht. Stattdessen räusperte ich mich, drehte mich um und begann, mir einen neuen Kaffee zu machen. Und die ganze Zeit über spürte ich seinen Blick auf mir. Wagte es nicht, mich umzudrehen.

Zwei Tage später kam ich zur Arbeit und hatte mir eine Tüte mit einer Johannisbeer-Streuselschnecke mitgebracht. Riesengroß und saftig. Und ich freute mich darauf, sie als eine Art zweites Frühstück zu verspeisen. Aber als ich sie gerade ausgepackt hatte und den Mund öffnete, um den ersten Bissen zu nehmen, bemerkte ich Terence neben mir. Er musterte mich unverwandt mit seinem stechenden Blick und nachdem ich ihn einen Moment lang angesehen hatte, machte er eine Bewegung mit zwei seiner Finger. *Hierher.*

Ich schaute von ihm auf meine Streuselschnecke. Wieder zu ihm. Er lächelte dieses kleine, kaum wahrnehmbare Lächeln und nickte. Sah auffordernd auf das Backwerk, machte wieder die Geste mit dem Kinn.

Ich wollte mich wehren, den Kopf schütteln, aber sobald ich mich auch nur im Ansatz dazu durchringen konnte, bemerkte ich das Glitzern in seinen Augen. Darauf wartete er bloß. Statt der Schnecke schluckte ich also den riesigen Kloß in meinem Hals herunter und streckte ihm zögernd die Tüte hin. Sein Grinsen wurde breiter und er griff danach. Aß die Streuselschnecke, Bissen für Bissen, ohne mich dabei aus den Augen zu lassen.

Und, was noch bemerkenswerter war, ohne mit dem Lächeln aufzuhören.

Wie ein Verhungernder schaute ich ihm zu, bis auch der letzte Krümel verputzt war. Schließlich gab er mir die Tüte zurück und deutete auf seine leere Kaffeetasse. Ich verstand, erhob mich und ging in die Küche, um der Aufforderung nachzukommen.

Und später am Tag ging ich bei den HR vorbei und reichte meine Kündigung ein.

TEIL 2
»Allein unter Wahnsinnigen ...«
Kollegen reden Tacheles

Wenn das Verhalten eines Mitmenschen als »kollegial« bezeichnet wird, dann kommt das einem verbalen Ritterschlag gleich. Denn »kollegial« bedeutet nicht nur hilfsbereit, partnerschaftlich und kooperativ, sondern es adelt den so beschriebenen Charakter zugleich als selbstlos, großmütig, gefällig, zuvorkommend, umgänglich, dienstwillig, entgegenkommend und – das Nonplusultra unter den Wertschätzungen – anständig.

Sie fragen sich, wie das alles zu den lieben Kollegen passt, die sich mit der Zeitung auf die Toilette verziehen, sobald unangenehme Aufgaben drohen? Die den Kaffeevorrat leeren, ohne für Nachschub zu sorgen, und erst recht nie die Maschine säubern? Die sämtliche Brückentage blockieren, obwohl sie genau wissen, dass man selbst im Mai für ein verlängertes Wochenende verreisen wollte? Die sich für die hellsten Köpfe weit und breit halten und dabei noch nicht einmal wissen, was ein Tabulator ist? Die vermutlich einen Mord begehen würden für einen Firmenwagen und einen Parkplatz am Eingang? Was hat das in aller Welt mit Anstand zu tun?

Sie haben's erfasst: nichts. Denn nur in der besten aller Welten verhielten sich alle Kollegen auch kollegial. Das wäre einerseits wundervoll, andererseits gäbe es dann das folgende Kapitel nicht. Und wäre das nicht jammerschade?

OTTO NORMALKOLLEGE UND ERIKA MUSTERKOLLEGIN

Typen gibt's ... Auch in Ihrem Büro?

Man begegnet ihnen immer wieder, ganz gleich, wie häufig man den Job wechselt: den Standard-Kollegentypen. In Alter und Aussehen mögen sie sich unterscheiden, doch an ihren Sprüchen können Sie sie erkennen. Der leichteren Lesbarkeit zuliebe steht pro Typ nur entweder die männliche oder weibliche Form – was Sie nicht davon abhalten sollte, sich die jeweils andere dazuzudenken. Und, wer macht Ihren Berufsalltag spannender?

»Ihr könnt das alles viel besser als ich!«
Von Beruf blond oder: Sei schlau, stell dich dumm

Sei schlau, stell dich dumm heißt das erste Buch von Daniela Katzenberger und auch diese Kollegin hat das Motto längst verinnerlicht. Ob sie nun siebzehn ist und Azubi, fünfzig und Chefsekretärin, brünett, tizianrot oder wirklich blond: Den hilflosen Blick von unten nach oben beherrscht sie perfekt. Tagtäglich nähert sie sich Kolleginnen und Kollegen mit sanfter Stimme und Wünschen wie: »Duhu, kannst du das da mal schnell für mich formatieren/zusammenbauen/einordnen? Ich versteh das einfach nicht ...«

Während der oder die Angesprochene sich an die Arbeit macht, trinkt sie einen Kaffee und lobt eifrig: »Wow, du bist ja ein Genie!« Hinterher jubelt sie: »Daaanke! Ohne dich hätte ich es nie geschafft.« Und die Helferin oder der Helfer sind ganz glücklich ob der eigenen Kompetenz und Hilfsbereitschaft. Da bleiben sie doch gern ein Stündchen länger, um das, was während der Hilfsaktion für Frau Blond liegenblieb, nachzuholen.

Frau Blond intrigiert nicht, zickt nicht, strebt nicht nach dem Chefsessel und man muss sie einfach mögen – zumal sie ihre Aufgaben zufriedenstellend erledigt. Für die Ehrgeizigen im Team kann sie mit der Zeit allerdings anstrengend werden. Wenn die knifflige Arbeit nämlich immer bei den anderen hängen bleibt, während Frau Blond – »Ihr könnt das doch alles viel besser als ich« – sich die Fingernägel feilt. Wenn sie in Krisenzeiten pünktlich um vier das Office verlässt und morgens um neun mit ausgeschlafener Miene zurückkehrt, während alle anderen von der Nachtarbeit Pandaaugen haben, zeichnet sich deutlich ab, dass man auf die Dauer nicht zusammenpasst.

Berufsblondinen sind ohnehin nicht lange im Team: Sie heiraten gut. Oder machen sich mit Schmuckstudio und Internetshop selbstständig. Oder werden als Model, Moderatorin und YouTuberin berühmt. Fest steht, diese Frau wird auf ihrem Weg nach oben immer jemanden finden, der ihr unangenehme Aufgaben von den Schultern nimmt und mit einem bewundernden Blick und einem überschwänglichen »Danke, du Genie!« zufrieden ist.

»So muss das laufen!«
Von Beruf Macher: bestenfalls Visionär, schlimmstenfalls Diktator

Hellwach, strukturiert und fokussiert präsentiert sich dieser Machertyp. Er schlendert nicht, sondern durchmisst jeden Raum. Seinem Blick entgeht nichts, seine Ansagen feuert er wie ein Maschinengewehr. Wie schnell seine Ideen sprudeln! Und was er alles weiß! Von Selbstzweifeln völlig unbeleckt, übernimmt er in jedem Team binnen Kurzem die Führung.

Für seine Kollegen kann es sehr bequem sein, sich klaglos unterzuordnen und einfach das zu tun, was Herr So-muss-das-Laufen vorschlägt. Das ist auch im Sinne des Unternehmens - aber nur dann, wenn der Machertyp wirklich so schlau ist, wie er vorgibt zu sein. Hochbegabte Visionäre, die viel fordern, aber Kollegen fördern und aufbauen, sind Gold wert.

Doch Vorsicht: Auch Adolf Hitler gehörte zu diesem Typus. Und manch ein hochmotivierter Gründer eines Start-ups, das binnen Kurzem pleiteging. Steckt hinter Ihrem Kollegen mit dem Motto »So muss das laufen!« also ein Schaumschläger oder ein potenzieller Diktator? Um das herauszufinden, gibt es nur einen Weg: mitdenken, Fakten recherchieren, stets hinterfragen, ob das, was der Machertyp präsentiert, der Wahrheit entspricht.

Manchmal zeugen seine Gedankensprünge nicht von Genialität, sondern sollen nur helfen, fachliche Unsicherheiten zu kaschieren. Und manch einer lügt, manipuliert und hat nur ein Ziel: selbst groß rauszukommen, koste es, was es wolle.

Der Rest des Teams tut also gut daran, schnell zu prüfen, wie integer und fleißig Mister So-muss-das-Laufen wirklich ist. Und dann zu entscheiden: Tun wir uns zusammen und stürzen den Möchtegern-Diktator? Oder ist er wirklich ein hochmotivierter Blitzdenker, dem zuzuarbeiten sich für alle lohnt?

»Demnächst bringe ich mir mein Bett mit hierher«
Die Arbeitsbiene, die sich keine Pause gönnt

Sie lebt für die Firma. Ist als Erste im Office, schafft die Mittagspause hindurch und geht, wenn die Sterne am Himmel funkeln. Ob sie diesen Umstand nun tagtäglich den Kollegen unter die Nase reibt oder einfach nur ständig da ist, ist dabei zweitrangig. Die Risiken und Nebenwirkungen für alle anderen im Team sind dieselben: ein schlechtes Gewissen und der Drang, selbst mehr Einsatz zu zeigen. Ja, vielleicht wünscht sich sogar die Chefin, dass das demnächst zur Norm wird!

Gemach, gemach! Sagen nicht alle Psychologen dieser Welt, dass Arbeit ohne Auftanken die Gesundheit gefährdet? Wer hätte etwas davon, wenn die Kollegen Ihres Teams reihenweise in Burn-out-Kliniken eingewiesen werden müssten und für Monate ausfielen? Niemand. Und zweitens: Wer sagt, dass Frau Demnächst-bringe-ich-mir-mein-Bett-mit-hierher überhaupt jede dieser Stunden in die Tasten haut, rechnet, organisiert und recherchiert?

Es soll schon Menschen gegeben haben, die in der vermeintlichen Arbeitszeit ganze Romane schrieben – unbemerkt von allen außer von der Zeiterfassung des Arbeitgebers. Sie können später, modernen Arbeitszeitkonten sei Dank, ein paar Jahre früher in Rente gehen. Anders die braven Trottel, die ihre eigenen Kunstprojekte daheim in der Freizeit erledigen, unter dem Motto: »Arbeit ist Arbeit, Schnaps ist Schnaps.« Ehrlichkeit siegt eben nicht immer.

Nicht nur unter Schwaben beliebt ist auch die nicht bestellte Doppelschicht im Office ohne Zeiterfassung. Die Arbeitsbiene verplempert Stunden mit Computerspielen, Radiohören und privaten E-Mails. Sie kann dabei eine Menge sparen: Strom und Heizkosten fallen auf diese Weise vor allem im Betrieb an, nicht zu Hause.

Last but not least: Auch schlimme WG-Genossen, pubertierende Kinder und zänkische Partner sind ein guter Grund für die eine oder andere freiwillige Überstunde. Und die Kollegenschar? Sollte genau hinschauen, bevor sie solch eine Arbeitsbiene als Vorbild sieht.

»Kommt ihr noch mit auf ein Bier?«
Ein Genießer zum Liebhaben – und manchmal zum Fürchten

Man muss diesen Kumpeltyp einfach mögen: Mit Wohlstandsbäuchlein und Lachfalten um die Augen, stets tiefenentspannt und bester Laune, tut er auch nach Dienstschluss alles für das Wohlergehen des gesamten Teams. Praktischerweise kennt er die lauschigsten Biergärten und besten Kneipen weit und breit. Den Genuss in der Gruppe sucht er manchmal auch während der Arbeitszeit: »Trinken wir ein Käffchen?« oder »Kommst du mit eine rauchen?«, fragt er auffallend oft.

Angenehm dabei: Statt Ellenbogen draußen hat er die Hände in den Taschen. Aber Vorsicht ist angebracht. Nicht nur, weil zu viel Alkohol und Nikotin krank machen. Auch für das Vorankommen des Teams ist ein Übermaß an gemütlichen Stunden ein Problem.

Manch ein Genießer hängt sich als Feierabendorganisator auch nur deshalb voll rein, weil er dasselbe tagsüber nicht leisten will. Wenn alle ihn liebhaben, so denkt er, wird ihn schon keiner aus dem Team kegeln. Wer würde schon so fies sein, den guten Kumpel als Faulpelz zu denunzieren?

In seltenen Fällen steckt jedoch auch hinter der Genießer-Fassade eine Petze. Genauer: ein Spion des Vorstands. »IM Bierchen«, eng befreundet mit den Oberen, erzählt dann diesen brühwarm, dass Kollege A. schon ewig kündigen will, Kollegin B. auf ein Baby übt und Kollege C. Kopierpapier stibitzt.

Wer auf Nummer sicher gehen möchte, genießt darum allenfalls in kleinen Dosen mit - und vertraut dem Kumpeltyp nur das an, was er auch der Geschäftsleitung ins Gesicht sagen würde.

»Ich bin dann mal auf Toilette ...«
Mrs. Jammerlappen und ihre Ausreden

Entweder hat sie eine Reizblase. Oder ein mysteriöses Frauenleiden. Oder dauerkranke Kinder. Oder Stress mit ihrem Freund, der alten Mutter, dem Haustier oder dem Vermieter. Auf jeden Fall muss sie ganz oft mal ganz dringend raus - aufs Örtchen, vertraulich telefonieren, mal kurz daheim nach dem Rechten sehen, zum Arzt ... Wer nachbohrt, was denn genau im Argen sei, bekommt entweder unappetitliche Details zu hören – »Ich blute ja diesen Monat wieder wie ein Schwein, das geschlachtet wird« – oder erntet Augenrollen plus Leidensmiene – »Ach, das wollt ihr gar nicht wissen«.

Dass man schon gern Bescheid darüber hätte, wer denn nun die liegen gebliebene Arbeit von Mrs. Jammerlappen erledigen soll, schluckt man angesichts dieses Elends natürlich herunter. Macht man's halt wieder mal selbst. Zum Glück ist man gesund!

Es braucht eine lange Zeit und detektivisches Gespür, um zwischen solchen Toiletten-Geherinnen zu unterscheiden, die wirklich vom Schicksal gebeutelt sind und alle Unterstützung der Welt verdienen – und jenen, die auf hohem Niveau jammern, um mit so wenig Arbeit wie möglich so viel wie möglich zu verdienen. Organisch und psychisch sind Letztere nämlich kerngesund. Sie sitzen nur lieber auf dem Pott, als dienstlich zu Potte zu kommen, und verwenden ihr Talent darauf, die Möglichkeiten des Arbeitsrechts voll auszuschöpfen. Diese Kolleginnen wissen genau, wie weit sie gehen dürfen, bis sie gegangen werden ... Besonders gerissene Vertreterinnen dieses Typs haben sich sowieso jung verbeamten lassen. So hangeln sie sich von Toilettengang zu Arztbesuch, von Krankschreibung zu Urlaub, von Kur zu Frühberentung. Und sobald die Pension oder Rente fließt, haben sie urplötzlich eine äußerst stabile Blase und auch alle anderen Schwierigkeiten haben sich in Wohlgefallen aufgelöst.

»Kennste den schon? Kommt ein Mann zum Arzt ...«
Das wandelnde Witzebuch – ihn sollte es auf Rezept geben

»Sagt ein Hai zum anderen: Meine Leibspeise sind Journalisten. - Wieso denn Journalisten?, fragt Hai Nummer zwei. - Antwortet der erste: Ganz einfach. Journalisten haben kein Rückgrat, tolles Sitzfleisch und die Leber, sag ich dir, die Leber ...«

Na gut: Der eine oder andere Spruch mag nerven und zu Wiederholungen neigen die Witzbolde und Ulknudeln der Nation auch gern. Aber grundsätzlich sind sie in jedem Team zu begrüßen: Endlich mal jemand ohne Merkel-Mundwinkel! Garantiert meckerfreie Zone! Bevor dieser Zeitgenosse schimpft, liefert er lieber noch einen Kalauer:

»Kommt eine Beamtin zum Arzt und klagt: Herr Doktor, ich rede im Schlaf. - Ist denn das so schlimm?, fragt der Mediziner. - Darauf sie: Ja, das ganze Büro lacht schon darüber!«

Unter Medizinern findet sich übrigens ein ausgeprägter Sinn für Galgenhumor. Schon der Psychoanalytiker Viktor Frankl (1905-1997), Pionier des therapeutischen Humors, empfahl in gewissen Lagen die »paradoxe Intention«: Man solle sich genau das wünschen, wovor man Angst hat. Darum grüßen sich Seeleute vor einer Reise mit »Mast- und Schotbruch!« und Skifahrer rufen einander »Hals- und Beinbruch!« zu.

Wissenschaftliche Studien zum Thema Humor gibt es zuhauf, die alle dasselbe aussagen: Lachen stärkt das Immunsystem, macht Schmerzen erträglich und löst Blockaden. Gute Doctores schätzen darum knackige Pointen.

»Unterhalten sich zwei Ärztinnen. Meint die erste: Stell dir vor, heute haben wir einen reinbekommen, der hat Syphilis, Ebola, Cholera, Hepatitis ... – Darauf die zweite: Und was gebt ihr ihm? – In der Früh Toast, zu Mittag Pizza und am Abend Omelette. – Was? Und das hilft?, wundert sich die zweite Ärztin. – Darauf Nummer eins: Keine Ahnung, aber er verhungert schon mal nicht und diese Dinge kriegen wir unter der Tür durch.«

Merke: Ein humorgesteuerter Zeitgenosse hat in der Regel keine Energie übrig, um Intrigen zu schmieden oder Konkurrenzkämpfe anzuzetteln. Lieber fahndet er in Bibliotheken oder im Netz nach neuen Witzen. Hegen und pflegen Sie ihn, denn noch gibt es keine Witzbolde auf Rezept!

»Sehr gern, Chefin! Wird sofort erledigt, Boss!«
Die Schleimerin und ihre Überholspur

Sie ist der lebende Beweis dafür, dass der erste Eindruck täuschen kann. Zu Anfang, ja, da geht sie mit ihrem Charme verschwenderisch um, verteilt Komplimente in alle Richtungen, hilft den Schwachen, unterstützt die Starken, und weil sie auch noch optisch etwas hermacht, wickelt sie alle um den kleinen Finger.

Nach ein paar Wochen oder Monaten jedoch wendet sich das Blatt. Sie weiß nun genug über all die kleinen Lichter, die nie aufsteigen werden – und ihr ist bewusst, wer im Team das Sagen hat. Noch. Irgendwann will sie das sein! Also konzentriert sie sich darauf, sich die Alphaweibchen und -männchen zu Freunden zu machen. Wie durch Zauberhand hat die Schleimerin genau dann Heißhunger, wenn die Vorgesetzten auch in Richtung Kantine strömen - und sind diese Vegetarier, rührt sie demonstrativ kein Schnitzel mehr an. Sie kommt zur selben Zeit ins Office wie die Teamleiterin und geht mit dieser.

Klar, dass sie jede ihr aufgetragene Aufgabe flugs erledigt - »gern doch«, »sofort«, »ist mir eine Ehre«, säuselt sie. Logisch auch, dass die Schleimerin bald herausgefunden hat, welche Interessen die Vorgesetzten haben - außer ihrer Karriere. Beim nächsten Firmenfest outet sie sich also als Small-Talk-Talent.

»War das letzte Spiel des FC Bayern München gegen den HSV nicht der Hammer?«, fragt sie oder ruft: »Ich finde Jazz ja überschätzt, wohingegen Helene Fischer ...« - »Bionade ist besser als Hugo, definitiv!«, schwärmt sie in Richtung desjenigen Bosses, der niemals trinkt. Und schwuppdiwupp, passt zwischen die Schleimerin und die wichtigsten Personen des Unternehmens kein Blatt mehr.

Das Gefährliche an Schleimerinnen ist, dass die Wenigsten von ihnen am Wohlergehen der Firma Interesse haben. Der Laden darf ruhig untergehen, Hauptsache, sie selbst kommen groß raus. Notfalls bei der Konkurrenz. Andere auszunutzen, zu denunzieren und gegeneinander aufzuhetzen, ist für sie ein reizvolles Spiel, das sie meistens gewinnen.

Aber so weit muss es zum Glück nicht kommen. Gewiefte Kollegen stellen der Schleimerin frühzeitig kritische Fragen: »Was machst du in deiner Freizeit?« - »Was interessiert dich?« - »Was sind deine beruflichen Träume?« Und dann gleichen sie die Antworten mit denen ab, die andere aus dem Team auf ähnliche

Fragen erhalten haben. Die Schleimerin dreht ihr Fähnchen nach jedem Wind, zeigt jedem ein anderes Gesicht, das verrät sie. Zeigen sich also Widersprüche, heißt es, die Vorgesetzten zu warnen – auf dass sie dem Werben dieser Person entgehen wie einst Odysseus den Sirenen.

»An mir führt kein Weg vorbei«
Der Darstellungsdrang des Mister Wichtig

Im Geiste ist er ein Bruder der Schleimerin und des Machers – von der Schwester fehlt ihm jedoch der Ehrgeiz, vom Bruder könnte er sich drei Scheiben Führungsqualitäten abschneiden.

Eigentlich will er auch gar niemanden führen, sondern dastehen und sich bewundern lassen. Und zwar nur sich allein.

Das Blöde daran: Er kann nichts gut genug, um wirklich etwas in Bewegung zu bringen. Also hat er auf sein attraktives Aussehen und sein Rednertalent gesetzt und alle anderen dazu bekommen, ihm zuzuarbeiten. Das Ergebnis der Teamarbeit kann sich sehen lassen. Nun tut er allerdings so, als habe er alles allein gemacht. Er gestikuliert, lacht laut, gibt den großen Macker.

Sein emsiges Team steht inzwischen unbeachtet im Schatten.

»Ich« ist Mr. Wichtigs Lieblingsvokabel. Und Routinearbeiten stoßen ihn ab. Statt Überstunden zu machen, spielt er lieber mit den richtigen Leuten Golf, macht auf Arbeitsessen Bella Figura oder tummelt sich auf politischen Veranstaltungen. Seilschaften knüpfen ist sein Lieblingshandwerk.

Für den Rest des Teams ist dieser Typ vor allem deshalb eine Enttäuschung, weil er nur schwere Arbeit und herbe Niederlagen, nicht aber Erfolge mit anderen teilt. Das Gemeine ist, dass Mister Wichtig trotzdem meist frühzeitig Karriere macht und Führungsverantwortung erhält. Und das, ohne wirklich führen zu können. Fachlich sieht es ebenfalls oft mau aus bei ihm.

Zu Beginn der Karriere dieses Typs haben Kollegen übrigens noch die Chance, sich selbst zu profilieren und den Oberen zu zeigen, welchen Anteil sie selbst am Erfolg des Mister Wichtig hatten. Ist er erst mal oben, heißt es, ihn auszuhalten - immerhin intrigiert und mobbt er nicht. Wer ihm weiterhin gut zuarbeitet und ihn auf seinem Sockel stehen lässt, wird zum Dank womöglich später doch noch befördert. Und wenn er sich als allzu unfähig entpuppt, besteht die Chance, dass er binnen weniger Jahre weggelobt wird. Dass er dann an einer Stelle wirkt, an der er keinen Schaden mehr anrichten kann. Oft gehen Vertreter dieses Typs auch in die Politik.

»So *kann* ich nicht arbeiten!«
Die Diva macht das Büro zur Bühne

»Puh, ist das schwül hier!« Kaum hat sie den Raum betreten, reißt sie die Fenster auf. Um zwei Minuten später dieselben wieder zuzuknallen: »Huch, wie es zieht!«

Die Stühle sind entweder zu hart oder zu niedrig, der Bildschirm flimmert - auch wenn kein EDV-Fachmann das sieht - und im Telefon knackst es. Sie braucht sofort ein neues.

Kein Zweifel, die Diva stammt von der Prinzessin auf der Erbse ab und ist zutiefst beleidigt, dass sie mit Ihnen anderen, die Sie ganz offensichtlich ohne blaues Blut sind, die Räume und den Alltag teilen muss.

Und während sie Ihnen ihre Meinung unverblümt auf den Kopf zu sagt – »Ihr Anzug trägt auf, Herr Schmidt!« –, bricht sie ihrerseits bei der kleinsten Kritik in Tränen aus. Sie ist halt einfach zu zart besaitet für diese Welt!

Wer sich mit der Diva anlegt, tut weder sich noch dem Team etwas Gutes, denn dann flüchtet sie sich in die Krankheit oder zumindest in den Schmollwinkel. Ihre Arbeit bleibt indes an Ihnen hängen. Viele Diven haben eine wunderbar kreative Ader und Selbstironie und wenn Sie es schaffen, beides herauszukitzeln, ist das für alle im Team ein Gewinn.

Behandeln Sie Ihre Bühnenkönigin also wie ein verkanntes Genie, dessen große Stunde sicher noch kommen wird: »Sie sind ja noch dermaßen jung ...« Das glaubt sie selbst ebenfalls – auch wenn sie schon 66 Jahre zählt. Sie wird Sie sofort deutlich weniger zickig behandeln. Und mit dem einen oder anderen gut platzierten »Niemand kann das so gut wie Sie« bewegen Sie sie zu beachtlichen Leistungen.

»Ich will ja nichts gesagt haben, aber ...«
Der Intrigant, Meister der Täuschung

»Lutz hat Depressionen gehabt und Angie trinkt schon morgens ein Schnäpschen. Habt ihr das gewusst?«

Ein Unschuldsblick aus weiten Augen - Treffer, versenkt: Ab sofort werden alle Kollegen Lutz und Angie argwöhnisch beobachten. Ist einer von beiden krank - war's wirklich die Grippe oder doch ein fieser Kater oder gar ein Selbstmordversuch? Und sollte man das nächste große Projekt nicht lieber gleich dem so stabilen Herrn Ich-will-ja-nichts-gesagt-haben-aber anvertrauen?

So sät dieser Partisan Zweifel an seinen Mitstreitern und erntet nicht selten Aufmerksamkeit und neue Chancen für sich selbst. Die meisten Intriganten haben ein großes Schauspieltalent und können ihre wahren Absichten bestens tarnen. So ein Typ wirkt gern ein wenig ungelenk, stellt viele Fragen und sucht erst mal die Nähe aller Kollegen. Dabei geht er so gerissen vor wie die Schleimerin, gibt sich genauso fleißig - ist aber noch skrupelloser.

Der Intrigant gibt telefonische Nachrichten gezielt nicht weiter, lässt Briefe verschwinden und erzählt Ihren Lieblingskolleginnen, dass Sie sich für ihnen überlegen halten. Er nimmt Schaden für andere nicht nur in Kauf, er sucht diesen geradezu. Kollegen zu Fall zu bringen - vor allem fleißige, tüchtige Kollegen mit ähnlichen Zielen wie er selbst -, ist sein Begehr. Wie der Vampir vom Blut lebt, ernährt sich der Intrigant vom Erfolg, der anderen verloren geht.

Das Beste für Ihr ganzes Team ist, wenn Sie diesen Typen schnell entlarven und auch mit den Vorgesetzten darüber sprechen. Ist dieser Typ nämlich erst mal oben angelangt und man selbst auf seiner schwarzen Liste, hilft meist nur noch der Betriebsrat - oder die Kündigung.

»Wisst ihr schon das Neueste?«
Frau Flurfunk oder: Wer braucht schon die *BILD*, wenn er sie kennt?

Mit der Schleimerin und dem Intriganten verbindet sie die Freude daran, alles, aber auch alles über die Kollegen herauszufinden. Die Bosheit der anderen beiden geht ihr allerdings ab. Sie will mit dem geheimen Wissen nur zwei Dinge erreichen: Leben in die Bude bringen. Und selbst ihre 15 Minuten Ruhm auskosten.

Madame Flurfunk ist meist in der Hierarchie eher unten angesiedelt – was ihr die Zeit schenkt, viele Schwätzchen zu halten und etliche Leute zu belauschen. Sie will auch gar nicht nach oben. Diese punktuelle Macht, wenn sie wieder etwas Sensationelles verkünden kann, genügt ihr völlig. Und die Nachrichten des Tages blubbern gern völlig ungeordnet aus ihr heraus:

»Wusstet ihr, dass der Maier und der Fischer zusammengezogen sind? Sie heiraten im August! Was – ihr dachtet tatsächlich, die beiden hätten Freund*innen*?«

»Aber *natürlich* hat der Sohn von der Lüdenscheidt gekifft! Jetzt ist er nur noch süchtig nach Sport. Kann ich zwar auch nicht verstehen, aber besser ist es.«

»Ach so, ihr wusstet noch gar nicht, dass jeder zweite neue Jahresvertrag hier im Hause nicht verlängert wird? Oh – dann hätte ich es wohl nicht verraten dürfen. Vergesst es ganz schnell wieder!«

Niemand kann der Flurfunk richtig böse sein, denn böse meint auch sie es nicht. Und trotzdem: Wer zu jenen Kollegen mit einem Jahresvertrag gehört, die nun um ihre Existenz fürchten und kein Auge mehr zukriegen, möchte ihr bisweilen an die Gurgel.

Vor allem wenn sich hinterher herausstellt, dass Frau Flurfunk einem Gerücht aufgesessen ist. Noch ein Unterschied zwischen der Schleimerin, dem Intriganten und dieser Person: Die Schleimerin prüft ihre Fakten, da hat alles Hand und Fuß. Der Intrigant erfindet Dinge, die ihm persönlich nützen. Frau Flurfunk aber saugt alles in sich auf, was sie mitbekommt – auf dem Klo, in der Kantine, in der Straßenbahn. Tja, und wenn sie sich verhört hat oder ein paar Praktikanten »Stille Post« spielten – was kann sie dafür?

Prinzipiell kann man aber mit dieser Person gut koexistieren – wenn man ihre Informationen konsumiert wie, nun ja, die der Zeitung mit den vier Buchstaben. Man lässt sich von ihr gut unterhalten, weiß jetzt, welche Gerüchte im Umlauf sind, und befragt bei allem, was einen wirklich interessiert, später in Ruhe weitere Quellen.

I DON'T LIKE MONDAYS

Jeden Montagmorgen das gleiche Szenario. Noch bevor der Radiowecker seinen obligatorischen Weckruf kikerikiete, starrte ich bereits seit zwei Stunden wie hypnotisiert, völlig müde und frustriert mit offenen Augen auf einen unsichtbaren Punkt im Nirwana an der Zimmerdecke und grübelte über das bevorstehende Mittagsmeeting in der Chefetage nach. Und das, obwohl ich diesmal extra früh ins Bett gegangen war, weil ich um meine wenigen Gehirnzellen wusste, die mindestens sieben Stunden Regenerierungsschlaf benötigten, damit sie überhaupt annähernd dem Dumpfbackengelaber meiner Arbeitskollegen folgen konnten. Ganz zu schweigen von den unproduktiven Anmerkungen meines Chefs, die sich schnellstmöglich in der hintersten Ecke meines Oberstübchens im Ordner »Nicht weiter drüber nachdenken, Bullshit« ablegen sollten.

Schon der Gedanke an Lisa, die jedem Trendschwachsinn hinterherjapste wie ein Bullterrier einer Katze und mit hochrotem Kopf in einer Dauerschleife tagtäglich die Büroluft mit Anekdoten ihrer zahlreichen Tupper-Dessous-Haarwachs-Partys verpestete, ließ meine Nackenhaare in Alarmstellung schießen.

Die Wissenschaftler nannten dieses Phänomen der notorisch depressiven Laune am Tag nach dem Wochenende den Montagsblues. Ich nannte es den Ich-habe-keinen-Bock-auf-meinen-Job-Blues und es tröste mich auch nicht im Geringsten, dass ich mich damit in bester Gesellschaft befand.

Was interessierten mich wissenschaftliche Studien über die Lustlosigkeit und Miesepetrigkeit meiner Mitmenschen, die belegten, dass besonders  **Ich nannte es den Ich-habe-keinen-Bock-auf-meinen-Job-Blues.** zu Wochenbeginn jeder Dritte mit dem Gedanken spielte, das Wochenende zu verlängern und sich eine Krankschreibung zu holen? Wenn es danach ginge, hätte ich längst Anspruch auf einen Dauer-Krankenschein bei dem Berg von unbearbeitetem Papierkram, der sich auf meinem Schreibtisch stapelte wie ein Misthaufen auf einem Bauernhof, und kein Land in Sicht, ihn dieses Jahr noch abzuarbeiten. Nicht zu vergessen die Drei-Jahres-Kur in einer psychosomatischen Klinik, die man mir im Anschluss dringend empfehlen würde, hätte man erst in meine dunkle Seele geblickt. Denn mindestens alle zehn Minuten pro Arbeitstag befand ich mich in Gedanken über das plötzliche Ableben mancher Arbeitskollegen. Speziell das Leben meines mir gegenübersitzenden Kollegen, Karl Theodor von Tortenbrie, war zeitweise besonders gefährdet. Beispielsweise immer dann, wenn er sich vor seinem Schreibtisch aufbaute wie ein balzender Hirsch und kleine Häppchen Fischfutter in ein Miniaquarium katapultierte, während er seinen Goldfisch mit »Mamamausi« ansprach.

Angeblich hatte er eine schwere Kindheit gehabt.

Glücklicherweise bewahrte ich in Stresssituationen immer einen kühlen Kopf und blieb, wie jeden Morgen, erst mal liegen, um mich wenigsten einmal am Tag der Illusion hinzugeben, dass ich ein selbstbestimmter Mensch war und tun und lassen konnte, was ich wollte. Besonders montags war meine Stimmung so unkalkulierbar wie das Eigenleben meiner Augenlider.

Um mich besser zu strukturieren, mussten unter der Woche vier goldene Regeln strikt befolgt werden:

1. Bloß nicht hetzen lassen – nur ein ausgeschlafener Arbeitnehmer ist ein leistungsfähiger Arbeitnehmer und trägt zur Steigerung des Bruttosozialproduktes bei.

2. Eiskalt duschen, um die Abwehrkräfte für den Tag zu mobilisieren – nützt nicht nur der Gesundheit, sondern kurbelt zudem auch die Fettverbrennung an.

3. Eiweißreich frühstücken – macht lange satt und hilft beim Abnehmen.

4. Nicht an die Arbeit im Büro denken, frühestens beim Betreten des Bürogebäudes und auch erst dann, wenn man von der Vorzimmerschlange gesehen wird.

Doch schneller, als die Polizei erlaubte, wurde ich durch das wiederholte Piepen meines Radioweckers schmerzhaft daran erinnert, doch nicht völlig autark zu sein und gefälligst meinen Arsch aus dem Bett zu hieven, wollte ich meinen Teamkollegen nicht durchgeschwitzt und völlig derangiert unter die Augen treten.

Also schwang ich mich, schwerfällig wie ich war, aus dem Bett und sprang gehorsam unter die eiskalte Dusche – wenigstens arbeitete ich mich somit umgehend zu Regel Nummer zwei vor. Was meine Stimmung aber auch nicht weiter aufhellte.

Im Gegenteil, nach einem Blick in den Spiegel und einem fast verlorenen Kampf, mich in mein Etui-Kostüm zu quetschen - irgendwie musste es bei der letzten Reinigung etwas eingelaufen sein -, sah ich noch genauso trostlos aus, wie ich mich fühlte, und war meilenweit entfernt von einem halbwegs annehmbaren Business outfit. Ich stöhnte innerlich. Dabei war das heutige Meeting wirklich besonders wichtig. Es galt, den Auftrag einzufahren, koste es, was es wolle. Als Mittel zum Zweck hatte unser Chef auch nichts dagegen, ein bisschen an der Menschenwürde der Mitarbeiter, in diesem Fall meiner Kollegin und mir, zu kratzen und die Geldgeber einen Blick auf unsere langen Beine und Panoramabrüste erhaschen zu lassen, um vom eigentlichen Vertragsklauselgeplänkel abzulenken.

Egal, ich tröstete mich damit, dass ich in bester Gesellschaft war und Vera aus der Marketingabteilung, groß, schlank, blond und blöd, mit ihren Riesentitten und Beinen bis zum Mond das Kind schon schaukeln würde.

Bei dem Gedanken daran rollte ich mit den Augen und machte mich langsam auf den Weg in die Küche.

Das Schöne war ja, hatte man Regeln, konnte man sich daran orientieren. Und wenn man keine Lust hatte, sich an die Regeln zu halten, konnte man sie einfach übergehen. Denn was Regel Nummer drei betraf, hatte ich es in den letzten zehn Jahren nicht einmal geschafft, im Sitzen zu frühstücken, geschweige denn, mir überhaupt ein reichhaltiges, gesundes Frühstück einzuverleiben. Mehr, als hastig einen Schluck kalten Kaffee vom Vortag runterzuschlürfen, war nicht drin.

Ja, ja, ich weiß, selbst schuld. Das kommt davon, wenn man erst auf den letzten Drücker aus dem Bett hüpft.

Im Hinausgehen schnappte ich mir eine Scheibe furztrockenes Knäckebrot. Ich hatte nämlich festgestellt, dass ich meinem Gehirn damit ein Sättigungsgefühl vorgaukeln konnte.

Ein Tipp am Rande für all diejenigen, die nicht mit knurrendem Magen im Büro auflaufen wollen: Es empfiehlt sich, wenigstens einmal in der Woche umgehend nach dem ersten Klingeln aus dem Bett zu hüpfen, um nach dem Duschen noch genug Zeit zu haben zu frühstücken.

Nicht vergessen! Die Gesundheit geht vor.

Aber jetzt mal ehrlich: Welcher Arbeitnehmer kollabiert schon vor Freude, am Montagmorgen endlich ins Büro kommen zu dürfen? Fünf Tage miefiger Bürowahnsinn lagen vor mir. Fünf lange Tage, in denen ich nur damit beschäftigt sein würde, mein übers Wochenende abgestürztes Immunsystem wieder aufzubauen. Ganz abgesehen von der Quälerei, mich in meinen Aufgabenbereich einzufinden. Hatte ich diesen Punkt endlich erreicht, wurde sowieso schon wieder das Wochenende eingeläutet.

Nach einem letzten prüfenden Blick in den Spiegel widerstand ich der Versuchung, meinen Kopf ein zweites Mal unter Wasser zu tauchen. Meine Haare, dünn und fettglänzend, klebten am Kopf wie Spaghetti mit Olivenöl. In der Eile hatte ich wohl etwas zu viel Gel benutzt.

Vernünftig, wie ich war, entschied ich mich, zu Fuß zu gehen. Mein Arbeitsplatz lag nur knapp fünf Gehminuten von meiner Wohnung entfernt, quasi genau gegenüber. Wenn ich wollte, konnte ich in der Mittagspause von meinem Schlafzimmerfenster aus beobachten, wie Sven aus der Computerabteilung in der Nase bohrte und verdächtige Fremdkörper unter der Tischplatte verteilte.

Trotz glühender Hitze bot dieser kurze Sprint eine willkommene Sporteinlage. Ich meinte, neulich erst im Internet gelesen zu haben, dass fünf Minuten Laufen täglich das Risiko einer Herzerkrankung schon um ein Sechzehntel reduzierten. Darüber hinaus beruhigte ich damit mein schlechtes Gewissen, da ich ansonsten niemals Sport trieb, und leistete zudem noch einen weiteren Beitrag, meine immer noch müden Gehirnzellen zum Leben zu erwecken.

Viel frische Luft plus erhöhte Herzfrequenz ist gleich unfassbar gute Laune!

Und da uns Frauen bekanntlich der Ruf vorauseilt, mehrere Dinge gleichzeitig erledigen zu können, hörte ich mir über mein iPhone nicht nur die Wetternachrichten und Tages-News an, sondern checkte auch noch meine Mails und WhatsApp-Nachrichten, während ich im Gehen an meinem Knäckebrot mümmelte wie ein Kaninchen an seiner Möhre.

Und das alles in nur fünf Minuten.

Nachdem ich unter Einsatz meines Lebens die Hauptverkehrsstraße überquert hatte, stand ich völlig außer Atem vor dem Bürogebäude. Neubau, Wolkenkratzer, imposant, vollverglast und ... potthässlich.

Leider immer noch morgenmuffelig, schaffte ich gerade noch unbehelligt den Weg in den Fahrstuhl, doch noch bevor sich die Türen schlossen, schlüpften die ersten Büroleichen hinein: Maren aus der Rechnungsabteilung und Sören von der Poststelle. Freudestrahlend schmatzte Maren mir einen feuchten Sabberkuss auf die Wange. »Hi, Linda, schönes Wochenende gehabt?«, fragte sie, dabei schielte sie angewidert auf das weiße Hemd von Sören, auf dem mittig, in Brusthöhe, die Spuren seines kläglichen Versuchs zu erkennen waren, rote Marmelade auszuwaschen.

Ich grinste süffisant. Montagsblues eben.

»Meins war einfach fantastisch, aber wie immer viiiel zu kurz«, bedauerte Maren und zupfte eines ihrer Push-up-Polster zurecht, dessen Rand kaum sichtbar aus ihrem Träger-Top hervorlugte, während Sören aufmerksam und mit lüsternem Blick die Geschehnisse im Busenbereich von Maren verfolgte.

In der Rechnungsabteilung stieg Maren aus und Kirsten ein – die Niederträchtigkeit in Person. Sie war eine von denen, die im Gegensatz zu uns Büroluschen tatsächlich arbeiteten. Rund um die Uhr bespitzelte sie ihre Kollegen, startete Lauschangriffe übers Telefon – manchmal sogar an der Tür zum Chefzimmer, was ihre ohnehin schon megaabstehenden Ohren noch röter und abstoßender aussehen ließ – und durchforstete unseren E-Mail-Verkehr nach verdächtigen Privatkontakten. Und das alles mit der Erlaubnis von ganz oben.

Sich hochzuschlafen, brachte einem eine Menge Vorteile.

»Morgen«, säuselte sie mit wichtiger Miene. »Habt ihr schon gehört? Der Chef stellt uns heute den neuen Abteilungsleiter für die Sachbearbeitung vor. Und wir sind alle einberufen, Dringlichkeitsstufe fünf.« Dabei machte sie eine ausladende Geste ähnlich einem Polizisten, der einen mit Tempo 130 in der Spielstraße erwischte und noch an Ort und Stelle den Führerschein einzog.

Sie genoss es sichtlich, uns als Erste diesen Knaller zu präsentieren.

»Weiß schon«, nuschelte Sören, der mit seinem Silberblick mittlerweile von Marens Busenbereich an die geheimen Brustnischen von Kirsten angedockt hatte, während meine Gehirnzellen noch damit beschäftigt waren, die Neuigkeit zu verdauen. »Ich kenne Sam noch aus dem Studium. Knallharter Businesstyp, aalglatt, voll berechnend.«

Mir schwirrte der Kopf. *Sachbearbeitung ..., neue Abteilungsleitung ...* Verdammt, das war doch meine Abteilung!

Eingeschnappt schob Kirsten ihre Schmolllippen nach vorn.  **Verdammt, das war doch meine Abteilung!**

»Ihr kennt euch?«

Im Normalfall wäre die Laune auf meinem Stimmungsbarometer jetzt um ein paar Skalen nach oben gerauscht, weil Sören ihr kräftig die Show geraubt hatte, aber im Moment war ich noch zu sehr damit beschäftigt, meinen Magen zu ignorieren, der sich bei dieser Neuigkeit schmerzhaft zusammenzog.

Was sollte das bedeuten? Ein neuer Abteilungsleiter? Da waren die Umstrukturierungsmaßnahmen nicht weit. Vor meinem geistigen Auge schwirrten so unschöne Begriffe wie Stellenabbau, Lohnkürzung, Arbeitszeitverkürzung und Frührente.

Fantastische Neuigkeiten an einem Montagmorgen! Der Wochenstart konnte nicht katastrophaler sein.

Endlich hielt der Fahrstuhl im achten Stock. Ich musste hier raus.

Kaum im Büro angekommen, entging ich nur knapp einem Erstickungstod. Die Klimaanlage war mal wieder ausgefallen und die Sonne knallte erbarmungslos in den kleinen Büroraum, der eigentlich gerade mal für sechs Schreibtische Platz bot, aber zehn beherbergte. Zehnmal übelriechende Ausdünstungen von verschiedenen Deos und Schweiß. Eine hochexplosive Mischung.

Meine Laune sank in den Gefrierbereich.

Während noch alle geschäftig hin- und herhuschten, um davon abzulenken, dass sie eigentlich keinen Plan hatten, machte mich Maren - gestylt von den wasserstoffblond gefärbten Haaren bis hin zur Ersatzstrumpfhose in ihrer Handtasche - darauf aufmerksam, dass ich zwei Minuten zu spät war.

Ganz dünnes Eis!

Noch ein Wort von ihr, dachte ich wütend, und ich würde sie eigenhändig mit einer ihrer Ersatzstrumpfhosen erwürgen.

Auf meinem Schreibtisch klebte bereits ein Riesen-Post-it von meinem Stinkstiefel-Boss.

Business-Meeting vertagt. Dienst-Meeting um zehn, pünktlich!

Da war sie, die Einladung zum kollektiven Anschiss. Ich wurde blass.

Um im Büro zu überleben, braucht man ein dickes Fell oder die Telefonnummer eines guten Therapeuten.

Plötzlich stand Noch-Abteilungsleiter Hans hinter mir, ein ziemlich kurz geratener Mann mit Bierbauchansatz und Geheimratsecken.

»Sag mal, Linda, hast du am Freitag vergessen, den Kopierer auszuschalten? Du warst doch als Letzte da dran.« Der Ausdruck in seinem rot angelaufenen Gesicht war eindeutig. Er stand kurz vor einem cholerischen Ausbruch. »Der muss heiß gelaufen sein. Macht keinen Mucks mehr.«

Ja, hatte ich vermutlich. Aber meine Miene blieb ausdruckslos. Ob Hans wohl schon wusste, dass er in nur zwei Stunden gnadenlos abgesägt werden würde?

»Und hast du vielleicht auch vergessen, die Kaffeemilch zurück in den Kühlschrank zu stellen? Die ist nämlich sauer und stinkt zum Himmel.«

War das der Dank dafür, dass ich mich bereit erklärt hatte, seine vierzigtausend Katalogseiten für die neue Präsentation zu kopieren, und das so kurz vor dem Wochenende und obwohl es nicht zu meinem Aufgabengebiet gehörte?

Auch diesmal blieb meine Miene ausdruckslos, was mit hochgezogenen Augenbrauen zur Kenntnis genommen wurde.

Zugegeben, ich wusste, dass der Kopierer nach zehntausend Seiten mindestens zehn Minuten Abkühlung brauchte, aber dann hätte ich ja gleich im Büro übernachten können.

Das Klingeln seines Handys unterbrach unseren regen Dialog und er flanierte zu seinem Schreibtisch zurück, um gleich darauf wie ein Marktschreier kurz vor Feierabend durch den Raum zu brüllen: »Wer von euch hat vergessen, die Verträge von Glüheisen & Partner fristgerecht rauszuschicken?«

Scheiße, das war auch ich gewesen. Ich wurde blass.

Wer jemals in seinem Leben einen cholerischen Chef gehabt hat, weiß, dass entschuldigende Worte nicht ausreichten, um den Zug aufzuhalten, der jetzt durch das unklimatisierte Büro rasen würde.

Hans' Blicke scrollten gefährlich von einem Kollegen zum anderen und blieben eine gefühlte Ewigkeit an mir hängen.

Ein angenehmes Arbeitsklima war anders.

Fieberhaft durchforstete ich mein Gehirn nach einer fundierten Ausrede. Doch es wollte mir partout nichts einfallen. Im Büroalltag ließ sich nicht jedem Ärger aus dem Weg gehen. Mit dieser brutalen Realität musste ich klarkommen.

»Hab ich es denn hier nur noch mit kranken Idioten zu tun?«, brüllte er, wobei seine Wut sich gerade zu Aus-einem-Elefanten-einen-Dinosaurier-Machen auswuchs.

Krank - das war das Schlüsselwort.

Plötzlich wusste ich, was ich zu tun hatte. Mein Entschluss war gefasst. Ich schnappte mir meine Tasche und verließ fluchtartig das Büro.

I don't like Mondays.

Zwei Stunden später lag meine Krankschreibung auf dem Schreibtisch des neuen Abteilungsleiters. Erst mal für zwei Wochen. Verlängern konnte ich ja immer noch.

TYPISCH MÜLLER

»Was machst du denn da?« Ungläubig beobachtete ich meine Kollegin Brigitte, die mir gegenüber an ihrem Schreibtisch stand. Sie wickelte eine Rolle Paketschnur ab und schnitt sie in circa einen Meter lange Stücke.

»Ich habe es satt«, zischte sie zwischen ihren Zähnen hindurch. »Endgültig.«

Sie knotete ein Stück Schnur am Tischbein fest, das andere Ende band sie mit doppeltem Knoten um ihren Kugelschreiber. Dasselbe geschah anschließend mit ihrem Locher und der Schere.

»Meine Sachen nehme ich ab jetzt in Schutzhaft«, erklärte sie mir. »Ich habe keine Lust, mir Woche für Woche bei der Materialausgabe alles neu zu besorgen. Ich bin schon gefragt worden, ob ich meine Radiergummis zum Frühstück verspeise. Ich mache mich ja lächerlich. Und das alles bloß wegen dem doofen Müller.«

Ich schmunzelte in mich hinein, konnte Brigittes Ärger aber sehr gut verstehen. Konrad Müller war ein Problemfall in unserer Behörde. Fachlich gesehen war der Mann ein Genie, da konnte ihm kaum einer das Wasser reichen. Seit mehr als zwanzig Jahren arbeitete er auf dem städtischen Bauamt und war vor fünf Jahren zum Abteilungsleiter befördert worden. Sämtliche Bauvorschriften kannte er auswendig, war immer auf dem neuesten Stand und glich einem wandelnden Gesetzbuch. Egal, welche Frage man ihm stellte, Herr Müller wusste garantiert die richtige Antwort. Angeblich hatte er einen IQ von 150. Nur alltägliche Dinge schienen ihn völlig zu überfordern. Jeder Kollege, in dessen Büro er auftauchte, brachte schleunigst sein Material in Sicherheit. Herr Müller hatte die Angewohnheit, alles mitzunehmen, was er zwischen die Finger bekam und was nicht fest mit dem Schreibtisch verbunden war. Neben den Akten stapelten sich in seinem Büro die geklauten Kugelschreiber, Lineale und Radiergummis sämtlicher Kollegen.

Gedankenverloren blickte ich aus dem Fenster. Dabei beobachtete ich, wie Herr Müller auf den Hof fuhr und seinen blauen Kombi in die letzte freie Parklücke hinter dem Rathaus bugsierte. Der Parkplatz war etwas zu eng für das breite Auto,

 **Neben den Akten stapelten sich in seinem Büro die geklauten Kugelschreiber, Lineale und Radiergummis sämtlicher Kollegen.**

was ihn nicht zu stören schien. Beim Aussteigen quetschte er sich wie ein Aal am roten Kleinwagen von Frau Schminkel aus der Verwaltung vorbei. Dann öffnete er die Heckklappe des Kombis und förderte einen Aktenstapel ans Tageslicht, den er auf dem Autodach ablegte. Aha, ging mir durch den Kopf, Herr Müller hatte sich Arbeit mit nach Hause genommen. Das war aus Datenschutzgründen strikt untersagt und diese Vorschrift kannte Herr Müller sicher so gut wie alle anderen im Bauamt. Er stieß die Heckklappe seines Wagens wieder zu, klemmte sich eine Dokumentenmappe unter den Arm, griff nach seinem

Pilotenkoffer und marschierte raschen Schrittes Richtung Hintereingang. Die Akten aus dem Kofferraum ließ er auf dem Autodach liegen. Typisch Müller! Zwei Minuten später hörte ich Geräusche auf dem Flur. Herrn Müllers Büro lag dem unseren direkt gegenüber. Ich öffnete die Bürotür und lugte hinaus.

»Guten Morgen, Herr Müller.« Ich lächelte ihn an. »Sie sind aber früh dran heute.«

»Morgen, Frau Simon.« Hektisch kramte er in seiner Jackentasche nach dem Schlüssel. »Ja, es gibt viel zu tun. Da dachte ich ...«

»Fehlt Ihnen nicht irgendetwas?«, wollte ich ihm auf die Sprünge helfen. Er hörte auf zu kramen und sah kopfschüttelnd an sich herunter.

»Was meinen Sie, Frau Simon? Habe ich etwa wieder zwei verschiedenfarbige Socken an? Oder die Schuhe vertauscht?«

In der Behörde wunderte sich mittlerweile niemand mehr, wenn Herr Müller mal eine blaue und eine gelbe Socke zum schwarzen Anzug kombinierte oder zwei linke Schuhe trug. Überhaupt war die Farbauswahl seiner Kleidung oftmals sehr gewagt. So konnte es vorkommen, dass er eine giftgrüne Hose zusammen mit einem pinkfarbenen Hemd trug.

»Vielleicht ist seine Frau farbenblind«, vermuteten manche Kollegen. »Oder es gibt im Hause Müller keinen Spiegel.«

Einmal war er mitten im Winter in gestreifter Schlafanzughose und mit Plüschpantoffeln erschienen und hatte es erst in der Mittagspause bemerkt. Keiner der Kollegen machte ihn noch auf solche Dinge aufmerksam. Das hatte sowieso keinen

Zweck. Herrn Müllers Zerstreutheit war legendär und bot ausreichend Gesprächsstoff für Behördenfeste und Betriebsausflüge.

»Ausnahmsweise alles in Ordnung«, beruhigte Herr Müller sich nach seiner Kleiderinspektion selbst. Er griff in die andere Jackentasche, zog einen Schlüsselbund hervor und schloss seine Bürotür auf. »Einen schönen Tag noch, Frau Simon.« Damit war er weg. Ich grinste und machte mich auf den Weg zum Parkplatz, um die vergessenen Akten zu retten. Die konnten schließlich nicht auf Herrn Müllers Autodach liegen bleiben. Für den Vormittag war Regen angesagt. Zurück in meinem Büro, schaute ich mir die Akten näher an.

»Kein Wunder, dass ich zu so vielen Schriftstücken die dazugehörigen Akten nicht finden kann«, seufzte ich. »Ich möchte nicht wissen, wie viele er noch bei sich zu Hause hortet.«

Brigitte zog eine Grimasse. »Dort wird es genauso schlimm aussehen wie in seinem Büro. Die Alpen sind ein Witz gegen die Aktenberge, die sich dort drüben stapeln. Der Mann ist ein Messi, wenn du mich fragst, und außerdem nicht ganz richtig im Kopf.« Sie tippte sich mit dem rechten Zeigefinger an die Stirn. Inzwischen hatte sie auch ihren Hefter und das Lineal am Schreibtisch festgebunden.

»Wie seine Frau das wohl aushält?«, überlegte ich laut. Herr Müller war verheiratet. Anscheinend glücklich, wie er selbst einmal behauptete, und er hatte zwei Kinder im Teenageralter. Seine Familie kannte in der Behörde allerdings niemand.

Manche vermuteten deshalb, er hätte sie vielleicht nur erfunden, um nicht zugeben zu müssen, dass er allein im Chaos hauste.

»Wenn ich mit dem verheiratet sein müsste …« Brigitte machte eine abwehrende Handbewegung, als würde sie eine Fliege verscheuchen. »Ich wäre längst reif für die geschlossene Psychiatrie.«

Eine Stunde später machte ich mich auf den Weg in die Registratur, um einige ältere Akten zu holen. Im Erdgeschoss stand die Tür des Aufenthaltsraums weit offen und ich sah Herrn Müller, der am Kaffeeautomat mit den Tücken der Technik kämpfte. Mit beiden Händen versuchte er, das kochend heiße Gebräu aufzufangen, das ihm unaufhaltsam zwischen die Füße floss. Ein leerer Plastikbecher lag neben ihm auf dem Boden. Technische Geräte waren wirklich nicht Herrn Müllers Stärke, auch an den Computer hatte er sich nur sehr widerwillig gewöhnt. Er befürchtete ständig, das Gerät könnte beim Drücken einer falschen Tastenkombination explodieren. Zum Leidwesen aller Mitarbeiter machte Herr Müller am liebsten seitenlange handschriftliche Aktenvermerke. Die waren wegen seiner krakeligen Schrift allerdings schwer zu entziffern und fielen eher in das Aufgabengebiet eines Grafologen. Dies sorgte regelmäßig für Unmut bei den Kollegen.

Herrn Müllers Frisur sah heute aus, als hätte in seinem Büro ein Tornado gewütet. Typisch Müller!

Beim Anblick seiner verzweifelten Versuche, das Ausfließen der braunen Brühe aus dem Automaten in Schach zu halten, schmunzelte ich in mich hinein. »Kann ich Ihnen helfen?«, fragte ich und betrat den Aufenthaltsraum. Verwirrt schaute er mich von der Seite an. Schnell holte ich eine Ladung Papierhandtücher aus der benachbarten Toilette und wischte die Sauerei vom Boden auf.

»Guten Morgen, Frau Simon.« Herrn Müllers Begrüßung klang, als wären wir uns heute noch gar nicht über den Weg gelaufen. Tatsächlich passierte es dauernd, dass Herr Müller auf der Treppe oder im Aufenthaltsraum wie ein Wildfremder an mir vorbeiging, obwohl wir eine halbe Stunde zuvor eine geschäftliche Besprechung miteinander gehabt hatten oder uns beim Mittagessen gegenübergesessen hatten. Er war dann so in seine eigene Welt versunken, dass er die Menschen um sich herum kaum wahrnahm.

»Heute war ich etwas früher im Büro, weil ich so viel zu tun habe. Eigentlich wollte ich mir nur schnell einen Kaffee besorgen«, erklärte er mir, was ich doch längst wusste.

Als der Boden einigermaßen sauber war, ließ ich einen Kaffee aus dem Automaten, den er dankbar entgegennahm, bevor er sich auf den Weg zurück in sein Büro machte. Endlich konnte ich runter in die Registratur.

Zu Beginn der Mittagspause trafen sich regelmäßig einige Kollegen, um gemeinsam essen zu gehen. Heute fiel die Wahl auf den chinesischen Schnellimbiss zwei Straßen weiter. Sogar Herr Müller war mit von der Partie, was ziemlich selten vorkam. Er brachte sich normalerweise Vesperbrote und Obst von zu Hause mit. Heute allerdings nicht, was Brigitte am

Treffpunkt neben dem Haupteingang zu einem breiten Grinsen veranlasste.

»Als du in der Registratur warst, kam der Müller in unser Zimmer«, flüsterte sie mir zu. »Mit meinem Kugelschreiber hat er ein paar Korrekturen in einem Aktenvermerk gemacht und wollte den Kuli natürlich einstecken. Wie immer. Fast hätte er eine Rolle rückwärts gemacht.« Sie grinste noch breiter als vorher. Den Rest konnte ich mir vorstellen.

Wir betraten den chinesischen Imbiss und suchten unsere Plätze. Ich saß am einen Tischende, Herr Müller mir gegenüber am anderen. Alle griffen zu den Speisekarten und diskutierten, was sie gern essen wollten. Ich entschied mich für gebratenen Reis mit Hühnchen, Brigitte und ein paar andere nahmen Nudeln, wieder andere Fisch. Nur Herr Müller konnte sich nicht entscheiden.

»Eigentlich habe ich keinen Appetit«, hörte ich ihn sagen, als die Bedienung eine Bestellung von ihm aufnehmen wollte. »Mein Magen fühlt sich heute nicht so wohl.«

»Wieso geht er dann überhaupt mit?«, flüsterte ich Brigitte zu. Sie zuckte nur mit den Schultern. Herr Müller bestellte ein Glas Wasser, mehr nicht.

Eine Viertelstunde später kam die Bedienung an unseren Tisch. Ruckzuck waren die Gerichte verteilt und mein gebratener Reis duftete vorzüglich. Ich griff nach meinem Besteck und sah zu Brigitte hinüber. Für sie war nichts dabei gewesen. Komisch, sie hatte doch Nudeln bestellt. Brigitte hob die Hand und schnipste mit den Fingern wie in der Schule.

»Es fehlt noch einmal Bami Goreng!«, rief sie.

Der junge Mann, der die Bestellungen aufgenommen hatte, schüttelte den Kopf. »Das war alles. Es wurden neun Essen bestellt.«

»Aber wir sind doch zehn Leute«, meldete sich der Kollege neben mir zu Wort.

»Herr Müller wollte doch nichts essen. Er sagte, ihm wäre heute nicht gut«, erklärte ich und sah im selben Augenblick, wie Herr Müller sich eine große Gabel Nudeln in den Mund schob. Brigittes Nudeln! Er schien völlig vergessen zu haben, dass er eigentlich nichts essen wollte.

Brigitte war entsetzt. »Herr Müller, das darf doch nicht wahr sein!«, schimpfte sie laut los. »Erst sagen Sie, Sie hätten es mit dem Magen, und bestellen nichts, und dann nehmen Sie einfach mein Essen. Unverschämtheit!«

Herr Müller machte ein ziemlich zerknirschtes Gesicht und schob den Teller von sich. »Wollen Sie noch? Ich hatte nur eine kleine Gabel voll und Nudeln mag ich sowieso nicht.«

»Das ist doch die Höhe«, bellte Brigitte ihn an. Alle am Tisch waren ungehalten, die gute Stimmung verflogen. Mit Herrn Müller sprach keiner mehr ein Wort. Bei der Bedienung bestellte Brigitte eine weitere Nudelportion. Mit beleidigtem Gesicht saß sie neben uns und schaute uns beim Essen zu. Herrn Müller beschoss sie mit finsteren Blicken. Den würde ich mir später mal vorknöpfen, beschloss ich im Stillen. Das ging nun wirklich zu weit. Konnte ein Mensch so verwirrt sein? Endlich kamen auch Brigittes Nudeln, allerdings war die Mittagspause fast vorbei.

Trotzdem warteten wir geduldig, bis sie zu Ende gegessen hatte. Dann zahlten wir.

Als Brigitte an der Reihe war, schüttelte die Bedienung den Kopf. »Der Herr dort hat schon für Sie bezahlt.«

Er deutete in Herrn Müllers Richtung.

»Na ja, das ist ja das Mindeste, oder?«, schnappte sie, als wir den Imbiss verließen.

Alle gingen zurück ins Büro, nur Herr Müller nicht. Er bog kurz vor der Behörde in eine Seitenstraße ab. Niemand kümmerte sich darum. Eigentlich waren alle nur froh, ihn eine Weile los zu sein.

Eine halbe Stunde später öffnete sich unsere Bürotür. Ich war in die E-Mail eines Bauherrn vertieft, der sich darüber beschwerte, warum seine Baugenehmigung so lange dauerte. Der Antrag lag seit Wochen auf Herrn Müllers Schreibtisch und wartete auf Bearbeitung. Brigitte telefonierte gerade mit einem Kollegen, brach aber mitten im Satz ab und ließ den Hörer sinken. Erstaunt sah ich von meinem Bildschirm auf. In der geöffneten Tür stand Herr Müller und kaute verlegen auf seiner Unterlippe herum. Seine Haare waren nicht mehr zerwühlt wie heute Morgen, sondern so spiegelglatt gekämmt, als wäre ein Tsunami darüber hinweggefegt. In der rechten Hand hielt er einen riesigen, knallbunten Blumenstrauß. Seine Wangen liefen flammend rot an, als er sich auf den Weg zu Brigittes Schreibtisch machte. Mit seiner linken Hand zauberte er eine Pralinenschachtel hervor, die er vor Brigitte ablegte.

»Ähm ... ich möchte mich bei Ihnen entschuldigen«, presste er leise hervor. »Ich weiß, ich bin ein Idiot. Meine Frau sagt das auch immer.«

Brigitte war ebenfalls rot geworden. Damit hatte sie wohl nicht gerechnet. »Danke«, sagte sie knapp. »Das ist aber nett ...  **Ich weiß, ich bin ein Idiot. Meine Frau sagt das auch immer.**

von Ihnen.« Sie war sprachlos, was nicht oft vorkam.

»Ihre Frau hat es sicher nicht ganz leicht mit Ihnen«, ergriff ich für sie das Wort. Herrn Müllers Ehefrau war also doch kein Phantom, wie viele Kollegen immer dachten. Herr Müller nickte kurz und schaute etwas verlegen auf den Boden.

»Nein, sie ist Kummer mit mir gewöhnt. Charlotte und ich kennen uns seit der Schule und haben schon viel miteinander erlebt.«

»Dann kriegt Ihre Frau bestimmt jede Woche so einen schönen Blumenstrauß?«, fragte Brigitte lächelnd, während sie eine große Vase aus dem Schrank holte. Herr Müller lachte, die ganze Anspannung schien von ihm abzufallen wie die Herbstblätter am Kastanienbaum vor unserem Fenster.

»Charlotte reagiert auf Schnittblumen allergisch und zu viel Schokolade sei nicht gut für ihre Figur, sagt sie. Aber sie liebt gutes Parfüm und auch schöne Reisen oder ... Dessous.«

Brigitte und ich starrten ihn an. Nie wären wir auf die Idee gekommen, dass ausgerechnet Herr Müller seiner Frau Dessous kaufen würde. Und wie liebevoll er von ihr sprach. Ein Kloß bildete sich in meinem Hals. So etwas hätte ich ihm niemals zugetraut. Als er unser Büro verlassen hatte, waren Brigittes Wangen immer noch gerötet. Herrn Müllers Blumenstrauß stand auf ihrem Schreibtisch und verströmte einen herrlichen Duft im Zimmer.

»Chaotisch ist er ja, der Müller«, sagte sie schließlich. »Aber eigentlich doch ein ganz netter Kerl.«

ALLTAG IN BÜRO 228

Wann immer ich nach meinem Job gefragt werde und zur Antwort gebe, dass ich Fallmanager in einem Jobcenter bin, ernte ich angesichts dieser belastenden Tätigkeit mitleidige Reaktionen. Meine Frau hingegen, eine Grundschullehrerin, wird allenthalben beneidet, weil sie sechs Wochen Sommerferien und sowieso nachmittags frei hat und zudem noch das Glück, ihre Vormittage mit Kindern zu verbringen. Da Menschen sich ungern von ihren Vorurteilen abbringen lassen, spare ich mir diesbezügliche Richtigstellungen, möchte aber doch meine Verwunderung darüber zum Ausdruck bringen, wie zielsicher der Mainstream der Meinungen zuweilen an der Realität vorbeigehen kann. Aber was ist schon die Realität?

Meine jedenfalls sieht so aus, dass ich gegen sechs Uhr dreißig unsere Wohnung verlasse und eine gute Viertelstunde später das Amtsgebäude in der nahe gelegenen Kreisstadt betrete. Trotz der frühen Stunde bin ich längst nicht der erste Kollege am Platz – wir haben Gleitzeit und können uns, sehr zur Freude der erst gegen neun Uhr dreißig eintrudelnden Langschläferin, fast alles erlauben. Zunächst stelle ich meine Tasche an ihren Platz, aus der ich zuvor noch Mineralwasserflasche und Buchkalender geholt und auf dem Schreibtisch platziert habe. Dann schalte ich den PC an, öffne das Fenster, in der Hoffnung auf frische Luft, und den Aktenschrank, um mein Bedürfnis, alle

Fälle stets im Blick zu haben, zu befriedigen. Wenn der Morgen trüb oder noch vollkommen dunkel ist, schalte ich meine angenehme IKEA-Schreibtischlampe an, um dem gleißenden Schein der Neonröhre nicht unnötig ausgeliefert zu sein. Ich gebe mein Passwort – zumeist eine komplizierte Verballhornung des Wortes »Bürokratie« – ein und öffne alle relevanten Computerprogramme. Ich sehe, dass seit gestern ein paar neue E-Mails

gekommen sind, und beschließe, diese erst in ein paar Minuten zu lesen. Stattdessen öffne ich das Internet und lese im Fanforum  **Ich gebe mein Passwort – zumeist eine komplizierte Verballhornung des Wortes »Bürokratie« – ein.**

meines chronisch erfolglosen Lieblingsfußballvereins die neuesten Kommentare zu den Ereignissen, die gerade die geschundene Fanseele beschäftigen.

Da fällt mir ein, dass in der Mittagspause unsere Theaterprobe stattfindet. Ich schicke also eine Rundmail an die Mitglieder unseres amtsinternen Theaterensembles mit der Bitte, bis neun Uhr Rückmeldung zu geben, wer an der heutigen Probe teilnehmen wird, damit wir frühzeitig entscheiden können, welche Szene wir proben. Die ersten Rückmeldungen kommen nach wenigen Sekunden, die letzten am späten Vormittag. Erst jetzt lese ich die übrigen Mails. Es handelt sich um Terminwünsche von Kunden, Informationen der Teamleitung oder auch etwas schwierigere Anfragen, über deren Beantwortung ich erst einmal nachdenken muss. Zum Nachdenken gehe ich auf die Mitarbeitertoilette. Dort denke ich kurz nach und greife dann nach dem Werk von Theodor W. Adorno, um an der gestern begonnenen Textpassage anzusetzen. Während ich den ersten Stuhlgang des Morgens zustande bringe, freue ich mich zum wiederholten Mal über die hervorragende Idee eines Kollegen, aus der Herrentoilette eine Bibliothek zu machen, die ämterübergreifend Ihresgleichen sucht und gegen deren Umfang die fünf jämmerlichen und nur der Nachahmung wegen hingestellten Bücher der Damentoilette nicht ansatzweise anstinken können.

Zurück im Büro, will ich mich endlich an die Arbeit machen und einen längst überfälligen Bescheid über die Vergabe von Eingliederungsmitteln erstellen, als ein älterer Kollege hereintritt und mir die Wochenzeitung *Die Zeit* auf den Tisch legt, die ich doch bitte heute noch lesen solle.

»Für *Die Zeit* fehlt mir die Zeit«, flachse ich, doch der Kollege, der mehr an den großen politischen Zusammenhängen als an den Niederungen seiner eigentlichen Arbeit interessiert ist, gibt zurück, dass man immer die Zeit habe, die man sich nehme.

»Du nimmst sie dir, aber auf wessen Kosten?«, will ich fragen, verkneife es mir aber und sehe hilflos dabei zu, wie der Kollege an meinem Tisch Platz nimmt und über die internen Thesenpapiere der Arbeitsmarktpolitik referiert. Als ich den Kollegen nach einer Viertelstunde losgeworden bin – allerdings nur, weil eine Kollegin, die auf ein privates Schwätzchen aus ist, seinen Platz eingenommen hat –, stelle ich nüchtern fest, dass es sich nicht mehr lohnen wird, vor acht Uhr mit dem Bescheid weiterzumachen. Ich speichere die ersten Zeilen ab und widme mich den gewiss nicht uninteressanten Ausführungen meiner Kollegin. Um kurz nach acht verlässt diese mein Büro, weil sie einen dringenden Termin hat, und auch ich erwarte meinen ersten Kunden.

Der Kunde kommt nicht. Stattdessen kommt ein anderer. Schade, ich hätte gern mit dem nicht erschienenen Kunden geredet, auf den ich mich vorbereitet habe, möchte aber nicht unflexibel erscheinen.

»Ich kann definitiv Arbeit aufnehmen, wenn ich den Führerschein habe«, sagt der Kunde. »Herr Faber, Sie kennen mich, ich bin nicht so wie die anderen. Sie wissen, dass ich mein Leben wieder auf die Reihe bekommen möchte. Bitte unterstützen Sie mich!«

Wie lange er wohl an dem treuen Hundeblick geübt hat? Eigentlich müsste ich ihm sagen, dass ich es nicht gern höre, wenn Hartz-IV-Empfänger sich abfällig über andere Hartz-IV-Empfänger äußern, weil dies der Pluralität ihrer Biografien nicht gerecht wird. Aber ich unterlasse es, zumal das Telefon gerade klingelt. Der nicht erschienene Kunde meldet sich krank. Ich wünsche gute Besserung, teile ihm einen Ausweichtermin mit und erinnere an die obligatorische Arbeitsunfähigkeitsbescheinigung. Krankenscheine sind für die Arbeitsmarktstatistik ebenso wichtig wie Arbeitsaufnahmen, denn in beiden Fällen gelten die Kunden als nicht arbeitslos. Nicht auszudenken, in welch astronomische Höhe die Arbeitslosenzahlen schnellen würden, wenn die ganzen Dauerkranken ihre Atteste nicht mehr einreichen würden.

Gern möchte ich mich nun dem Anliegen meines Kunden widmen, aber das Telefon klingelt schon wieder. Kurz überlege ich, das Klingeln zu ignorieren oder auf »lautlos« zu drücken, gehe dann aber doch ran, um bei meinem Besucher keinen schlechten Eindruck zu hinterlassen. Es ist ein Kollege, der sich krankmelden möchte. Er klingt wirklich krank, zumindest ein bisschen, und ich wünsche gute Besserung. Ich notiere mir, dass ich gleich das Personalamt über die Krankheit des Kollegen unterrichten und den von ihm für heute eingeladenen Kunden absagen oder alternativ selbst mit ihnen reden muss. Bevor ich mit meinem nicht eingeladenen Kunden weiterrede, stelle ich mein Telefon auf »abwesend«, um nicht weiter gestört zu werden.

»Ich verstehe Ihr Anliegen«, sage ich dann zu meinem Kunden, »der fehlende Führerschein ist ein echtes Vermittlungshemmnis.« Ja, ich verstehe ihn wirklich, doch mit seinem gravierenden Alkoholproblem, das er in Wirklichkeit natürlich nicht hat, weil er immer bloß am Vorabend auf einer Geburtstagsfeier war, kann ich ihn dem deutschen Straßenverkehr nicht zumuten. Dem russischen oder tschechischen vielleicht, aber hierzulande fahren - wie ich in patriotischer Verblendung einfach einmal annehme - zu wenige Leute im Vollrausch Auto. »Also, wenn Sie die Einstellungszusage eines Arbeitgebers vorlegen würden und der Führerschein für diesen Job objektiv erforderlich wäre, könnten wir grundsätzlich über eine

Förderung nachdenken.« Das war jetzt nicht gelogen. »Aber vor einer Führerscheinmaßnahme müsste unsere Amtsärztin noch Ihre gesundheitliche Eignung überprüfen. Und was die dann dazu sagt, ist für mich als Nichtmediziner natürlich schwer einzuschätzen.« Das war jetzt allerdings schon gelogen. Der Kunde jedenfalls ist guten Mutes, als er mein Zimmer verlässt, um in der Geldleistungsabteilung noch auf seine defekte Waschmaschine hinzuweisen. Vielleicht bekommt er kurzfristig ein Darlehen für eine neue.

Schnell rufe ich, nachdem ich mein Gespräch schriftlich dokumentiert habe, beim Personalamt an, um meinen Kollegen krankzumelden. Unserem schwerbehinderten Mitarbeiter, der für jede noch so kleine Aufgabe dankbar ist, sage ich noch, dass er die von meinem Kollegen für heute einbestellten Kunden abbestellen soll, als schon mein nächster Termin vor der Tür steht. Eine junge Frau, da öffnet man doch gern. Es ist ein Erstgespräch, also muss ich ein intensives Profiling machen und auch ein paar orientierende Sätze zu unserer Behörde verlieren. Weitgehend lasse ich die Frau erzählen, um mir beim Zuhören die effektivsten Eingliederungsschritte auszudenken. Bei dem, was die Frau mir erzählt, fällt mir leider nicht viel ein, was die Situation verbessern könnte, und ich frage mich, wie viel Scheiße ein Mensch in seinem Leben eigentlich ertragen kann. Dafür, dass die Frau gerade von ihrem alkoholkranken Partner verlassen worden ist und an einer rätselhaften Autoimmunerkrankung leidet, zu der ihr vor sieben Jahren gesagt wurde, sie hätte noch maximal zehn Jahre zu leben, muss ich die Haltung dieser Frau bewundern. Sie hat den Tod vor Augen und denkt an die Dinge, die sie noch geregelt haben möchte. Außerdem möchte sie arbeiten, irgendwas. Ich bin froh, einen Anhaltspunkt zu haben, an dem ich einen kleinen Beitrag leisten kann, und empfehle der Frau zunächst ein amtsärztliches Gutachten. Damit wir ihr keine Arbeit zumuten, die wir ihr nicht zumuten dürfen. Man sollte sich da absichern. Die Frau zeigt Verständnis. Die Hürden der Bürokratie sind lächerlich im Vergleich zu denen, die sie ansonsten überspringen muss.

Nachdem die Frau gegangen ist und ich die unschönen Gedanken, die sie trotz ihres attraktiven Äußeren in mir ausgelöst hat, verdrängen kann, widme ich mich wieder dem Bescheid, den ich heute unbedingt schreiben wollte. Gerade habe ich das Dokument geöffnet, als es an der Tür klopft. Es ist eine Mitarbeiterin von der Infotheke. Dort sei ein Flüchtling ohne Dolmetscher aufgeschlagen. Ob ich dem Flüchtling ein paar wesentliche Infos in englischer Sprache übermitteln könne?

Ich komme mit zur Infotheke und lade den Mann ein, mir zu »followen«. Es stellt sich heraus, dass die wesentlichen Punkte bereits geklärt sind. Der Mann will lediglich seinen Aufenthaltstitel vorlegen, hat seinen Hartz-IV-Antrag bereits gestellt und ist auch schon für einen Integrationskurs vorgemerkt. Der Mann ist Syrer und macht einen kultivierten Eindruck. Bis zum Tag seiner überstürzten Flucht hat er als Arzt in Aleppo gearbeitet. Der Rest seiner Familie hat es immerhin über die türkische Grenze geschafft und wartet dort, bis er sie nachholen kann. Die Erkenntnis, dass dem im Bürgerkrieg versunkenen Land die

Intelligenz davonläuft, festigt sich und ich frage den Mann, wer denn überhaupt noch in Syrien bleibt. Er sagt, das seien diejenigen, die keine zwanzigtausend Euro für die Flucht aufbringen könnten – und die Überzeugten. Nachdem ich den Mann verabschiedet und dessen übertrieben anmutende Dankesbekundungen abgewiegelt habe, denke ich darüber nach, wie lange die Festung Europa wohl noch halten wird.

Das mittlerweile nicht mehr auf »abwesend« stehende Telefon klingelt. Gleichzeitig schaut eine Kollegin in mein Büro herein. Da mir die Nummer auf dem Display bekannt vorkommt und ich weiß, dass dieser Kunde, wenn ich nicht abhebe, spätestens in sechzig Sekunden wieder anrufen wird, melde ich mich kurz und frage, ob ich gleich zurückrufen kann. Zu meiner Überraschung ist der Kunde einverstanden.

Nun hat meine Kollegin das Wort. »Wer von uns hat denn heute Morgen Servicedienst?«

»Ist niemand im Servicebüro?«, frage ich unsinnigerweise zurück, als mir schon dämmert, dass wohl der erkrankte Kollege dran gewesen wäre. Da ich erst um elf Uhr meinen nächsten Termin habe, erkläre ich mich bereit, einen Teil der Schicht zu übernehmen, und wandere zwei Zimmer weiter. Dort wird die Laufkundschaft mit einer modernen Nummernaufrufanlage in die richtigen Bahnen gelenkt. Ich fahre den Rechner hoch und sehe, dass sieben Leute warten. Das ist eine Vorlage, die mich motiviert, Gas zu geben.

Ich drücke den Knopf und mit einem wohlklingenden Gong wird der nächste Kunde darüber informiert, dass ich mich in der Lage sehe, mit ihm zu sprechen. Mit einem gut gelaunten »Einen schönen guten Morgen« stürmt er ins Zimmer und ich verrichte die kompetentesten beiden Handlungen, die ein im Servicebüro Dienst habender Mitarbeiter verrichten kann: Ich bitte den Kunden, Platz zu nehmen, und stempele seinen Weiterbewilligungsantrag ab. Weiterbewilligungsanträge müssen Hartz-IV-Bezieher alle sechs Monate stellen. Damit teilen sie mit, dass sie noch da sind und weiterhin Geld brauchen, weil sich ihre Lebenssituation nicht entscheidend verbessert hat. Im Grunde eine groteske Situation: Ich freue mich über jeden dieser Anträge, weil sie mir außer der Kenntnisnahme des unverändert Negativen keine Arbeit abverlangen, dem Antragsteller hingegen reiben sie seine eigene Erfolglosigkeit unverblümt unter die Nase. Es sei denn ... nun ja, natürlich gibt es auch ein paar erwerbsfähige Leistungsberechtigte, die sich in ihrem bräsigen Alltag ganz gut eingerichtet haben und eigentlich nichts mehr daran ändern wollen. Aber deren Zahl dürfte doch weitaus geringer sein, als der gemeine Privatsenderzuschauer annimmt. Überhaupt tragen auch diese Menschen ihren Anteil zur Sicherung des inneren Friedens bei, denn sie prügeln sich nicht um die wenigen freien Arbeitsplätze, sondern überlassen sie denen, die sie wirklich haben wollen.

Ich habe Glück: An diesem Morgen habe ich fünf Weiterbewilligungsanträge in Serie, dann eine kurze Veränderungsmitteilung - Kündigung in der Probezeit, natürlich im

Krankenschein, wie es in der Leiharbeitsbranche nun mal üblich ist – und schließlich noch einen Neuantrag, der mir und dem Kunden mehr Informationsaustausch abverlangt und somit meinen rasanten Minutenschnitt wieder etwas heraufsetzt. Dennoch gelingt es mir nach einer Weile, die Warteuhr auf null zu drücken und ich will mich schon wieder meinem wichtigen Bescheid widmen, als auf meinem Monitor die Meldung »Alarm in Büro 314« aufpoppt.

Unser Alarmsystem ist absolut ausgeklügelt. Wir sehen, wo der Alarm ausgelöst wurde, sehen aber nicht, um welche Art Gefahr es sich handelt. Da es in all den Jahren nur Fehlalarme gegeben hat, denkt natürlich jeder, es handele sich um einen solchen, und stürzt in das Zimmer desjenigen, der ihn ausgelöst hat, um seinen guten Willen zu untermauern. So auch ich in diesem Moment.

In Büro 314 angekommen, begegnen mir schon die ersten abwandernden Kollegen. Fehlalarm – eine junge Kollegin ist beim Tippen an der Alarmtaste hängengeblieben. Immer wieder schön zu erleben, wenn sich Amokläufer als Luftblasen entpuppen.

Zurück im Servicebüro, zeigt die Aufrufanlage immer noch null wartende Personen an. Ich bin begeistert und überlege, den Kunden, der auf meinen Rückruf wartet, anzuwählen, entscheide mich dann aber doch dafür, an meinem Bescheid weiterzuschreiben.

Da wird die Tür aufgestoßen und ein etwas unwirsch dreinblickender junger Mann stürmt herein. Ohne Vorwarnung brüllt er mich an: »Können Sie mir verraten, was in diesem Amt überhaupt geschafft wird?«

Gute Frage, ich stelle sie mir zuweilen sogar selbst. Aber Scherze wären jetzt völlig fehl am Platz, denn der junge Mann ist unübersehbar aggressiv. Ein falsches Wort könnte nun verheerende Konsequenzen haben. Also nehme ich mir viel Zeit für freundliche Gesten, bitte den Mann trotz hämmerndem Pulsschlag in absolut ruhigem Ton, Platz zu nehmen, und gebe ihm die Chance, sein Problem genauer zu schildern.

Es stellt sich heraus, dass die Geldleistungszahlung des jungen Mannes eingestellt wurde, weil er Arbeit aufgenommen hat. Die Leiharbeitsfirma zahlt den ersten Lohn allerdings erst zur Mitte des Folgemonats. Nun möchte der junge Mann in schon wieder bedrohlich aggressivem Tonfall von mir wissen, von welchem Geld er denn in den nächsten sechs Wochen leben soll. Ob ich ihm das verdammt noch mal erzählen könne.

Natürlich kann ich nicht. Aber ich kann seinen zuständigen Sachbearbeiter anrufen und die Situation klären. Der verfügt aus der sicheren Distanz eines anderen Gebäudegeschosses, der junge Mann möge sich eine Wartenummer für das Servicebüro Geldleistung ziehen und dort dann einen Antrag auf Darlehen stellen. Na bitte, das ist doch was.

Den Erfolg meiner telefonischen Verhandlungen kann der junge Mann leider nicht im erhofften Ausmaß würdigen. Türe knallend verlässt er mein Büro. Man werde noch von ihm hören.

Auf der Uhr stehen wieder fünf wartende Personen. Bevor ich drücken kann, werde ich abgelöst und gehe zurück in mein

Büro, wo mein Elf-Uhr-Termin längst auf mich warten müsste. Tut er aber nicht. Stattdessen begrüßt mich ein anderer Kunde freudig strahlend mit der ausgestreckten Hand. Diesen Kunden muss ich nie einladen, denn ich sehe ihn ohnehin mindestens alle 14 Tage. So oft kommt er ganz freiwillig her. Er hat die Eigenart, mich in recht ausschweifenden Worten an seiner Gedankenwelt teilhaben zu lassen. Obwohl er so häufig kommt, ist es für mich nicht immer leicht, den Anschluss zu wahren. Innerhalb eines einzelnen Gespräches kann er schon mal drei absolut konträre berufliche Zielsetzungen mit der gleichen Inbrunst vorbringen. An seiner Motivation bestehen keine Zweifel, doch der Gegensätzlichkeit seiner virtuellen Ziele kann dieser Mann nur gerecht werden, indem er im realen Leben einfach stehenbleibt. Dass ich ihm zuhöre, empfindet er gewiss als positiv, einmal meinte er sogar, es habe therapeutische Wirkung auf ihn.

Noch schöner wäre es natürlich, wenn dieser Effekt auf Gegenseitigkeit beruhen würde. Doch leider verstärkt sich meine eigene

Dass ich ihm zuhöre, empfindet er gewiss als positiv, einmal meinte er sogar, es habe therapeutische Wirkung auf ihn.

Sehnsucht nach einem Therapeuten immer ungemein, wenn dieser erwerbsfähige Leistungsberechtigte – so heißen die Kunden des Jobcenters – mein Büro betritt.

Heute erzählt mir der äußerlich bärenstarke Mann von seinen beiden Kaninchen. Eines davon ist krank und der Mann macht sich Sorgen. So große, dass er unvermittelt sogar zu weinen beginnt. Aber ich kann ihn beruhigen, kann die Hoffnung am Leben halten, dass dem Kaninchen von kompetentem Personal geholfen werden kann, zumal der Tierarzt ja schon involviert worden ist. Da strahlt der Mann schon wieder und wechselt bald das Thema.

Den meisten seiner Aussagen bin ich schon oft begegnet, sie kreisen zu annähernd einhundert Prozent um Ereignisse, die in der Vergangenheit liegen. Meinen Job sehe ich darin, den Blick immer wieder auf die Zukunft zu lenken, und zwar weniger auf die gewiss großartige ferne Zukunft, sondern stets auf den allernächsten kleinen Schritt, der gegangen werden muss, um dann, wenn ein paar Tausend dieser kleinen Schritte gegangen worden sind, vielleicht wieder ein Leben mit ein bisschen mehr Selbstachtung führen zu können.

Um drei Minuten vor zwölf ist der Mann nach der zehnten Verabschiedung endlich gegangen und ich kann in meinem Mailpostfach nachsehen, wer in der nun anstehenden Mittagspause an der Theaterprobe teilnehmen wird. Zu meiner Freude entnehme ich den eingegangenen Rückmeldungen, dass annähernd das komplette Ensemble zugegen sein wird. Super, da können wir die Massenszenen im zweiten Akt proben, wird auch höchste Zeit, denn die Aufführung naht. Wir spielen mit Vorliebe an behördeninternen Sommerfesten oder Weihnachtsfeiern. Keine Ahnung, ob jeder Kollege mit unseren satirischen Darstellungen des Arbeitsalltages etwas anfangen kann, aber das Gros des Publikums erweist sich in der Regel als wohlwollend. Also ab in den Keller des Amtsgebäudes zur Theaterprobe!

Im Türrahmen meines Büros werde ich festgehalten. Es ist Frau Weber-Sandmann, die mich mit den Worten »Gut, dass Sie noch da sind, Herr Faber« begrüßt. Danach stellt sie die übliche Frage »Haben Sie zwei Minuten für mich?«, während sie schon an meinem Schreibtisch Platz nimmt.

Die Antwort »Nein« will meiner Kehle entweichen, doch ich halte sie zurück und höre mich nur halbherzig den schwer Beschäftigten spielen: »Eigentlich nicht, aber ich nehme sie mir.«

Immer dieses Gejammer, denke ich durchaus selbstkritisch, dabei hat doch jeder Mensch sein Päckchen zu tragen, allen voran Frau Weber-Sandmann. Diese Frau hat zweifelsohne einen gewaltigen Sprung in der Schüssel und das Verheerende daran ist, dass sie es nicht weiß. Oder ist gerade das gut für sie? Frau Weber-Sandmann monologisiert wie immer in hochgestochenen Worten, schwadroniert von ihrer »zarten Künstlerseele«, die es ihr – auch unter Rücksichtnahme auf ihre sonstigen hervorstechenden Wesensmerkmale als »Christin und Patriotin« – ermöglicht, die himmelschreienden Ungerechtigkeiten zu erdulden, die unsere Behörde ihr zumutet. Selbstverständlich schweifen meine Gedanken während ihres Monologs, der jeder Theaterbühne gut zu Gesicht stünde und den einem kein normaler Mensch glauben würde, ab, denn ich kenne ihre Inhalte zu genau. Faszinierend, wie ein Mensch, der im realen Leben wenig zustande gebracht hat, dermaßen theatralisch auftrumpfen kann, frei von jedweder Selbstkritik und unendlich überzeugt von der eigenen Wahrheit.

»Glauben Sie mir, Herr Faber«, höre ich Frau Weber-Sandmann mit fromm verschlossenen Augen sagen, »ich schließe Ihren Chef allabendlich in mein Gebet ein, denn es ist mein oberstes Credo, denen zu vergeben, die mich täglich aufs Neue mit Dreck bewerfen. Wir alle sollten wissen, dass wir nur Gast auf Erden sind, und irgendwann werden wir uns alle wiedersehen.«

Frau Weber-Sandmann, die hier gewiss ein wahres Wort gesprochen hat, ist sich der Komik ihres Auftrittes in keiner Weise bewusst. Auch ist die himmelschreiende Ungerechtigkeit, die ihr widerfahren ist, lediglich die, dass die zuständige Leistungssachbearbeiterin sie zur Klärung ihrer Rentenansprüche aufgefordert hat. Diese Aufforderung erhält jeder Leistungsberechtigte in Frau Weber-Sandmanns fortgeschrittenem Alter und in keinem löst sie einen derart heiligen Zorn aus, wie ihn die vor mir sitzende christliche Patriotin gerade zum Ausdruck bringt. Aber gut – manche Dinge muss man eben nicht *verste*hen, sondern *über*stehen.

Schade, dass die Theaterprobe heute ohne mich stattfinden muss. Sie ist das gewisse Etwas, das

Aber gut – manche Dinge muss man eben nicht *verstehen*, sondern *überstehen*.

einem das Leben auf dem Amt lebenswert erscheinen lässt. Und keiner, aber auch wirklich keiner der Außenstehenden ahnt, wie brüllend komisch es in unserer Behörde zugeht.

Kurz nach Ende der Mittagspause ist Frau Weber-Sandmann mit ihrem Monolog fertig. Hätte ich ihr zugehört, wäre ich jetzt erschlagen. Aber ich habe das unverhoffte Zwischenspiel für ein Schläfchen mit offenen Augen genutzt. Jetzt bin ich fit für den Nachmittag. Lediglich ein leichter Hunger weist mich darauf hin, dass ich meine mitgebrachte Banane besser nicht Frau Weber-Sandmann hätte schenken sollen. Aber es war die einzige Möglichkeit, ihrem theatralischen Leiden ohne viel Aufwand etwas Wind aus den Segeln zu nehmen. Man muss auch einmal unkonventionelle Methoden anwenden, keine Frage.

Am Nachmittag werde ich den Bescheid schreiben. Natürlich werde ich durch 324 Telefonanrufe und ebenso viele spontan vorsprechende Notfälle unterbrochen. Aber letztlich werde ich es doch schaffen. Und wenn nicht - auch nicht schlimm. Ich arbeite schließlich im öffentlichen Dienst. Da ist Dabeisein immer noch alles.

DICK IM GESCHÄFT?

»Habt ihr die neue Kollegin gesehen?«, fragte Roger Schlonzenberger, als er uns einen Stapel Papiere auf den Tisch legte. Es war eine rhetorische Frage. Jeder hatte die neue Kollegin gesehen. Sie war Anfang zwanzig, hatte langes, wallendes Haar, das sie vorzugsweise offen trug, und kleidete sich in eng anliegende Kostüme, die ihre schlanke Figur perfekt zum Ausdruck brachten. Sie war wirklich sehr schlank.

»Früher war ich auch mal so dünn«, überlegte Frau Kalwass, die Ende vierzig und etwas rundlich war. Bisher hatte ich immer angenommen, dass Frau Kalwass schon rundlich geboren wurde. »Natürlich nicht so schlank wie die Neue«, antwortete sie dann auch, als sie meinen fragenden Blick bemerkte. »Ich war schlank, nicht dünn. Diese Frau ist ja so dünn wie ein Besenstiel. Ich meine, wovon ernährt sie sich: von Grashalmen?«

»So wie sie aussieht, kann sie wahrscheinlich noch in der Kinderabteilung einkaufen«, meinte Gundula Wackernagel, ebenfalls nicht mehr ganz schlank. Im Gegensatz zu Frau Kalwass war es bei ihr durchaus möglich, dass sie einmal dünn gewesen war. Jedenfalls trug sie Klamotten, die stets zwei Nummern zu eng saßen und darauf hindeuteten, dass sie vor einiger Zeit noch reingepasst hatte.

»Ich kann mir gar nicht vorstellen«, ereiferte sie sich, »dass es schön sein soll, so dünn zu sein. Man bemerkt sie ja gar nicht, wenn sie zur Tür reinkommt. Oder etwa doch?« Fragend wandte sie sich zu Roger Schlonzenberger und mir. »Gefällt euch Männern so was? Wenn eine Frau so flach ist wie Holland?«

Jetzt hieß es, diplomatisch zu reagieren.

»Nein«, antworteten wir beide wie aus einem Mund und Schlonzenberger fühlte sich bemüßigt zu ergänzen: »An einer Frau muss schon was dran sein. Sie sollte zumindest ... fraulich aussehen. Nicht wahr?« Dabei knuffte er mich hilfesuchend in die Seite. Ich nickte schnell.

»Genau meine Meinung«, brummte Frau Wackernagel befriedigt.

Ich selbst hatte nichts gegen dünne Menschen und wäre glücklich, wenn auch ich etwas weniger Fett auf den Rippen hätte. Seit ich die Vierzig überschritten hatte, war ich den kleinen Bauch nicht mehr losgeworden. Und auch wenn ich regelmäßig Sport trieb und mir meine Frau versicherte, dass ihr die kleine Kugel nichts ausmachen würde, störte sie mich.

»Dünne Menschen verdienen mehr«, sagte ich. »Und machen schneller Karriere.«

Meine Kollegen sahen mich fragend an.

Dünne Menschen verdienen mehr.

»Habe ich mal gelesen«, erklärte ich. »Dünne Menschen gelten als attraktiv und statistisch gesehen verdienen attraktive Menschen mehr als unattraktive.«

Diese Neuigkeit mussten meine Kollegen verarbeiten. Nicht dass ich unsere Attraktivität infrage gestellt hätte. Aber es ließ sich nicht leugnen, dass wir allesamt gut und gern ein paar Kilo abnehmen könnten.

»Gut, dass wir nicht mehr auf Jobsuche sind«, scherzte Schlonzenberger, wenn auch nicht sehr überzeugend. Wie wir anderen wusste er, dass unsere Firma Jahresaufträge bekam. Davon lebten wir alle zwar recht gut, aber sicher war unser Job keineswegs. Genau genommen konnte es von heute auf morgen vorbei sein. Dazu kam, dass wir alle, wie gesagt, in den Vierzigern und Fünfzigern waren.

»Es kann jedenfalls nicht schaden, ein bisschen auf sich zu achten«, versuchte ich das leidige Thema zu beenden, indem ich kurz über meinen Bauch streichelte, der zum Glück nicht ganz so üppig war wie der von Schlonzenberger.

»Wenn ich wollte, könnte ich ganz schnell abnehmen«, erwiderte dieser selbstgefällig. »Dazu gehört nur ein wenig Disziplin. In einem Monat wäre ich dünner als ihr alle.«

»Glaube ich nicht«, hielt ich dagegen. Alle wussten, dass Schlonzenberger ein Maulheld war.

»Wetten?«, grinste er.

»Von mir aus.«

»Okay, wer heute im einem Monat mehr Kilo abgenommen hat, hat gewonnen.«

»Und worum wetten wir?«

Schlonzenberger überlegte. »Wie gesagt, mache ich es nur, um euch zu beweisen, dass ich es kann. Insofern hätte ich anschließend nichts gegen ein Essen im Steakhouse einzuwenden.«

Das erschien mir zwar absurd, aber ich stimmte zu. Wir besiegelten den Pakt unter den Augen der beiden Frauen und Schlonzenberger zog pfeifend von dannen.

»Viel Glück, Hungerleider!«, rief er fröhlich, als er den Gang hinunter verschwand.

»Sagen Sie mal«, wandte sich Frau Kalwass vertrauensvoll an mich, »Sie machen doch von Zeit zu Zeit diese Diät.«

Da hatte sie etwas falsch verstanden. Ich machte keine Von-Zeit-zu-Zeit-Diät, sondern versuchte regelmäßig, ungesättigte Fettsäuren zu mir zu nehmen. Das hatte mir der Arzt bei einer Routineuntersuchung empfohlen, als er einen zu hohen Anteil Körperfett feststellte. Das hätte nichts mit dem Bauchfett zu tun, wie er betont hatte. Auf meine verzweifelte Antwort, dass ich doch schon Sport treibe, hatte er gemeint, damit allein wäre es nicht getan. Eine gesunde Ernährung wäre mindestens ebenso wichtig. Eben ungesättigte Fettsäuren und die befänden sich in bestimmten Ölen wie Leinöl oder Olivenöl, *extra* wohlgemerkt. Mit Leinöl konnte ich noch nie etwas anfangen. Der erste Schluck Olivenöl, den ich probehalber zu mir nahm, sorgte dafür, dass ich mich fast übergab. Folglich gewöhnte ich mir an, mehr Salat zu essen und diesen kräftig mit Olivenöl zu mischen. Ich hatte das nie publik gemacht, aber anscheinend waren meine zeitweisen Aktionen in der Büroküche nicht unbeobachtet geblieben. Von nun an würde es den ganzen Monat hindurch Salat geben.

»Vielleicht könnte ich mich gelegentlich daran beteiligen?«, überlegte Frau Kalwass jetzt. »Ist ja schließlich gesund und so.«

»Ja, das ist gar keine so schlechte Idee«, meinte nun auch Frau Wackernagel. »Ab und zu ein Salat ist zumindest nichts Schlechtes. Da fühlt man sich hinterher wenigstens nicht so aufgedunsen.«

Ich wollte nicht wissen, wann die rundliche Frau Wackernagel sich wohl wirklich aufgedunsen fühlte, und musste mich anstrengen, schnell an etwas anderes zu denken.

Ehe ich zustimmen konnte, hatten meine beiden Kolleginnen beschlossen, sich an meinem Salat zu beteiligen. Und da es von nun an, wie gesagt, jeden Mittag bei mir Salat geben würde, standen wir zwei Stunden später zu dritt im Supermarkt um die Ecke, um einzukaufen. Mein Salat hatte bisher stets aus den gleichen Zutaten bestanden: Gurke, Tomate, Mais, Rucolasalat und Mozzarella, wahlweise auch Thunfisch.

Doch schon hier fingen die Probleme an.

»Ich mag keinen Rucolasalat«, gestand Frau Kalwass. »Der ist so bitter. Was haltet ihr von Blattsalat?«

Ich fand, Blattsalat schmeckte nach gar nichts, stimmte aber um des lieben Friedens willen zu.

»Was haltet ihr noch von etwas Schafskäse?«, schlug Frau Kalwass vor. Ich mochte auch keinen Schafskäse und sprach mich dagegen aus. Frau Kalwass legte ihn trotzdem in den Wagen. »Dann mache ich ihn nur in meinen Salat.«

»Den müssen Sie dann aber auch extra bezahlen«, erinnerte Frau Wackernagel. Wir hatten ausgemacht, die Summe am Ende durch drei zu teilen. Neben dem Schafskäse landeten noch ein großer Becher Erdbeerjoghurt und für Frau Wackernagel eine Tafel Schokolade (für den Nachmittag, für die Nerven!) im Wagen.

Im Büro machten wir uns dann an die Zubereitung des Salats.

»Nun sagen Sie bloß, dass Sie die Gurke nicht abschälen?« Frau Wackernagel war geradezu schockiert. Ich hatte meine Gurke bisher lediglich abgewaschen. »Gurke esse ich nur ohne Schale«, stellte sie klar.

»Aber unter der Schale sitzen die meisten Vitamine«, wusste Frau Kalwass.

»Ich dachte, das wäre bei Orangen so.«

»Nein, bei Äpfeln«, mischte ich mich ein.

Am Ende schälten wir die Gurke. Das nächste Problem waren die Tomaten, genau genommen die Stelle, an der die Stängel angewachsen waren. Beide Frauen waren sich einig, dass diese Stellen krebserregend waren, weshalb wir diese Stelle nun abschnitten. Den Mais wuschen wir ab, obwohl er aus der Dose kam, und der Blattsalat wurde noch einmal durch die Salatschleuder gejagt, bevor er in der Schüssel landete. Nach einem doppelten Berg Abwasch und über eine halbe Stunde später als gewöhnlich war der Salat fast fertig. Wir mussten ihn nur noch würzen. Wie immer nahm ich es mit dem Öl nicht so genau, sondern gab reichlich hinein.

»Was machen Sie denn?« Frau Kalwass wurde fast hysterisch. »Wollen Sie den Salat ertränken?«

Sie übernahm das Würzen, wobei sie so bedacht vorging, dass ich befürchtete, am Ende gar nichts im Salat zu schmecken. Schließlich gestand ich, dass ich gern noch etwas Senf in das Dressing geben würde.

»Männer!« Frau Kalwass schüttelte den Kopf, während sie eine Messerspitze Senf in die Kräutermischung gab. »Ihr mit euren Sonderwünschen.«

Als wir endlich am Tisch saßen und jeder sein Schälchen vor sich hatte (von dem ich nie im Leben auch nur ansatzweise satt werden würde), kam Schlonzenberger vorbei und beäugte kritisch unser Mittagessen.

»Sehr vorbildlich, Herr Kollege«, lobte er. »Ich verzichte heute ganz auf den Mittagstisch. Dafür mache ich einen Spaziergang. Bewegung soll schließlich gesund sein.« Mit einem Grinsen verließ er das Büro.

Am nächsten Tag kam ich ins Büro gelaufen. Und eine halbe Stunde zu spät. Ich hatte den Weg unterschätzt. Außerdem war ich, obwohl ich nur zügig, aber nicht schnell gelaufen war, durchgeschwitzt.

»Sie meinen es ja wirklich ernst«, stellte Frau Wackernagel halb bewundernd, halb beängstigt fest. »Sie machen mir fast ein schlechtes Gewissen.« Damit schob sie sich schnell ein Stück Schokolade in den Mund, von der sie immer eine Tafel in ihrem Schubfach aufbewahrte. »Zartbitter«, erklärte sie schnell, ohne dass ich danach gefragt hatte. »Gegen den Blutdruck.«

Ich nickte verständnisvoll. »Soll ja auch Krebs vorbeugen.«

Davon ermutigt, verschwand gleich noch ein zweites Stück in Frau Wackernagels Mund.

Derweil kam Frau Kalwass ins Büro. Sie lief merkwürdig. Genau genommen humpelte sie leicht.

»Meine Tochter hat mich gestern zum Zumba mitgenommen«, informierte sie uns. »Es war eine Tortur.«

»Warum tun Sie sich das an?« Frau Wackernagel war voller Mitleid.

»Meine Tochter meinte, es würde Spaß machen und wäre wie Tanzen. Nach einer halben Stunde dachte ich, ich kollabiere. Außerdem habe ich mir das Sprunggelenk gezerrt.«

»Das heißt, es war ein einmaliges Gastspiel von Ihnen«, vermutete ich.

Frau Kalwass humpelte zu ihrem Stuhl. »Von wegen. Nächste Woche gehe ich wieder hin.«

»Wieso?«

»Weil ich mich danach gut gefühlt habe. So unglaublich es klingt. Kennen Sie das?«

O ja, das Gefühl war mir sehr vertraut. Frau Wackernagel offenbar nicht. »Wenn Sie das sagen.«

In der Mittagspause verzichtete sie auf die obligatorische Tafel Schokolade. Dafür nahm sie einen Apfel mit. Zufrieden war sie trotzdem nicht. Nachdem sie am Nachmittag ihr Obst vertilgt hatte, starrte sie missmutig in die Runde und faltete einen Auszubildenden für eine Fehlbuchung zusammen, die dieser gar nicht zu verantworten hatte.

Einmal kam Schlonzenberger vorbei und erkundigte sich amüsiert, wie es bei mir laufen würde.

»Bestens«, gab ich zurück.

»Sie sehen auch schon etwas dünner aus«, lachte er und ging seines Weges. Er selbst sah nicht dünner aus, schien aber weiter selbstbewusst zu sein.

An diesem Abend joggte ich eine doppelt so große Runde und hatte am Ende das Gefühl, meine Lungen würden brennen. Meine Frau registrierte diese Anstrengungen mit einem Seitenblick, sagte aber nichts dazu außer: »Bist du nicht etwas zu jung für eine Midlife-Crisis?«

Sie war keine Hilfe, ebenso wenig wie die angefangene Tafel Milka auf dem Couchtisch. Als ein Werbespot für Kartoffelchips im Fernsehen lief, bekam ich plötzlich Heißhunger auf fettige Snacks und hätte töten können, um nur einen davon in den Mund zu bekommen. Doch ich blieb stark. Ich wollte allen beweisen, wie gut ich mich beherrschen konnte. Dass ich meinen Körper im Griff hatte und nicht umgekehrt.

»Du bist zu ehrgeizig«, fand meine Frau und vertilgte das letzte Stück Schokolade, nachdem ich es abgelehnt hatte.

Am nächsten Tag fuhr ich mit dem Rad zur Arbeit, was besser klappte als das Laufen am Tag zuvor. Überhaupt fühlte ich mich ein wenig fitter und leichter.

Dummerweise hatte an diesem Tag eine Kollegin Geburtstag. Es gab belegte Brötchen und eine sehr lecker aussehende Blaubeertorte.

»Ich reagiere allergisch auf Blaubeeren«, wimmelte ich sie schweren Herzens ab.

Die neue, dünne Kollegin vergab sich derweil nichts und aß mit sichtlichem Genuss sogar zwei Stück Torte, wenn ich es richtig sah.

»Wie macht sie das?«, fragte Frau Wackernagel griesgrämig,

Die neue, dünne Kollegin vergab sich derweil nichts und aß mit sichtlichem Genuss sogar zwei Stück Torte.

während sie an einem kleinen Stück herumknabberte. »Hat sie einen Bandwurm oder was?«

Von Schlonzenberger war derweil nichts zu sehen.

Die nächsten Tage schleppten sich dahin, während sowohl meine Kolleginnen als auch ich mit mächtigen Stimmungsschwankungen zu kämpfen hatten. Tagsüber, wenn die Esslust kam und ich versuchte, mich mit Mineralwasser und Salzstangen bei Laune zu halten, litt ich unter Niedergeschlagenheit. Dafür erlebte ich jeden Abend ein Hochgefühl, wenn ich einen Tag überstanden und nach dem Laufen so viel ausgeschwitzt hatte, dass ich mir leicht wie eine Feder vorkam.

Etwa eine Woche später erwischte ich Frau Wackernagel, wie sie sich heimlich ein Stück Schokolade in den Mund stopfte, obwohl sie dieser offiziell vor uns abgeschworen hatte. Ich tat so, als hätte ich es nicht gesehen.

Frau Kalwass kam ins Büro, erneut humpelnd, nachdem gestern ihr Zumba-Training stattgefunden hatte.

»Kinder, ich bin ein Wrack. Mir tut alles weh. Ich spüre Muskeln an Stellen, von denen ich nicht mal wusste, dass ich dort welche habe.«

»Vielleicht machen Sie was falsch«, vermutete Frau Wackernagel. »Ich kann mir jedenfalls nicht vorstellen, dass das normal sein soll.«

»Ich auch nicht. Dieser Sport ist die reinste Folter. Ich verstehe nicht, wie man sich das freiwillig antun kann. Warum *ich* mir das antue.« Frau Kalwass zog ihre Bluse über dem Bauch straff. »Und dünner fühle ich mich auch noch nicht. Ich glaube, ich höre doch wieder damit auf.« So schnell war die Euphorie also wieder verflogen.

»Mein Reden«, triumphierte Frau Wackernagel. »Sport ist Mord. Und andere dazu zu animieren, Beihilfe zur Straftat.«

Frau Kalwass schleppte sich zu ihrem Schreibtisch. »Recht haben Sie. Ab jetzt kein Sport und keine Diät mehr. Erst recht keinen Salat mehr. Ich bin schließlich keine Ziege. Man muss auch noch Spaß haben am Leben.«

Erleichtert über diese Worte zückte Frau Wackernagel ihre Schokolade und bot ihrer Kollegin ein Stück an. Doch Frau Kalwass lehnte dankend ab. »Später vielleicht.«

Von nun an hatte ich meinen Salat endlich wieder für mich allein. Niemand störte mich mehr, niemand redete mir rein. Denn natürlich hatte nun auch Frau Wackernagel beschlossen, keine Ziege mehr werden zu wollen, und aß mittags wieder belegte Brötchen und Penne all'arrabbiata beim Italiener um die Ecke. Die Stimmung im Büro besserte sich spürbar.

Auch bei mir, denn ich fühlte, wie meine Bemühungen Früchte zu tragen begannen. Nach drei Wochen hatte ich ganze zwei Kilo abgenommen und fühlte mich recht wohl in meiner Haut. Schlonzenberger sah ich in all der Zeit so gut wie gar nicht. Zur Mittagszeit verschwand er regelmäßig nach draußen, angeblich um einen Spaziergang zu machen. Dass er zuweilen recht verschwitzt von derlei Gängen zurückkam, rechnete ich dem Tempo an, mit dem er seine Wege zurücklegte.

Endlich kam der Tag X, an dem Schlonzenberger und ich unsere Gewichtsreduktion miteinander abgleichen wollten. Mit unseren Kolleginnen als Zeuginnen versprachen wir absolute Ehrlichkeit und schrieben unsere Werte auf Zettel, die wir gleichzeitig hochhielten.

Dreieinhalb Kilo bei mir, zwei Kilo bei Schlonzenberger.

Ich kam nicht umhin, eine Siegerfaust zu ballen. Schlonzenberger nahm die Niederlage gelassen, konnte sich aber nicht verkneifen zu sagen: »Sie mögen gewonnen haben, dafür hat meine Lebensqualität nicht gelitten. Ich musste mich zumindest beim Essen nicht zügeln.«

»Wie haben Sie es dann geschafft?«

»Elektroimpulse, mein Lieber. Mikro-Fitnessstudio, wenn Ihnen das etwas sagt.«

Nein, das sagte mir gar nichts.

»Sie bekommen eine feuchte Weste angezogen, durch die Stromschläge geleitet werden. Dabei machen Sie dann ein paar Übungen. Zwanzig Minuten in der Woche reichen.«

»Autsch!«, machte Frau Wackernagel.

»Was es heute nicht alles gibt«, meinte Frau Kalwass. »Oder war das schon im Mittelalter ein Folterinstrument?«

»Dafür konnte ich zumindest normal essen«, entgegnete Schlonzenberger ein wenig beleidigt.

»Und was kostet der Spaß, wenn ich fragen darf?«

»Knapp hundert Euro im Monat.«

»Sehen Sie, mein Training war umsonst.«

Frau Wackernagel stieß sich von ihrem Schreibtisch ab und räusperte sich vernehmlich. »Meine Herren, wenn ich dazu etwas sagen darf. Auch ich habe in den letzten Wochen abgenommen. Ebenfalls ganze zwei Kilo. Ohne mich zu quälen und ohne Geld auszugeben.«

Wir starrten sie ungläubig an.

»Und wie haben Sie das geschafft?«, fragte Frau Kalwass verblüfft.

»Ich weiß es nicht«, gestand Frau Wackernagel freimütig. »Ich habe einfach in den letzten Wochen etwas bewusster auf meine Ernährung geachtet und auf die eine oder andere Süßigkeit verzichtet.«

»Ach«, machte Frau Kalwass.

Herr Schlonzenberger und ich brauchten einen Moment länger, um das Gehörte zu verstehen. Schlonzenberger fing sich als Erster: »Ach, dummes Geschwätz. Von nichts kommt nichts, das weiß doch jeder.« Er schüttelte den Kopf und wandte sich wieder mir zu. »Sei es drum. An welchem Tag wollen Sie ins Steakhouse?«

Ich war mir gar nicht mehr sicher, ob ich überhaupt noch ins Steakhouse wollte. Irgendwie war es auch ein schönes Gefühl, etwas weniger zu wiegen. Sollte ich das einfach so wegwerfen? Einen Monat voller Enthaltsamkeit?

»Gibt es da auch Salat?«

Schlonzenberger wusste es nicht und wir beschlossen beide, es herauszufinden.

»Vielleicht gibt es ja auch Salat mit Fleisch«, meinte er.

»Gibt es«, wusste Frau Wackernagel. »Das nennt man dann Fleischsalat.«

In der darauffolgenden Woche wurde übrigens die neue Kollegin entlassen. Noch vor Ablauf der Probezeit. Sie passe nicht ins Team, lautete die Begründung.

WARUM LÄCHELT MONA LISA?

Ich liebe meinen Job. Wirklich. So viel schon mal vorweg. Mit Kindern zu arbeiten, ihnen ein Lächeln ins Gesicht zu zaubern und ihnen Selbstvertrauen zu schenken, ist das Größte. Das lasse ich mir auch nicht kleinreden. Man kennt das, man trifft in lockerer Gesellschaft auf neue Leute und irgendwann kommt unweigerlich die Frage, was man denn so macht. Ich muss dann oft falsche Vorstellungen geraderücken, denn ich arbeite als pädagogische Übermittags- und Hausaufgabenbetreuung an einer Gesamtschule.

»Ah, wie schön, du spielst also mit Kindern und bekommst Geld dafür?«, lauten dann häufig die Kommentare, begleitet von einem mitleidigen, wahlweise ironischen Lächeln.

Ja, genau. Ich verdiene quasi spielend Berge von Geld. An dieser Stelle rolle ich je nach Stimmung die Augen gen Himmel, grinse wölfisch oder nicke ernst.

Tatsächlich verdiene ich meine Brötchen - sehr kleine, wohlbemerkt, denn mein Arbeitgeber ist der Meinung, dass ich mit einer **Ich verdiene quasi spielend Berge von Geld.** »Aufwandsentschädigung für ehrenamtsähnliche Dienste« mehr als genug entlohnt werde - damit, kleinen Jungs mit südosteuropäischen Wurzeln klarzumachen, dass ich ihnen durchaus etwas zu sagen habe, auch wenn ich »nur Frau« bin. Oder pausbackigen Fünftklässlerinnen ihrer Illusion zu berauben, dass ihre fest angestrebte Karriere als *Germany's Next Topmodel* sie davon befreit, Vokabeln lernen zu müssen. Im Laufe der Jahre habe ich gelernt, aus der Hüfte zu schießen, und komme mit den kleinen Machos ebenso gut klar wie mit den selbst ernannten zukünftigen Laufsteg-Beautys. Mir liegen die Kinder am Herzen, manchmal, wie mir scheint, sogar mehr als den eigenen Eltern. Wenn ich heute die jungen Erwachsenen auf der Straße treffe, die in den ersten Jahren in meiner Betreuung waren, gibt es meistens ein großes Hallo inklusive Umarmungen und lustigen Anekdoten aus unserer gemeinsamen Zeit.

Die Kinder sind nicht das Problem. Auch nicht die Eltern, die sich häufig komplett aus allem heraushalten, was mit dem Thema »Schule« zu tun hat, und meine Betreuungsarbeit mit einer Gratis-Nachhilfe, Erziehungseinrichtung oder einem Parkplatz für ihre Kinder verwechseln.

Die Lehrer sind es auch nicht, die von mir und meinen Kolleginnen erwarten, dass wir den Lernstoff, für den es während der Unterrichtszeit nicht gereicht hat, in der Hausaufgabenbetreuung nacharbeiten. Schwierig wird es allerdings, wenn meine Chefin mir eine neue Kollegin oder einen neuen Kollegen an die Seite stellt. Dazu muss man wissen, dass die unattraktive Arbeitszeit, die bescheidene Vergütung und das immer breiter werdende Aufgabenfeld nicht gerade für eine Schwemme an Bewerberinnen und Bewerbern sorgen, die sich um die freien Stellen reißen. Wir haben eine starke Fluktuation, denn die Wenigsten bleiben länger als ein paar Monate bei der Stange. Es ist halt lukrativer, vor dem Aldi den Müll einzusammeln, als

Kindern einen geregelten Nachmittag und ein bisschen Nest-
wärme zu bieten. Dementsprechend muss meine Chefin nehmen, was kommt. Und was da so kommt, davon möchte ich
erzählen.

Es war ein ganz normaler Freitag, an dem sie bei mir vor-
beischaute. Alles war wie immer. Nachdem die Kinder von der
Mensa zurückgekehrt waren, spielten ein paar Jungs im Innen-
hof Fußball, mehrere Mädchen probten im Gruppenraum die
Choreografie für eine Tanzvorführung, der Rest tobte sich am
Kicker aus oder bastelte an der Deko für die Fensterfront. Wie
gewohnt mit der entsprechenden Lautstärke, die Kinder nun
mal produzieren, wenn sie sechs Stunden Unterricht hinter sich
haben und ein bisschen von der angestauten Energie loswerden möchten, ehe es an die Hausaufgaben geht. Ich höre das
schon gar nicht mehr und freue mich stattdessen, dass die Kids
die selbst ausgedachten Spielregeln respektieren, ihre Kreativität beweisen oder schlicht und einfach freundlich miteinander
umgehen. Normalerweise sind für meine Arbeit zwei Betreu-
ungskräfte vorgesehen, aber wie ich schon sagte, die Bewerber
stehen nicht gerade Schlange und so dachte meine Chefin an
jenem Freitag, mir eine Freude zu machen, als sie mir für Montag
die Unterstützung durch eine neue Mitarbeiterin ankündigte.

»Du, das wird ganz toll!«, versprach sie mir. »Das ist nämlich
die Frau Rohde, die hat am Montag als Lehrerin neu hier an der
Schule angefangen. Sie ist noch ganz jung und soll sehr motiviert sein.«

Prima, denke ich. Eine Lehrerin, noch dazu jung und motiviert, kann ich besonders bei den Hausaufgaben gut gebrauchen. Rund zwanzig Kindern aus vier verschiedenen, mindestens zweizügigen Jahrgängen in einem Raum gleichzeitig bei den Hausaufgaben zu helfen, erfordert ein gewisses Maß an Flexibilität. Schon öfter wurde ich dabei von Referendarinnen unterstützt, die sich auf diese Weise ein paar Euro dazuverdienen wollten. In den meisten Fällen verlief diese Zusammenarbeit sehr fruchtbar und so freute ich mich auch diesmal auf die Hilfe.

Die Freude hielt ziemlich genau eine Woche lang. Bei ihrem ersten Auftritt in der Arena trug die junge Frau ein Rüschenkleidchen mit Blümchendruck, das sie vermutlich in derselben Klamottenabteilung erstanden hatte, aus der auch die jüngeren meiner weiblichen Schützlinge eingekleidet werden. Dazu ein Make-up, das ihrem kulleräugigen Gesicht etwas Puppenhaftes verlieh. Okay, dachte ich, sie hat noch ein paar Anpassungsprobleme. Gib ihr Zeit, sich zu akklimatisieren. Und das tat die liebe Frau Rohde dann auch. Im Laufe der Woche mutierte sie zu einer jüngeren Ausgabe von Dolores Umbridge, jenem pink gewandeten Lehrerinnenalbtraum aus *Harry Potter*, die ihre kleinmädchenhafte äußere Erscheinung durch ihr Verhalten ad absurdum führte. Sie schaffte es, allein in der ersten Woche ein gutes Dutzend Schülerinnen und Schüler zum Nachsitzen zu verdonnern, nicht wenige deshalb, weil sie über ihr Outfit gekichert hatten. Eigentlich hätte mir das ja wurscht sein können, denn was in Vegas passiert, bleibt in Vegas – sprich, was während der Unterrichtszeit vorfällt, ist Sache der Lehrkräfte und somit nicht meine Baustelle. Dementsprechend staunte ich nicht schlecht, als ich am Freitagmittag gut gelaunt den Hausaufgabenraum betrat, um sämtliche Plätze von einer Horde missmutiger Kids besetzt vorzufinden.

»Die sitzen heute alle nach!«, verkündete Dolores alias Frau Rohde mit honigsüßem Grinsen und verteilte Arbeitsblätter an die Gruppe.

»Ähm, okay. Und wo sitzen die Übermittagskinder, die gleich Hausaufgaben machen wollen?«, gab ich irritiert zu bedenken.

»Die quetschen Sie irgendwo dazwischen«, beschloss Dolores und wandte sich zum Gehen.

»*Sie*? Sie meinen ... mich?« Hatte ich die Pointe verpasst?

»Ja, genau! Ich muss nämlich dringend was für die Betreuung kopieren und danach ein paar Sachen für morgen vorbereiten«, verkündete Frau Rohde. Sprach's und rauschte davon.

Kaum war sie zur Tür raus, brandete ein Proteststurm auf, denn die Nachsitzer waren keineswegs gewillt, sich auch nur ansatzweise um die Arbeitsblätter zu kümmern, geschweige denn, brav auf ihren Plätzen zu bleiben. Ich hatte alle Hände voll zu tun, die Kids dazu zu bewegen, zumindest mal einen Blick auf die Blätter zu werfen, und als kurz darauf meine Hausaufgabenkinder dazustießen, bekam ich auch noch ein räumliches Problem. Glücklicherweise war am anderen Ende des Flurs noch ein Klassenzimmer frei, wohin ich schließlich die Hausaufgabengruppe verlagerte und dann zwischen den Räumen hin- und herpendelte, um beide gleichzeitig zu betreuen. Kurz vor

Feierabend war ich dann entsprechend genervt und schweiß-gebadet, als Dolores quietschvergnügt und verdächtig nach Kaffee und Zigaretten riechend wieder auftauchte. Kopien hatte sie übrigens keine dabei.

»Frau Rohde, wir müssen reden!«, lautete dann auch meine Begrüßung, worauf sie gleich abwinkte und auf ihr Handgelenk tippte.

»Sorry, ich muss gleich nach der Betreuung los. Dringende Termine, Sie verstehen.«

Die Details des Dialogs, der sich daraufhin entspann, erspare ich mir. Er war weder pädagogisch wertvoll, noch ließ er Interpretationsspielraum darüber, wie ich mir unsere Zusammenarbeit vorstelle. Dolores war darüber not amused, offenbar war ihre Rechnung nicht aufgegangen, sich auf meine Kosten Arbeit vom Hals zu schaffen, und so zog sie es vor, ihre Karriere als pädagogische Übermittags- und Hausaufgabenbetreuung zu beenden, ehe sie richtig angefangen hatte.

Dolores' Nachfolger hieß Benno. Als ich ihn kurz darauf zum ersten Mal sah, musste ich spontan an Winnie Puuh denken. Nur leider war mein Winnie nicht halb so lustig wie sein bäriges Pendant. Die Arme baumelnd, den Bauch vorgestreckt und den Blick schüchtern gesenkt, stand er mit seinen Einssechzig eines Tages vor mir.

»Ich bin der Neue«, hauchte er errötend, während die Kids ihn skeptisch beäugten, als wollte ich ihnen ein Fischbrötchen vom Vortag andrehen.

Interessanterweise kam Winnie nach ein paar Start-schwierigkeiten erstaunlich gut bei den Kindern an. Wir hatten uns darauf geeinigt, dass ich nach der Mittagspause die Hausaufgabenbetreuung übernahm und er im Gruppen-raum die Kinder in Empfang nahm, die entweder schon fer-tig waren oder keine Aufgaben aufhatten. Ich wähnte mich am Ziel meiner Träume, denn plötzlich konnten sie gar nicht schnell genug ihre Aufgaben erledigen, um gleich danach zu ihm zu dürfen.

Was war das Geheimnis seines Erfolges? Hatte er den Gral der Betreuung gefunden? Eine Woche später befragte ich die Kinder, was denn so super an Winnie war.

Was war das Geheimnis seines Erfolges?

»Der erzählt ganz tolle Geschich-ten«, flötete Celine und verdrehte schwärmerisch die Augen.

»Ach ja?« Als Märchenonkel konnte ich mir Winnie zwar gut vorstellen. Meine wilde Bande in der Rolle der verzückt lauschenden Zuhörerschaft von Abenteuern aus Tausendund-einer Nacht, Grimms Märchen oder dergleichen schon weni-ger. Innerlich ging ich in Habachtstellung. »Was erzählt euch der Herr Otten denn so?«

»Oh, ganz, ganz spannende Sachen«, schaltete sich Mar-leen ein. »Das ist wie bei *Grey's Anatomy*. Nur viel cooler.«

»Du darfst *Grey's Anatomy* gucken?«, fragte ich verdutzt.

»Nee, aber ich guck das trotzdem heimlich. Ich habe ja einen eigenen Fernseher in meinem Zimmer. Da wird immer geknutscht und so.« Kussmündchen schmatzend demonstrierte Marleen mir, wie genau das mit dem Knutschen in *Grey's Anatomy* funktionierte.

»Und was hat das mit Herrn Otten zu tun?« Ich kam da nicht mehr mit.

»Da werden auch immer Leute gerettet. Mit so elektrischen Dingern. Alles weg vom Tisch, auf drei ... eins, zwei, drei und zack!« Die Pantomime, mit der Marleen den Einsatz des Defibrillators vormachte, wirkte auf mich sehr fachmännisch. Vielleicht sollte sie eine Karriere als Rettungsärztin in Betracht ziehen.

»Und bei Herrn Otten war das genauso«, brachte Celine die Sache auf den Punkt.

Im weiteren Gespräch wurden mir zwei Dinge sehr klar. Erstens, ich musste dringend mit Marleens Eltern darüber reden, wie sinnvoll ein unbegrenzter Zugriff auf einen eigenen Fernseher im Zimmer einer Elfjährigen ist. Zweitens, ich musste meiner Chefin meine Bedenken mitteilen, dass ein Mitarbeiter, der seine Nahtoderfahrungen nach einem Verkehrsunfall inklusive Wiederbelebungsmaßnahmen, Anamnese und detailgenauer Beschreibung des Verletzungsbilds vor einer Gruppe Kinder zum Besten gibt, aus pädagogischer Sicht vielleicht nicht unbedingt für unsere Arbeit geeignet ist. Dem stimmte sie tags drauf vollumfänglich zu und regte an, dass Winnie in einer Selbsthilfegruppe für traumatisierte Unfallopfer besser aufgehoben wäre. Er soll mittlerweile in Therapie sein und es heißt, dass es ihm schon wesentlich besser geht.

Schon stand ich wieder allein da und es dauerte eine Weile, bis meine Chefin mit der nächsten Kandidatin in der Tür stand.

»Das ist Simone«, stellte sie mir die freundliche Mittfünfzigerin vor, die mir zur Begrüßung ein strahlendes Lächeln schenkte.

Dieses Lächeln legte sie in den folgenden Wochen nicht mehr ab, was ihr meinen heimlichen Kosenamen Mona Lisa einbrachte. Mona Lisa lächelte immer. Im Stehen, aber vorzugsweise im Sitzen. Mit sanft im Schoß gefalteten Händen. Da konnte kommen, was wollte. Wälzten sich zwei Jungs prügelnd am Boden, bombardierte sich eine Gruppe Mädchen mit Schimpfnamen, von denen *Bitch* noch der harmloseste war, oder erzählten sich ein paar Kinder ihre Fantasien über geköpfte Einhörner – Mona Lisa saß daneben und lächelte. Sie lächelte auch dann noch, als ich sie bat, sich bitte mal zu erheben und mit den Kindern im Hof Federball zu spielen.

»Ich kann leider nicht so gut stehen, ich habe was am Fuß«, ließ sie mich wissen und lächelte.

Alles klar, dachte ich. Man kann sich ja mal eine Blase gelaufen oder aufs falsche Schuhwerk gesetzt haben. Lässt du sie mal sitzen, bis sich das Problem erledigt hat. Als sie aber nach zwei Wochen immer noch saß, fragte ich nach, was genau der Ursprung ihrer Beschwerden war.

»Ich bin ganz übel umgeknickt«, erklärte sie und für eine Sekunde wich ihr Lächeln einem wehmütigen Blick.

»Oh, das tut mir leid«, antwortete ich und meinte das ernst. Ich mache viel Sport und bin öfter mal umgeschlagen, daher weiß ich, wie schmerzhaft das auch noch nach Wochen sein kann. »Wann war das denn?«

»Das war im Winter 2012«, klärte Mona Lisa mich auf. »Ich bin auf Glatteis ausgerutscht und umgeknickt.«

In meinem Kopf begann es zu arbeiten. Hatte ich hier wieder ein traumatisiertes Unfallopfer mit gruseliger Krankenhausgeschichte vor mir? »Wie lange haben Sie denn damit im Krankenhaus gelegen?«, fragte ich vorsichtig. Man will ja keine alten Wunden aufreißen.

Mona Lisa sah mich mit großen Augen an. »Wieso Krankenhaus?«

»Sie hatten doch sicher etwas gebrochen oder gerissen, wenn Sie noch immer Beschwerden haben«, hakte ich mit aufkeimender Ahnung nach.

»Nein, das nicht. Gott sei Dank«, winkte Mona Lisa ab und lächelte erleichtert. »Aber es hat so wehgetan, da will ich nicht riskieren, dass mir das noch mal passiert.«

Ich bin ja nicht schnell sprachlos, aber an dieser Stelle konnte ich Mona Lisa nur mit offenem Mund anstarren. Sie hat sich auch in den folgenden Wochen nicht mehr als nötig aus ihrer sitzenden Position erhoben. Vermutlich hielt sie deshalb länger als alle ihrer Vorgänger durch, denn egal, ob neben ihr die Welt unterging, Kinder mit blutenden Schürfwunden vom Schulhof hereinkamen oder ich irgendwelchen Ausreißern nachspüren musste, sie saß stets völlig unbeteiligt da, die Hände im Schoß gefaltet, und lächelte.

Vermutlich würde sie das auch heute noch tun, hätte es da nicht diese Feueralarmübung gegeben. Wie vorab mit den Kindern geprobt, stellten wir uns alle beim Ertönen des Alarmsignals auf, zählten durch und begaben uns in geordnetem Chaos über den Rettungsweg auf den Schulhof, wo ich die Gruppe um mich versammelte und durchzählte.

»Alle da!«, krähte Philipp fröhlich, als die Schulleitung kurz darauf die Anwesenheit der Kinder protokollierte. »Nur Frau Jansen ist verbrannt!«

Verdutzt schaute die Direktorin auf, da bemerkte auch ich, dass wir etwas Wesentliches vergessen hatten. Gefolgt von einer Schar kichernder Kinder gingen die Schulleiterin und ich zurück in den Gruppenraum, wo wir meine Kollegin unversehrt vorfanden. Sitzend, die Hände im Schoß gefaltet und selig lächelnd. Sie hatte weder den Feueralarm noch unsere Abwesenheit mitbekommen und so endete ihre Karriere bei uns als imaginäres Flammenopfer mit Fußproblemen.

Es ist nicht so, dass meine Chefin mir ausschließlich solche Kuriositäten an die Seite stellte. Ein paar der Kolleginnen hatten durchaus ein Händchen für die Kinder, aber sie blieben selten lange, denn wie bereits erwähnt sind die Arbeitszeiten und die Bezahlung nicht gerade verlockend. Ich hatte die Hoffnung auf eine geeignete Kollegin schon fast aufgegeben, als eines Tages Bärbel in der Tür stand. Resolut und mit einer guten Portion Mutterwitz fand sie schnell den richtigen Zugang zu den Kindern. So kann sie bereits beim Betreten des Schulhofs am Geschrei

der Kinder heraushören, wie die letzte Mathearbeit ausgefallen oder wer neuerdings in wen verknallt ist. In Sekunden-
bruchteilen unterscheidet sie den Schmerzensschrei bei einem
Wespenstich vom Wehklagen über die neue Frisur von Justin
Bieber – wobei beides fürs ungeübte Ohr nahezu identisch
klingt. Und das Beste: Sie ist mir bis heute erhalten geblieben.
Manchmal erzähle ich ihr von ihren seltsamen Vorgängerinnen
und Vorgängern, dann grinst sie und meint, dass die vielleicht
einfach nicht verrückt genug für diese Arbeit waren, denn wer
sonst lässt sich auf diesen täglichen Wahnsinn ein und fühlt sich
dabei auch noch wie zu Hause? Wo sie recht hat …

ALLES ROGER IN KAMBODSCHA

Irgendetwas schien heute Morgen anders zu sein, als ich das Bürogebäude der Werbeagentur betrat. Es war wärmer als normal und ein merkwürdiger Geruch hing in der Luft. Wahrscheinlich hatte die Klimaanlage ihren Geist aufgegeben – großartig, mitten im August. Ich seufzte innerlich.

Wenn in der Eingangshalle schon diese Temperatur herrschte, wie warm wäre es wohl dann erst in meinem Büro im vierten Stock? Ab Nachmittag brannte dort die Sonne gnadenlos durch die gläsernen Panoramafenster und selbst die automatisch gesteuerten Sonnenblenden konnten nur kurzfristig Linderung verschaffen, da der eingebaute Sensor offenbar ein Eigenleben führte und die Jalousien willkürlich und nach nicht nachvollziehbaren Kriterien hinunter- und hinauffahren ließ. Mein tägliches Sportprogramm bestand im Sommer darin, alle halbe Stunde hektisch von meinem Stuhl aufzuspringen und den Schalter zu betätigen, um den eigensinnigen Mechanismus dazu zu bringen, mich nicht in völliger Dunkelheit sitzen zu lassen oder wahlweise mit gleißender Helle zu blenden, sodass ich meist minutenlang meinen Bildschirm nicht mehr erkannte, weil grelle Funken vor meinen Augen tanzten.

Allerdings blieb mir dann auch für einige kostbare Augenblicke der Anblick von Frau Müllerschöns Schatzkästchen erspart, zu dem sie ihren Arbeitsplatz gemacht hatte.

Seit drei Jahren war ich nun in der Grafikabteilung und teilte seitdem das Büro mit ihr und der Kollegin Kummer und in dieser Zeit hatte die Müllerschön es geschafft, ihren Schreibtisch in einen Plüschtierzoo zu verwandeln. Eine flauschige Giraffe thronte neben einem debil dreinblickenden Hund aus blauem (!) Frottee, dazwischen fristete eine gelbe Maus ihr Dasein und getoppt wurde das Ensemble durch einen schwarz-weißen Teddybären, dessen Fell derart synthetisch war, dass man beim bloßen Ansehen schon einen Stromschlag bekam. Dazwischen nickten solarbetriebene Sonnenblumen, winkte eine chinesische Glückskatze und seit zwei Wochen sprudelte auch noch ein Mini-Zimmerbrunnen vor sich hin. Ein Wunder, dass in diesem Miniatur-Garten Eden Müllerschöns Computer überhaupt noch Platz hatte! Ich wunderte mich immer wieder, dass es eine derart geschmacksbefreite Frau überhaupt zur Grafikerin gebracht hatte.

Dagegen war der Schreibtisch von Felicitas Kummer ein Zen-Garten. Nichts als säuberlich gestapelte Unterlagen und eine Tastatur standen darauf. Ach ja, und das Telefon natürlich. Das benützte die Kummer - nomen est omen -, um sich all derjenigen Kollegen anzunehmen, bei denen es momentan im Leben nicht so rund lief. Egal ob Scheidung oder Gehaltskürzung, die Kummer kannte jedes Detail und hielt ein schier unerschöpfliches Repertoire an tröstenden Floskeln bereit, die sie aus ihrer

Dagegen war der Schreibtisch von Felicitas Kummer ein Zen-Garten.

Teebeutel-Box zog und ablas. Ja, Frau Kummer war unser lebendes Orakel. Jedes der Yogi-Grüntee-Beutelchen war nämlich am Ende des Fadens, mit dessen Hilfe man das Kräuterzeug in die Kanne hängt, mit einem schlauen Satz versehen. »Wer immer nur zurückblickt, kommt nicht vorwärts« und derlei Weisheiten mehr. Ich hatte mir bereits überlegt, umzuschulen und professionelle Teebeutel-Texterin zu werden. Wahrscheinlich bekam man viel Geld für schwache Sprüche, die jedem, würde er nur ein wenig nachdenken, von allein einfielen.

Ich war gespannt, was heute auf dem rosaroten Schildchen vom »Sencha Grüntee« stand – vielleicht »Wenn Dir heiß ist, trink Eistee«?

Wenigstens wäre diesmal das Jammern bei Frau Kummer, der Mutti Teresa aller Kollegen, berechtigt gewesen, denn die stickige Wärme hier drinnen war wirklich unerträglich. Hoffentlich funktionierte wenigstens der Aufzug!

Zu meiner Erleichterung hörte ich das vertraute Summen, nachdem ich den Knopf gedrückt hatte. Die Türen öffneten sich mit dem üblichen gequälten Geräusch, das an das Seufzen eines verschnupften Elefanten erinnerte. Ich stieg ein und drückte die Vier.

Zu meiner Verwunderung fuhr der Aufzug jedoch nach unten statt nach oben. Bisher hatte ich gar nicht gewusst, dass das Gebäude, in der sich unsere Werbeagentur befand, eine Tiefgarage besaß. Was damit zusammenhängen konnte, dass ich immer mit dem Rad oder im Winter per Bus zur Arbeit fuhr. Die Rushhour, der Stau ... da bekam ich sofort miese Laune.

Außerdem hatte ich während einer schlechten Phase in meinem Leben, in der die gut bezahlten Jobs für Grafiker rar waren, als Taxi- und Schulbusfahrerin gearbeitet. Das reichte fürs Leben. Von meinem Führerschein (Klassen B und D) Gebrauch zu machen, hob ich mir daher seit mehreren Jahren fürs Wochenende auf – höchstens.

»Unsere Sonntagsfahrerin«, wurde ich daher von Oppelt, unserem Chef-Texter, immer verspottet. Aber der ließ sowieso an niemandem ein gutes Haar außer an sich selbst. Seit er bei uns angefangen hatte, kämpfte er mit der Ungerechtigkeit, dass nicht er der Boss war, sondern Wolfmann. Dafür ließ Oppelt die Kollegen büßen, indem er ihnen jeden Tag zu jeder Gelegenheit unter die Nase rieb, dass eigentlich nur *er* es drauf hatte und daher eigentlich den Posten des Chief Creative Officer verdient hätte. Oppelt war der Typ, der auf die Frage »Sind Sie religiös?« mit Überzeugung antworten würde: »Natürlich, ich bin schließlich Gott!«

Nicht, dass unser tatsächlicher Chef besser gewesen wäre. Wenn ich nur daran dachte, dass Wolfmann gleich wieder in unser Büro platzen und sagen würde ...

Ich wurde abrupt aus meinen Gedanken gerissen, als sich die Aufzugtür öffnete. Offenbar war ich im Keller angekommen. Dort sah alles genauso aus wie im vierten Stock: Derselbe graue Nadelfilzteppich im Flur und auch die Türen waren in exakt dem deprimierenden Blauton gestrichen. Nur die Hitze hatte noch einmal ein paar Grad zugelegt und der Geruch war ebenfalls stärker geworden. Geradezu ekelhaft.

Als hätte man hier unten ein paar Eier gekocht, die nicht mehr ganz frisch waren.

Frechheit, dass jeder Kollege seine persönlichen Essensvorlieben im Büro bereits beim Frühstück hemmungslos ausleben konnte, dachte ich. Aber bei unserer miesen Kantine kein Wunder. Die Spaghetti Bolognese neulich hatten ausgesehen wie von der Firma Chappi geliefert. Eigentlich verständlich, dass sich neunzig Prozent der Kollegen inzwischen ihr Essen selbst mitbrachten. Auch wenn die geräucherten Tofu-Würfel der Kramer oder die liebevoll in Tupperdosen verpackten Bratwürstchen vom Sonneberger nicht unbedingt besser rochen als das, was die ungelernten Kantinenköche fabrizierten. Aber dieser Gestank hier schlug wirklich alles. Nichts wie weg, dachte ich und wollte wieder in den Aufzug steigen, um endlich in mein Büro zu fahren. Doch die Aufzugtüren blieben geschlossen, so sehr ich auch auf den Knopf hämmerte. Wütend sah ich mich nach einer Tür um, die ins Treppenhaus führte. Da fiel mein Blick auf die blau gestrichene Tür gegenüber des Aufzugs, neben der ein Plexiglasschildchen mit der Aufschrift »Solution Manager« prangte. Aha, dachte ich triumphierend, da konnte ich gleich meine Beschwerde über den Gestank und den kaputten Aufzug loswerden.

Auf mein Klopfen öffnete eine attraktive Mittdreißigerin im engen Bleistiftrock und Rollkragentop die Bürotür. Ihre glatten Haare, die sie zu einem Bob mit Pony frisiert trug, waren ebenso rabenschwarz wie ihre Augen – und die Klamotten. Den einzigen Farbfleck bildete ihr dunkelrot geschminkter

Mund, der sich bei meinem Anblick zu einem wissenden Lächeln verzog.

»Äh, sind Sie die Assistentin des Solution Managers?«, rutschte es mir heraus. Erst dann fiel mir auf, dass ich der Dame vorher wenigstens einen guten Morgen hätte wünschen können.

»Ich bin Ihre neue Chefin. Lucy Fair, sehr erfreut, Frau Kotte. Oder soll ich lieber sagen Frau ... *Trottel*?«

Mir drückte es nicht nur wegen des Schwefelgestanks die Luft aus der Lunge. Was bildete diese Frau sich ein, mich Trottel zu nennen? Und was hieß hier überhaupt »neue Chefin«? Wieso war ich plötzlich auf eine Stelle im Keller degradiert worden? Wo war Wolfmann? Und wussten die anderen Kollegen länger Bescheid als ich?

»So viele Fragen auf einmal«, lächelte Lucy Fair und ich zuckte zusammen, denn ich hatte keine einzige laut ausgesprochen. Doch sie redete schon weiter. »Nun tun Sie mal nicht so empört. Sie bezeichnen sich doch selbst mit diesem Begriff. Genauer gesagt als ›Strategie-Trottel‹. Wahlweise auch ›Kalkül-Idiotin‹. Ist es nicht so?« Ihr Lächeln war unverändert, doch mir wurde trotz der Hitze eiskalt. Woher kannte die Fremde meine geheimsten Gedanken? Und das Schlimmste: Sie hatte recht. Schon vor geraumer Zeit hatte ich mir angewöhnt, bei Aufgaben, die mich langweilten, oder Büroarbeiten, die mir zuwider waren, so viele und derart schwerwiegende Fehler zu machen, bis Wolfmann der Geduldsfaden riss und er diese Pflichten an Kollegen delegierte. War es, dass ich wichtige Aufträge durcheinanderbrachte oder beim Verschicken von Grafikdateien so viele

Tippfehler machte, dass die Hälfte der Mails mit dem Vermerk »Konnte nicht zugestellt werden« zurückkam.

Lucy Fair hatte mein Mienenspiel beobachtet und nickte nun zufrieden. »Sehen Sie. Dummerweise haben Sie diese Strategie auch beim diesjährigen Betriebsausflug angewendet. Es war aber keine besonders gute Idee, so zu tun, als könnten Sie den Kleinbus nicht fahren ...«

Und auf einmal war die Erinnerung an den gestrigen Tag wieder da. Meine natürliche Abneigung gegen jegliche Rudelbildung hatte sich bereits am Treffpunkt, dem Firmenparkplatz, gemeldet. In Kleingruppen standen die lieben Kollegen zusammen, manche rauchten, manche hatten Pappbecher mit Coffee to go in der Hand, alle sahen gelangweilt und wenig reiselustig aus. Dabei sollte es nur etwa zwölf Kilometer weit weg in ein kleines Dorf gehen. Ein gemütlicher Spaziergang inklusive Besichtigung einer Burgruine aus dem sechzehnten Jahrhundert, danach Einkehr in eine urige Wirtschaft, geselliges Beisammensein. So war der Plan gewesen. Der schon mal vom Busfahrer durchkreuzt wurde, weil dieser einfach nicht auftauchte. Der gemietete Kleinbus – »Transit Personentransporter« genannt, zwanzig Sitzplätze, Automatikgetriebe – stand auf dem Parkplatz, doch vom Fahrer fehlte jede Spur. Und das Telefon des Kleinunternehmens Rent a Driver war ständig besetzt.

Ich wusste nicht mehr, wer mich verpetzt hatte, aber sowohl die Müllerschön als auch die Kummer hatten von meiner Vergangenheit gewusst und keine Hemmungen gehabt, diese nun vor den anderen Kollegen auszubreiten. »Frau Kotte, du kannst doch Bus fahren. Wieso kutschierst du uns nicht?«

Mann, wie ich das Duzen in Verbindung mit dem Nachnamen hasste. Aber mir blieb schließlich nichts anderes übrig, denn selbst Wolfmann fing an, mich hinters Steuer zu nötigen. »Also, Frau Kotte, wenn Sie *an und Pfirsich* fahren können, würde ich mal sagen: *Ab in die Rinne* und *Schankedön* schon mal!«

Unser Chef liebte das Phrasenverdrehen, ich hasste ihn dafür. Aber weil ich nicht gut darin war, einen spontanen Kreislaufkollaps zu simulieren, setzte ich mich auf den Fahrersitz und wartete ergeben, bis die ganze Meute eingestiegen war und ihre Plätze eingenommen hatte. Wolfmann selbstredend neben mir.

»Jawollo, Mannschaft! Hier kommt der Li-La-Laune-Bus!«, rief Wolfmann aufmunternd nach hinten, während ich den Zündschlüssel drehte und grimmig dachte: ... sagt der Blöde-Sprüche-Beifahrer.

Nur deswegen beschloss ich, beim Fahren die gleiche Methode anzuwenden, die ich mit den verhassten Büroarbeiten perfektioniert hatte: so zu tun, als wäre ich völlig unfähig. Also gab ich vor der nächsten Kurve erst Gas, um dann abrupt gegenzulenken, was den Bus ins Schleudern brachte und Chef samt Kollegen einige unerfreuliche Erinnerungen an ihr heutiges Frühstück bescheren sollte. Nur hatte ich vergessen, dass ich ein Automatikgetriebe fuhr. Das war ich einfach nicht gewohnt. Verwirrt durch die fehlende Kupplung tastete mein linker Fuß über den Boden, fand das Pedal und drückte mit aller Kraft. Leider war es die Bremse und mit einem lauten Quietschen blockierten die Reifen des Busses. Das Heck scherte aus und vor Schreck trat ich mit dem rechten Fuß aufs Gas.

Das Letzte, an was ich mich erinnerte, war die graue Leitplanke, die wir durchbrachen, und dass die Straße verschwand und sich nichts als blauer Himmel vor der Heckscheibe ausbreitete.

Ich schluckte. »Soll das etwa heißen, ich habe den Bus über einen Abgrund gefahren?«

Lucy Fair gab keine Antwort, aber jetzt hörte ich in meiner Erinnerung das Geräusch von berstendem Glas und zerquetschendem Blech. Und in dieser Sekunde ging mir auf, dass ich offenbar mich und alle Agenturkollegen umgebracht hatte. Aber das konnte ja nur bedeuten ...

Mit aufgerissenen Augen starrte ich meine neue Chefin an. Die nickte und lächelte. »Du hast es erfasst, Frau Kotte. Willkommen in der Hölle!«

Und in dieser Sekunde ging mir auf, dass ich offenbar mich und alle Agenturkollegen umgebracht hatte.

Lucy Fair winkte mich mit sich: »Ich zeige dir deinen neuen Arbeitsplatz.«

Schwungvoll öffnete sie eine der Türen. Ein riesiges Büro erstreckte sich vor meinen Augen, mit etwa einem Dutzend Schreibtischen. Großraumbüro! »O Gott«, stöhnte ich.

Ein ohrenbetäubender Donner krachte über meinem Kopf und knapp neben mir schlug ein Blitz ein. Erschrocken machte ich einen Satz. »Es gibt Worte, die stehen bei uns auf der schwarzen Liste«, informierte mich Lucy Fair.

»Verzeihung. Aber ... kann ich denn nicht mit meinen früheren Kolleginnen zusammensitzen? Ich meine, wenn wir schon mal alle hier sind ...«, wagte ich einen zaghaften Vorstoß. Lieber der Plüschtierzoo von Müllerschön und die hauchende Psychologenstimme von der Kummer als ein Großraumbüro!

Lucy Fair schaute mich mitleidslos an und schüttelte den Kopf. »Müllerschön und Kummer sind ein paar Sphären weiter oben. *Outsourcing,* sozusagen.«

Es dauert ein paar Sekunden, bis ich begriff: »Die beiden sind ... im Himmel?«

Lucy nickte knapp. »Wir waren beim *Kick-off-Meeting* knapp unterlegen. Müllerschön hat zwar immer die Zeitung aus dem Briefkasten ihrer Nachbarn geklaut, aber ihre großzügigen Spenden fürs örtliche Tierheim fielen unter *Charity,* weshalb die Konkurrenz oben den Zuschlag bekommen hat.« Lucy kniff kurz die Lippen zusammen, ehe sie fortfuhr. »Und die zweite Kollegin hat für ihre selbstlose *Performance* als wortwörtlicher Kummerkasten sogar vom Chef-Erzengel höchstpersönlich einen Glorienschein verliehen bekommen.«

Mir fiel auf, dass meine neue Chefin denselben Business-Jargon draufhatte wie Wolfmann. Zum Glück aber ohne seine dämliche Phrasendrescherei. Nicht auszudenken, wenn ...

»Guten *Morgähn*, Frau Kollegin. Na, *alles roger in Kambodscha?*«, ertönte die Stimme, die ich eigentlich gehofft hatte im Leben nie wieder hören zu müssen. Nun suchte sie mich sogar im Tod heim. Wolfmann betrat federnden Schrittes das Büro und ließ sich ganz selbstverständlich am vordersten Schreibtisch nieder. »Ach, Lucy, ich brauche noch mein *Schlepptop*. Wir wollen ja produktiv sein, nicht wahr?«

»Ganz genau, Chef, ganz genau. *Schlepptop* ist übrigens gut, haha!«

Beim Klang der Stimme fuhr ich herum und tatsächlich war in der Zwischenzeit Graupner durch die Tür gewieselt, der größte Schleimer der ganzen Agentur. Er ließ sich direkt hinter Wolfmann nieder und legte sein Smartphone in exakt rechtem Winkel zur Schreibtischkante, ehe er zwei Montblanc-Kulis parallel daneben ausrichtete.

»Meeting wie immer um neun, Chef?«, fragte er eifrig. »Wir haben übrigens die Marktforschungsergebnisse. Fast dreißig Prozent haben sich für Ihren vorgeschlagenen Werbeslogan ausgesprochen!«

»Um genau zu sein, neunundzwanzig Komma acht Prozent, Herr Kollege.« Mersbach, unser Controller, war eingetroffen. »Da fehlen Nullkommazwo auf die volle Dreißig, wir wollen doch die Kirche im Dorf lassen!«

Wieder grollte der Donner und ein ferner Blitz zuckte auf. »Oh, falsches Wort. Sorry«, buckelte Mersbach.

Offenbar war er bereits mit den Regeln hier vertraut. Ich ließ mich auf einen Platz ganz hinten fallen, während Mersbach hastig in seiner schwarzen Aktentasche kramte und einen Stapel Tabellen zutage förderte.

»Hier. Neunundzwanzig Komma einundachtzig Prozent der Befragten bei der Marktforschungsanalyse haben für den Slogan vom Chef gestimmt. Siebzehn Komma fünfundvierzig Prozent ablehnende Stimmen, der Rest hat sich enthalten. Na, Herr Kollege, wie viel Prozent sind das dann, hm?«

Graupner lachte nervös. »Das können Sie viel besser als ich, Herr Mersbach, viel besser. Ich geh erst mal Kaffee holen. Chef, für Sie auch einen?«

Beim Rausgehen stieß er beinahe mit Frau *Dingens* zusammen. Ihren richtigen Namen kannte im Büro inzwischen, glaube ich, keiner mehr. In der rechten Hand ihre überdimensionale Handtasche, in der linken einen Plastikbecher mit einer rabenschwarzen Flüssigkeit, betrat sie das Großraumbüro. »Passen Sie doch auf, Herr Graupner! Fast hätte ich wegen Ihnen meinen *Dingens* verschüttet. Ach, Kinners, das war ja gestern ein Tag, was! Habt ihr von dem Busunfall gelesen? Das stand auf der Titelseite der *Dingens* ... Mist, jetzt hab ich vergessen, den Artikel mitzubringen. Na ja, das gibt's sicher auch online.«

»Ja, ja, unsere Kollegin! Redet wie immer ohne Punkt und *Koma*«, kommentierte Wolfmann, während sich Frau *Dingens* neben meinem Schreibtisch auf den Bürostuhl warf.

»Der ist ja total unbequem«, beschwerte sie sich. »Wo ist denn der *Dingens* zum Verstellen?«

»Liebe Frau Kollegin, was meinen Sie denn – den Hebel zur Rückenlehnenhöhenverstellung, den Knopf zum Arretieren der Synchronmechanik oder die Tiefenverstellung?«, fragte Mersbach streng. Er war früher schon ein Pedant gewesen, aber da saß ich noch nicht mit ihm im selben Büro. Ich ließ meine Stirn auf die Schreibtischplatte fallen und erkannte, dass Jean-Paul Sartre recht gehabt hatte: Die Hölle, das sind tatsächlich immer die anderen.

Lucy Fair klopfte mir auf die Schulter und grinste diabolisch. »Na dann, schönen Arbeitstag für dich, Frau Kottel«

Drei Stunden später hing mein Nervenkostüm in Fetzen. Zwar unterschied sich die Hölle meiner Arbeit auf Erden nicht sonderlich von dieser hier, nur lernte ich Plüschtier-Fetischistin Müllerschön und Psychotante Kummer im Nachhinein noch schätzen und lieben: Mersbach hatte mich innerhalb kurzer Zeit siebenmal verbessert, Frau *Dingens* ihr Lieblingswort zwei Dutzend Mal verwendet und als dann noch Wolfmann beschied, dass man meine Grafik *zum Bleistift* noch mit etwas mehr Rot aufpeppen könnte, war ich reif für die Mittagspause. Obwohl es immer noch überdurchschnittlich warm war – meine Frage an Lucy Fair per Mail nach einer Klimaanlage wurde von ihr mit einem Emoticon, das Tränen lacht, beantwortet –, meldete sich mein Magen. Eine typische Frustreaktion. An den Gestank hatte ich mich offenbar gewöhnt, denn als ich den Flur hinunterging, vollführte meine Nase keine gequälten Zuckungen mehr wie heute Morgen noch.

Das änderte sich jedoch schlagartig, als ich die Kantine betrat. Es roch nach altem Fett und verbranntem Fleisch. Ein Koch, dessen Schürze vor Flecken und Dreck starrte, stand vor einem Herd, aus dessen Öffnung Flammen schlugen.

»Na, junge Frau, was hätten Se denn jern? Höllisch scharfes Chili oder verteufelt gewürzte Tomatensoße mit ein paar extraweich gekochten Spaghetti?«, fragte er und ich sah, dass irgendetwas seine Kochmütze zu zwei Dritteln versengt hatte. Auch der Berliner Akzent war nicht zu überhören.

»Wieso sind Sie denn hier gelandet?«, wollte ich wissen.

»Och, nüscht Besonderet. Ick hab den Fernsehkoch von RTL, der mein' Imbiss uffhübschen sollte, eins mit der gusseisernen Pfanne überjebraten. Der Typ ist frech jeworden und hat mir vor der Kamera blamiert. Da ha' ick rot jesehen. Dat der gleich abnippeln würde, konnt' ick ja nich ahnen!«

Ich beschloss, nur einen Salat zu nehmen.

»Ham wa nich!«

»Ähm, vielleicht ein paar gekochte Kartoffeln? Mit einem Hauch Rosmarin?«

»Sach mal, Mutti! Willste mir verarschen oder wat?« Er knallte mir eine verkokelte, schwarze, undefinierbare Masse auf meinen Teller. »So. Friss oder stirb, wie wir hier sagen.«

»Ha ha, der war gut. Als ob wir nicht schon tot wären!« Graupner war lautlos hinter mir aufgetaucht und zog eine unsichtbare Schleimspur hinter sich her.

»Ich weiß gar nicht, was du hast, Frau Kotte. Das sieht doch *ausgebrochen* schmackhaft aus«, kalauerte Wolfmann, der wie herbeigebeamt ebenfalls plötzlich in der Schlange vor der Essenausgabe stand, hinter ihm die Kollegin, die zwitscherte: »Wenn man das noch mit ein bisschen *Dingens* würzt, ist doch alles supi!«

Wortlos knallte ich dem Teufelsbraten an der Essensausgabe meinen Teller hin und verließ die Küche. Jetzt kochte *ich*.

Ohne anzuklopfen, stürmte ich in Lucy Fairs Büro. »Es reicht. Ich habe einen Fehler - einen kleinen Fehler - gemacht und lande gleich in der Hölle. Das ist - nomen non est omen - ausgesprochen unfair! Dass ich Gas und Bremse verwechselt habe, war keine Absicht. Ich will den Incentive Manager sprechen!«

»Ham wa nich«, imitierte Lucy schadenfroh den Koch.

»Dann meinetwegen den Betriebsrat.«

Zum ersten Mal wirkte meine Chefin etwas verunsichert. »Äh, Betriebsrat? Haben wir auch nicht.«

»Aha. Dann beantrage ich ab sofort die Gründung eines Betriebsrats zur Wahrnehmung der Mitbestimmungsrechte nach dem Betriebsverfassungsgesetz!«

»Wie, was? Das geht doch nicht einfach so«, widersprach Lucy.

»O doch«, erwiderte ich grimmig und hatte das Gefühl, dass mir gerade zwei kleine Hörner aus der Stirn wuchsen. »Bei mindestens fünf wahlberechtigten Beschäftigten ist es möglich, einen Betriebsrat zu gründen. Gemessen an der Boshaftigkeit der Menschheit schätze ich, hier malochen ein paar Millionen Leute. Ich werde mich sofort darum kümmern, dass sich einige zur Wahl aufstellen lassen. Mersbach und Wolfmann werden sich darum reißen!«

»Die beiden? Bloß nicht«, ächzte Lucy Fair. Sah ich da etwa einen Anflug von Furcht in ihren kohlschwarzen Augen?

»Dann schlage ich vor, Sie kündigen mir. Und zwar fristlos.«

»Das geht nicht! Ich kann nicht einfach Leute entlassen. Wo soll ich dich denn hinschicken, Frau Kotte?«

»Zurück auf die Erde«, schlug ich vor. »Dafür verspreche ich, freiwillig meinen Busführerschein abzugeben.«

Lucy Fair knirschte mit den Zähnen. »Ich muss Rücksprache mit dem CHO halten.«

»CHO?«, echote ich ratlos.

»Chief Hell Officer«, bellte Lucy und drückte eine Taste auf ihrem knallroten Telefon. Irgendwo in den Tiefen des Flurs begann es zu klingeln. Ein schriller, durchdringender Ton, der lauter und lauter wurde und mir bis ins Mark drang. Ich hielt mir die Ohren zu ...

... und schreckte hoch. Mein Wecker rappelte sich seine mechanische Seele aus dem Leib. Die Zeiger standen **Ein schriller, durchdringender Ton, der lauter und lauter wurde und mir bis ins Mark drang.**

auf sieben Uhr morgens. Hastig sprang ich aus dem Bett und schnüffelte: Es roch nach frischer Sommerluft, die durch das halb geöffnete Fenster drang. Kein Schwefelgestank. Vorsichtig pirschte ich durchs Wohnzimmer in den Flur und schielte durch die offene Küchentür. Keine Lucy Fair. Auch im Bad war die Luft rein. Vor Erleichterung machte fast mein Kreislauf schlapp und ich stützte mich am Waschbeckenrand ab. »Nur ein Traum – Gott sei Dank«, murmelte ich. Kein Donnergrollen begleitete meine frommen Worte – also weilte ich tatsächlich noch auf der Erde.

Ich beschloss, mich nie wieder hinter das Lenkrad eines Busses zu setzen, dafür meine beiden Kolleginnen Müllerschön und Kummer stets zu schätzen und zu ehren, bis dass die Rente uns schied, und ich wollte auch nie wieder über das Kantinenessen meckern. Und am Jahresende fürs Tierheim und die Kindernothilfe spenden. Immerhin wusste ich jetzt, dass dies die Eintrittskarte ins Paradies bedeuten konnte, solange ich meinen Nachbarn nicht die Tageszeitung aus dem Briefkasten klaute.

Bewaffnet mit einer Tüte voll duftender Zimtschnecken frisch vom Bäcker betrat ich die Eingangshalle des Bürogebäudes. Eine lautlose Klimaanlage kühlte die Luft auf angenehme 19 Grad. Vor dem Aufzug zögerte ich kurz. Sollte ich es wirklich riskieren …? Dann aber rief ich mich energisch zur Ordnung. »Es war nur ein Traum«, wiederholte ich mein Mantra und drückte den Knopf mit der Vier.

Die Türen schlossen sich, der Aufzug ruckelte einmal kurz und dann surrte die Kabine – nach oben! Ich atmete auf. Eine nie gekannte Euphorie machte sich in mir breit: Ich liebte meinen Job – und das Leben!

Beschwingt betrat ich den Flur und selbst der Teppich erschien mir nicht mehr ganz so grau wie in meiner Erinnerung. Das Blau der Türen erinnerte an eine frische Meeresbrise und ich freute mich auf meinen Arbeitstag.

»Guten Morgen«, rief ich Graupner zu, der den Kopf aus seinem Büro steckte. »Ist das nicht ein herrliches Wetter heute?«

»Absolut, Frau Kotte, absolut. Und Sie sehen heute ganz besonders chic aus!«

Statt ihn in Gedanken einen Schleimer zu nennen, lächelte ich strahlend. »Vielen Dank. Sie sind immer so nett!«

Errötend verschwand Graupner in seinem Büro und verpasste daher Frau *Dingens,* die aus der Damentoilette stöckelte. »Was für eine Hitze da draußen! Hätte ich das gewusst, hätte ich heute Morgen meinen *Dingens* zur Arbeit mitgenommen«, stöhnte sie, als sie meiner ansichtig wurde.

»Ach was, Sie sehen auch so toll aus«, antwortete ich und drehte mich um, wobei ich aus dem Augenwinkel noch ihr überraschtes Lächeln wahrnahm.

Geht doch, dachte ich und sah mich in Gedanken eine weitere Sprosse der karmischen Himmelsleiter erklimmen.

In diesem Moment bog Wolfmann um die Ecke. »Na, Leute? Alles *roger in Kambodscha?* In zehn Minuten ist Meeting – und anschließend besprechen wir die Details zu unserem *Betriebsausfluch.* Ach, und Frau Kotte: Vergessen Sie nicht, Ihr *Schlepptop* in den *Konfi* mitzunehmen, ja?«

Ich nickte wortlos und verschwand in meinem Büro. Frau Kummer tröstete am Telefon einen der Azubis, der offenbar

Ärger mit seiner Mutter hatte, und auf dem anderen Arbeitsplatz erwartete der Plüschtierzoo Frau Müllerschöns Ankunft.

Ich ging zu meinem Schreibtisch und begann, die Schubladen zu durchwühlen. Irgendwo da drin musste doch mein
Führerschein Klasse D mit der Fahrerlaubnis für Busse liegen ...

DER FEIND MEINES FEINDES IST …

»Sag mal, Jana, was muss eigentlich in das Feld oben links im Auftragserfassungsformular?«, fragte ich ganz vorsichtig. Weil ich aus meiner noch sehr kurzen Erfahrung bei der Leuchtfeuer AG wusste, dass die meisten meiner Kolleginnen nicht gestört werden wollten. Am besten nie. Erst recht nicht von mir, der Neuen in der Disposition. Dabei war ich schon zwei Monate hier. Aber wahrscheinlich blieb ich bis zu meiner Verrentung *die Neue*.

Die rothaarige Jana warf mir einen genervten Blick zu, brummte etwas, das so wie *Chargennummer* klang, und wendete sich wieder ihrem Bildschirm zu. Während ich besagte Nummer eintippte, wünschte ich mich zurück in meinen letzten Sommerurlaub. Oder zumindest auf meine Couch. Auf jeden Fall weit weg von hier, dem Paradies für berufliche Langeweile und Rudelgezicke.

Stöckel, Stöckel, Stöckel. Das untrügliche Warnzeichen für sich nähernde Gefahr. Da kam sie schon wieder: Henriette, die Möchtegern-Chefsekretärin. *Chefkrätzetärin* hätte es wohl besser getroffen. Dabei war sie laut Organigramm eine Disponentin wie jede von uns. Aber gut, ich brauchte mich da nicht zu beschweren, schließlich war ich für Henriette weniger als Luft. Weil sie damit beschäftigt war, um die Aufmerksamkeit unseres Abteilungsleiters Herr Walthers zu kämpfen. Wenn er es nicht schaffte, sich vor ihr zu verstecken.

Unser Slogan »Helle Leuchten für jedermann« galt offensichtlich nicht für Henriette. Die war nämlich alles andere als eine helle Leuchte. Mit Schrecken wurde mir klar, dass sie direkt auf mich zusteuerte. Und statt ihr übliches »Habt ihr das schon gehört?« zu flöten, blickte mir die *Chefkrätzetärin* direkt in die Augen. Dann hob sie demonstrativ ihr Klemmbrett. Ein wirklich nützliches Büroutensil aus dem letzten Jahrtausend. Für Henriette war es mehr als das, für sie stellte es eine Art Zepter dar.

»Frau Hermann, als Neue hier in der Abteilung obliegen Ihnen natürlich auch entsprechende Aufgaben.« Sie machte eine bedeutungsschwangere Atempause. »Bisher hat das ja unsere Jana gemacht«, ein schneller Blick zu der kaugummikauenden Rothaarigen neben mir, die spontan ihre Augen in Richtung Decke verdrehte. Dann stierte sie wieder mich an. »Aber jetzt sind Sie dran. Es steht ja nun wieder unser jährliches Ski-Wochenende an.« Henriette vollführte eine gekonnte Bewegung mit ihrem Stift, während sie weiterdozierte. War diese Ansprache etwa einer ihrer Punkte auf der To-do-Liste? »Und da ist es unerlässlich, dass sich jemand um die Abendgestaltung kümmert.«

Ein erzwungenes humoristisches Abendprogramm. Mist. Allein die Vorstellung genügte, um mir den Tag zu vermiesen. Als wäre bei der Leuchtfeuer AG die Niveaulatte nicht ohnehin schon irgendwo auf Kniehöhe. Na spitze.

Ein erzwungenes humoristisches Abendprogramm. Mist.

Ein vorsichtiger Rundumblick im Büro und ich bekam eine ungefähre Vorstellung davon, wie das ausgehen würde. Weil meine Büronachbarinnen schon jetzt anfingen, in ein kollektives Tuscheln und Lästern zu verfallen. Und die rote Jana verschränkte die Arme vor der Brust und warf mir finstere Blicke zu. So, als hätte ich ihr soeben die Haartönung weggenommen.

Jetzt half nur noch eine Krankmeldung. Oder eine Stellenanzeige.

Ich bekam weder eine rettende Krankheit noch einen neuen Job. Die Abfahrt des Skibusses kam leider viel zu schnell. Wie so oft, wenn es um ebenso lästige wie peinliche Büroaufgaben ging, griff bei mir mein ganz eigenes psychologisches Schema. Zuerst die Phase der *Verkündung* durch Henriette, was dem verbalen ungebremsten Zusammenstoß mit einer Mauer entsprach. Danach kam das *Nicht-wahrhaben-Wollen,* dicht gefolgt vom *Verdrängen.* Gewissermaßen als Pause während des natürlichen Ablaufs kam irgendwann die *erste Übersicht,* die sich allerdings in einer knappen Stichwortliste erschöpfte. In einer Art Lückentext. Natürlich reichhaltig verziert mit Schimpfwörtern und Flüchen am Papierrand. Der Hermann'schen Logik nach war dann erst einmal Zeit für eine Pause, schließlich hatte man ja einen Teil der Arbeit schon erledigt. Diese *Ruhephase* dauerte bis zum letzten Abschnitt. Der *absoluten Panik.* Weil man viel zu spät bemerkte, dass die *Übersicht* eben doch nicht so toll war, wie einem die eigene Vorstellung vorgegaukelt hatte. Oder war es einfach nur Verzweiflung?

Kurz, ich saß also im Bus neben der rothaarigen Jana und meine Überlegungen hinsichtlich der Abendgestaltung bestanden aus drei Punkten – Montagsmaler, Limbo, Fernsehen. Was so viel war wie nichts. Aber wofür hatte ich die lange Fahrt in die Berge?

Jana sprach kein Wort. Nur hin und wieder warf sie einen sehnsüchtigen Blick in Richtung der anderen Disponentinnen. Na, das konnte ja heiter werden. Zumindest störte sie mich nicht bei meinen Überlegungen.

Mehr als nur ein bisschen genervt sah ich dabei zu, wie die Oberstöcklerin Henriette den Walthers vollkäste. Aber die rettenden Ideen blieben aus. Mit Flaschendrehen und der Reise nach Jerusalem brauchte ich da gar nicht erst anzufangen. Das Busgeschaukel machte mich irgendwie schläfrig. Am Ende so sehr, dass ich beschloss, wenigstens für fünf Minuten meine Augen zu schließen. Danach ging bestimmt alles besser.

Drei Stunden später waren wir da und ich wurde langsam wach. Zuerst dachte ich noch: Wurde ja auch Zeit. Bis ich den ziemlich leeren Notizzettel auf dem Boden sah. O Gott! Ich hatte die ganze Fahrt verpennt! Mit einem flauen Gefühl im Bauch schleppte ich meine Tasche ins Haus. Dass dort die Zimmereinteilung schon längst im Gange war, machte es nicht besser. Denn ich wurde das dumme Gefühl nicht los, dass die Organisation der Zimmernachbarn einer finsteren Verschwörungslogik folgte, die mich ausgerechnet an Jana schweißte. Die? Das ging ja gar nicht. Deshalb trabte ich erst mal in Richtung

Henriettes Zimmer, um mich gründlich zu beschweren. Bis ich die lautstarke Unterhaltung auf dem Flur hörte. Quasi unfreiwillig Zeugin eines Streits zu sein, könnte interessant werden - ich blieb stehen. Streng genommen könnte man auch behaupten, ich hätte gelauscht.

Dass Henriette und Jana sich dort ein Verbalgefecht allererster Güte lieferten, fand ich bemerkenswert. Noch aufschlussreicher war der Inhalt ihres Disputs: »Warum muss ich zu der ins Zimmer?« Oha, Jana war also ebenso begeistert vom Gedanken, den Raum mit mir zu teilen, wie ich.

Henriettes näselnde Antwort klang ziemlich endgültig. »Ihr seid die Jüngsten. Und wirklich kontaktfreudig ist ja keine von euch.«

»Wie bitte?« Jana holte tief Luft. »Erst nimmst du mir die Organisation der Abendunterhaltung, obwohl du mich schon seit letztem Jahr darauf angesetzt hast. Und als wäre das nicht genug, kriege ich meine Konkurrentin nun auch noch ins Bettchen gelegt?«

Henriette ließ ihr fiesestes Schwiegermutterlachen erklingen. So gemein, dass sicherlich auch Herr Walthers nun schreiend getürmt wäre. »Jana, Jana, Jana. Ich hatte dir das höchstens in Aussicht gestellt. Aber die Verteilung der Konferenzen liegt immer noch bei mir.«

»Kompetenzen«, verbesserte Jana die um einiges ältere Disponentin.

»Egal«, schnappte Henriette. »Es wird so gemacht, wie ich sage.«

»Aber muss dann das mit der Skigruppe sein? Müssen die Anfänger immer mit den Fortgeschrittenen gemeinsam fahren? Du weißt doch, dass ich seit Jahren ...«

Auch das ließ die Henrietteninkarnation von Fräulein Rottenmeier nicht gelten. »Genau wie letztes Jahr. Alle bleiben zusammen.«

Mit einer eigenartigen Mischung aus Wut und Verwunderung schlich ich mich zurück auf mein Zimmer. Das ich mit Jana teilen sollte. Irgendwo in meinem Innern reifte ein tiefes Verständnis für das Intrigennetz der Leuchtfeuer AG. Und der Urkeim eines finsteren Racheplans.

Beim anschließenden Treff im Skiverleih war es nicht viel besser. Ich stand noch immer ziemlich abseits und kam mir ein bisschen vor wie ein Zuschauer. Während Henriette in ihrer Rolle als Pseudo-Rudelführerin brillierte. Eine Stellung, die allein auf ein paar Jährchen mehr und ihre ach so guten Beziehungen zu Herrn Walthers basierte. Aber gut. Ich hatte Zeit. Diese Wichtigtuerin würde schon noch bekommen, was sie verdiente.

Wenig später standen wir oben am Berg. Und während Henriette im perfekten pinkfarbenen Skioutfit Herrn Walthers bearbeitete, näherte ich mich vorsichtig der am Rande schmollenden Jana. Doch nicht zu nahe dem Bereich ihrer Skistöcke. Man konnte ja nie wissen.

Dann ging es los. Herr Walthers kehrte den Skilehrer raus und präsentierte einen wunderbaren Skipflug. Ein Ausnahmesportler, der sich versehentlich mit Valium gedopt hatte. Zum Gähnen. Henriette ging in die Hocke und schob sich gefühlte

Millimeter vorwärts. Jana neben mir wirkte so, als würde sie sich gleich vor Gram jedes einzelne ihrer gefärbten Haare ausreißen. Um nicht aufzufallen, tat ich so, als beherrschte ich das Skifahren nicht schon von Kindesbeinen an. Brav pflügte ich hinter der Leuchtfeuersportgruppe her, bis wir nach einer gefühlten Ewigkeit die Mittelstation erreichten. Wie zu erwarten, war allen Teilnehmern die Langeweile ins Gesicht geschrieben.

Während Henriette sich bereits in die Liftschlange einreihte, drängte ich mich geschickt nach vorn. »Äh, Herr Walthers?«, rief ich ihm zu. »Hätten Sie mal eine Minute? Meine Bindung geht immer auf.«

Er stakste auf mich zu. Ganz ritterlich, wie es Herren Mitte fünfzig bei jüngeren Damen üblicherweise sind. Dann hörte er sich meine Bindungsgeschichte genau an. Aus den Augenwinkeln beobachtete ich, wie Henriette in den Sessellift stieg. Während der Chef sich niederkniete, um meine Schuhe zu begutachten, registrierte ich Janas fragenden Blick. Ich zwinkerte ihr zu, als ich sagte: »Ach, Herr Walthers, wie wäre es eigentlich mit einer kleinen Pause? Da Jana und ich ja gewissermaßen für die Unterhaltung zuständig sind, würden wir ein bisschen Hüttenzauber vorschlagen. Das wäre doch jetzt genau das Richtige. Nicht wahr?«

Ach, Herr Walthers, wie wäre es eigentlich mit einer kleinen Pause?

Vielleicht war es eine Art Spontanempathie unter geknechteten Frauen. Jedenfalls stimmte Jana sofort mit ein und nachdem wir die Frage des Chefs »Sind denn alle da?« ganz eifrig bejahten, wurde es Zeit für den Einkehrschwung. Während Henriettes pinkfarbene Silhouette zwischen den Bäumen verschwand. Irgendwie befreit hakte sich Jana bei mir ein und wir stürmten in die Hütte, wo wir die erste Runde *Willi* für die Leuchtfeuer-Skifahrer klarmachten.

Als Herr Walthers etwa zwei Stunden später mit Skischuhen auf dem Barhocker tanzend einen auf Karaoke machte, kam dann auch Henriette zur Tür hereingestolpert. Aber da konnte selbst sie die gute Stimmung nicht mehr drücken.

Jana bekam neben mir einen richtigen Lachflash. Und irgendwie hatte ich das komische Gefühl, dass mir meine Arbeit in Zukunft deutlich mehr Spaß machen würde.

VERHANDLUNGSSICHER

»Er hat ... was?« Ich blickte Héla ungläubig an, die meine Frau, unsere drei Kinder und mich am Flughafen in Hurghada am Roten Meer abholte. Héla ist die russische Frau meines ägyptischen Freundes Hisham, der seinen Lebensunterhalt mit Immobilien verdient. Zwei Ferienwochen mit ihm und seiner kleinen Familie standen eigentlich auf dem Plan. Die Hälfte meiner Familie kommt aus dem Land am Nil und ich kenne Hisham schon sehr lange. Er hatte eine »Superferienvilla« organisiert, in der wir alle mondän den Sommer verbringen wollten. Pool, Top-Ausstattung, Meerblick. Hisham versprach Traumferien. Nur ein klitzekleiner Auftrag lag noch zwischen ihm und unseren Ferien, hatte er mir vor einigen Wochen am Telefon erzählt. Er musste unser Ferienhaus erst noch an einen reichen Saudi verkaufen. Zur Belohnung würde der Verkäufer uns das verkaufte Haus dann als Ferienunterkunft zur Verfügung stellen. Der Saudi suchte ein hübsches Objekt für seine achtjährige Tochter. Offenbar fing man in gewissen Kreisen früh mit dem Immobilienkauf an. Doch nun war Hisham krank. Kein gutes Timing, immerhin waren wir ja bereits am Urlaubsort eingetroffen.

»Eine Grippe«, meinte Héla schulterzuckend. Die arabische Gelassenheit, die sie sich inzwischen angeeignet hatte, war immer wieder bemerkenswert. Ich dagegen fürchtete um meine Traumferien und fühlte mich völlig gestresst. Während wir das

Gepäck ins Auto luden, fragte ich mich, wie man um Himmels willen in Ägypten eine Grippe bekommen konnte. Als wir uns dann in den Wagen gequetscht hatten und Héla die Klimaanlage in Betrieb nahm, ahnte ich, was Hisham umgehauen hatte. Der Thermostat des protzigen Autos musste defekt sein. Oder das Temperaturgefühl der Besitzer. Es wurde auf jeden Fall so eisig, dass man das Auto auch gut und gern als Kältegrotte in einer Saunalandschaft hätte einsetzen können.

Hisham sah wirklich schlecht aus, als ich ihn in seinem Bett sah. Männer sind sicher ein wenig wehleidig. Und arabische Männer, die vor Kraft und Energie nur so strotzen, empfinden eine Grippe offenbar ganz besonders intensiv als Zeichen der eigenen Vergänglichkeit. Zumindest klang Hisham, als würde er aus dem Grab mit mir reden. »Der Auftrag«, murmelte er im Halbdelirium. »So eine Gelegenheit kommt nie wieder.« Außerdem würden wir ohne Verkauf nicht in dem Ferienhaus wohnen können. Er schlief ermattet ein und ich ließ ihn sich erst einmal ausruhen.

»Warum bringst *du* das Geschäft nicht über die Bühne?«, fragte meine Frau, die es sich auf der Terrasse unserer Gastgeber bequem gemacht hatte.

Ich starrte sie verständnislos an. »Ich?«

»Du bist doch immer so genau. Und hast unseren Hauskauf so hübsch organisiert. Und außerdem: Ist ja keiner da, der es sonst machen könnte.«

Unser Hauskauf. Ich erinnerte mich mit Grauen. Durchwachte Nächte voll Grübeleien, das Lesen von

Verträgen, die ich nicht verstand, und der ganze bürokratische Wahnsinn. Ich war heilfroh, dass ich das alles hinter mir hatte. Und was meinte sie damit, wenn sie sagte: »Ist ja keiner da, der es sonst machen könnte«? War ich etwa nur zweite Wahl? Abgesehen davon, dass ich mich nun geradezu angestachelt fühlte, es meiner Gattin zu zeigen, wusste ich auch, dass wir nur dann die »Supervilla« beziehen konnten, wenn sie zuvor verkauft worden war.

»Klar könnte ich das«, meinte ich aus reinem Selbsterhaltungstrieb. »Und weißt du was? Ich mache es. Ich lasse mir von Hisham alles erklären und verkaufe die Bude.«

Am nächsten Morgen begleitete mich meine achtjährige Tochter Antonia in Hishams Büro. Zum einen meinte sie, ich könnte Hilfe gebrauchen. Zum anderen hatte sie keine Lust, mit ihren Brüdern Lars und Karim stundenlang Fußball zu spielen. Auf dem Weg durch Hurghada arbeitete ich an meinem Plan. Ich wollte deutsche Gründlichkeit mit dem arabischen Talent zur Improvisation kombinieren. Hisham beschäftigte zwei Mitarbeiter. Ahmed und dessen Frau Samira. Die beiden würden bestens informiert und vorbereitet sein, hatte mir mein Freund noch gestern Abend versichert, nachdem ich ihm meine Hilfe in Aussicht gestellt hatte. Der Verkauf sei ein Klacks, hatte mir der gerührte Hisham vom Krankenbett aus zugehustet. Er werde in zwei Tagen wieder voll einsatzfähig sein. Kein Problem. Früher hatten wir ohnehin nicht in die »Superferienvilla« fahren wollen.

Der ägyptische Hang zu Jobs, deren Notwendigkeit auf den ersten Blick nicht ersichtlich ist, offenbarte sich mir bereits im Eingangsbereich des Bürogebäudes. Der Aufzug, der, wie ich besorgt feststellte, über keine Türen verfügte, wurde von einem jungen Mann bedient, der mit höflicher Bestimmtheit fragte, wohin wir wollten.

»Zweiter Stock«, erwiderte ich verblüfft. Ich war es gewohnt, selbst den Knopf zu drücken. Aufzugswärter kannte ich nur aus Filmen. Nach einer klaustrophobischen Fahrt, die nackten Wände des Aufzugschachtes vor Augen, betraten wir das Büro, das sich als umfunktionierte Zweiraumwohnung entpuppte. Der vordere Raum beherbergte einige große Sofas im schönsten Biedermeier-Kitsch-Stil und einen Tisch mit einem einsamen Stuhl. Büroatmosphäre verströmte allein der Kopierer, den man in der offen stehenden Toilette untergebracht hatte. Ich nahm mir vor, nicht nach dem Grund dafür zu fragen. Von Ahmed und Samira war nichts zu sehen. Ich nahm daher an dem großen Schreibtisch auf einem riesigen Chefsessel Platz, den ich im hinteren der beiden Räume fand. Antonia setzte sich daneben an einen kleinen Tisch auf einen einfachen Holzstuhl und begann zu malen. Ich öffnete die Schubladen auf der Suche nach den Unterlagen zu dem Verkaufsobjekt und fand – gähnende Leere. Hatte Hisham denn keine Papiere? Keine Exposés oder so etwas?

Zwei geschlagene Stunden später, in denen ich erfolglos in dem Büro nach irgendwelchen Dokumenten gesucht hatte, erschienen Ahmed und Samira. Hisham hätte sie gerade erst über alles informiert, erklärten sie, nachdem wir uns miteinander bekannt gemacht hatten. Außerdem hätten sie in einem brutalen Stau gestanden. Aber nun könne es losgehen.

Das Telefon am großen Schreibtisch klingelte. Ahmed ging hinüber und nahm den Hörer ab. Ich folgte ihm. Mein Mitarbeiter auf Zeit setzte sich an den kleinen Tisch, an dem Antonia gemalt hatte. In leisem Arabisch führte er offenbar eine Art Verhandlung. Ich konnte ihr ganz gut folgen, denn mein Arabisch ist passabel, und ich hoffte, dass es für eine Verkaufsverhandlung ausreichen würde. Außerdem konnte ich ziemlich gut Englisch.

Das seien die Saudis gewesen, meinte Ahmed. Sie seien auf dem Weg.

Verdammt, dachte ich. Ruhig bleiben. »Wo sind die Unterlagen?«, fragte ich.

»Im Keller«, erwiderte Ahmed.

»Im Keller? Warum denn da?«, fragte ich verwirrt.

»Hier wird gestohlen«, raunte er mir zu. Aus dem anderen Raum hörte ich Kichern. Samira und Antonia hatten offenbar damit begonnen, mit der Barbiepuppe meiner Tochter zu spielen. Ich verdrehte die Augen. Das war das wirklich am schlechtesten organisierte Büro, in dem ich je gewesen war.

»Dann also auf in den Keller«, sagte ich. Doch Ahmed bewegte sich nicht. »Was ist los?«, fragte ich.

»Ich muss am Telefon bleiben«, erwiderte der junge Mann.

»Warum?«, fragte ich entgeistert.

»Weil das mein Job ist«, gab er etwas gekränkt zurück. »Ich überwache das Telefon. Und ich nehme die Gespräche entgegen.«

»Und deine Frau? Kann sie nicht ...«

»Es ist meine Aufgabe«, erklärte Ahmed in einem Tonfall, als hätte ich ihn gebeten, ein rosa Kleid anzuziehen. »Sie kümmert sich um die Kopien.«

Aha, dachte ich. Da hatte Ahmed sich den hübscheren Arbeitsplatz gesichert. Ich fragte mich, ob denn jemand das Telefon abnahm, wenn Ahmed mal nicht da war. Vermutlich nicht, gab ich mir selbst die Antwort und kehrte zurück zum Aufzugswärter, dessen Job mir im Vergleich plötzlich viel weniger verrückt erschien. Ich ließ mich von ihm in den Keller fahren und suchte eine Ewigkeit die Papiere. Zuletzt fand ich sie hinter alten Farbdosen. Mit den Unterlagen wieder in der oberirdischen Welt angelangt, stellte ich erleichtert fest, dass die Saudis noch nicht da waren. Ich setzte mich also an

Ich ließ mich von ihm in den Keller fahren und suchte eine Ewigkeit die Papiere.

den Schreibtisch und versuchte hektisch, mir eine Verkaufstaktik zu überlegen. Der angestrebte Preis lag bei sieben Millionen ägyptischen Pfund. Das sind etwa eine Million Euro. Kein Schnäppchen. Den Bildern nach war die Supervilla allerdings nicht einmal die Hälfte wert. Ich überlegte, Ahmed in die Vorbereitung miteinzubeziehen. Doch er war sehr damit beschäftigt, auf den nächsten Telefonanruf zu warten. Also wandte ich mich an Samira.

»Weshalb es sieben Millionen Pfund wert sein soll?«, wiederholte sie meine Frage, während sie Barbies Haare mit einem

Spielzeugkamm bearbeitete. »Keine Ahnung. Es ist nicht einmal die Hälfte wert.«

Danke, wirklich eine große Hilfe, dachte ich.

Ich arbeitete mich also weiter in die Unterlagen ein, während sich Samira und Antonia ins Barbie-Spielen vertieften und Ahmed das Telefon anstarrte, als könnte er ihm allein durch die Kraft seines Willens ein Klingeln entlocken. Drei Stunden später bimmelte es tatsächlich. Ahmed nahm in Lichtgeschwindigkeit ab, brummte etwas und legte wieder auf.

Die Saudis würden gleich kommen, erklärte er.

»Was?«, fragte ich. »Die waren doch vorhin schon auf dem Weg. Da haben sie sich aber ordentlich verspätet. Haben sie sich nicht entschuldigt?«

Ahmed sah mich verständnislos an. »Verspätet? Wieso? Niemand kommt zur verabredeten Zeit.«

Ach ja, die arabische Pünktlichkeit. Ich erinnerte mich an frühere Urlaube in Ägypten. Es galt als unhöflich, vor drei zu kommen, wenn man um zwei verabredet war.

Eine halbe Stunde später waren sie dann tatsächlich da. Gekleidet in traditionelle weiße Gewänder und mit dem obligatorischen Kopftuch, das man als Kufiya bezeichnet, sahen meine Geschäftspartner schon beinahe klischeemäßig aus. Der Vater der Tochter, für die das Häuschen gekauft werden sollte, hatte seinen kleinen Sonnenschein direkt mitgebracht. Außerdem wurde er von zwei Typen begleitet, von denen der eine sein Bruder und der andere sein Anwalt war. Alle drei trugen die gleiche Sonnenbrille und sahen völlig identisch aus.

Samira und Ahmed begrüßten die drei sehr höflich, mich dagegen sahen sie einigermaßen irritiert an, soweit ich das ihren bebrillten Gesichtern entnehmen konnte. Samira schickte den Aufzugsjungen los, Tee und Süßigkeiten zu holen. Dann setzten wir uns ins Wohnzimmer, also Samiras Arbeitsraum, auf die Sofas und plauderten. Genauer gesagt dozierte der zum Kauf gekommene Vater über die allgemeine politische Lage und darüber, weshalb Ägypten ohne Saudi-Arabien am Ende sei. Das war nicht die Art von Büromeeting, die ich kannte. Zwischenzeitlich kam der Tee und es wurde Baklava gegessen, eine in Honigsirup getränkte Süßigkeit aus Nüssen und Blätterteig, die mindestens ebenso süchtig macht wie Kaffee. Meine Tochter hatte sich mit ihren Malsachen in den Nebenraum zurückgezogen. Die Tochter des potenziellen Käufers warf einige interessierte Blicke hinüber und verabschiedete sich dann wortlos zu Antonia. Als der Vater schließlich zur florierenden Immobilienwirtschaft seines Landes kam, griff ich ins Gespräch ein und meinte, dass es hier in der Gegend ja auch tolle Objekte gäbe. Besonders dieses hübsche Haus für die kleine Tochter.

Drei Sonnenbrillen wandten sich mir zu. »Wie viel soll es denn kosten?«, fragte mich der Bruder. Oder vielleicht war es auch der Anwalt, das ließ sich schwer sagen.

»Sieben Millionen Pfund«, meinte ich, während Ahmed und Samira zusammenzuckten. Meine Gesprächspartner lachten wie einstudiert und mein Telefonist raunte mir ins Ohr, dass etwas ordentlich schiefgelaufen war. Wie ich erfuhr, hatte ich den Kardinalfehler in arabischen Verhandlungen begangen.

Niemand nannte den echten Preis. Immer das Doppelte. Mindestens. Die Saudis gingen also davon aus, dass ich für die Bude dreieinhalb Millionen Pfund wollte. Ihr gemeinsames Lachen würde den Versuch markieren, den Preis nun unter die Fünfzig-Prozent-Marke zu drücken. Verdammt.

Es folgten weitere Exkurse in die arabische Politik und zuletzt den Sport, ehe der Anwalt (oder der Bruder, Sie wissen schon) meinte, man sei bereit, die sehr schöne, aber doch sehr renovierungsbedürftige Immobilie für eine Million Pfund zu kaufen.

Nun war ich es, der zusammenzuckte. Eine Million? Hisham würde mich umbringen.

Drei Sonnenbrillen und die Augenpaare von Ahmed und Samira blickten mich erwartungsvoll an. Ich fühlte mich in der tiefsten Bürohölle. Wie sollte ich nur wieder aus ihr rauskommen? Ich überlegte, ob ich schon mal in so einer Situation gewesen war. Und erinnerte mich an den Kauf eines Autos vor etlichen Jahren. Ich hatte meiner damaligen Freundin versprochen, sie beim Erwerb eines alten VW Golf zu unterstützen. Der Verkäufer stammte aus Osteuropa und war ein ziemliches Schlitzohr gewesen. Er hatte ihr den alten Wagen stundenlag schmackhaft gemacht und dann einen Preis genannt, für den sie auch einen neuen Wagen hätte kaufen können. Auf mein Gegenangebot hatte er damit reagiert, dass er schimpfend in das Objekt ihrer Begierde, also den VW Golf, einstieg und losfahren wollte. Meine damalige Freundin warf mir einen Blick zu, der einem Befehl gleichkam, und ich stürzte mich auf die

Kühlerhaube, um den durchtriebenen Verkäufer aufzuhalten. Wir zahlten seinen Preis. Und noch mehr, als wir vier Wochen später zum TÜV fuhren. Denn der Verkäufer hatte offenbar vergessen, uns auf einige Mängel am Wagen hinzuweisen. Ich überlegte, ihn in Polen zu besuchen und das Geld zurückzuverlangen. Doch ich gab den Plan auf, da ich fürchtete, mit der alten Schrottlaube dort gar nicht erst anzukommen.

»Sieben Millionen oder kein Haus«, rief ich also aus und setzte damit alles auf eine Karte.

Die drei Saudis waren schneller aufgestanden, als ich *Golf* sagen konnte, und Ahmed und Samira sahen mich an, als wäre ich wahnsinnig geworden.

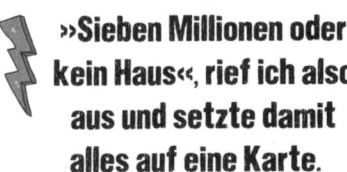

»Sieben Millionen oder kein Haus«, rief ich also aus und setzte damit alles auf eine Karte.

Ich erhob mich ebenfalls und stellte mich in die Tür, die Arme wie eine Vogelscheuche ausgebreitet, und ärgerte mich über mich selbst. Ich konnte ja wirklich gar nicht handeln.

Es wurde laut und die Tochter wurde herbeigerufen, die so schön mit Antonia gemalt hatte. Ihr Vater eröffnete ihr, dass sie nun gehen würden. Ohne Haus. Das hier seien Halsabschneider.

Die orientalische Prinzessin aber rührte sich keinen Schritt. »Nein«, sagte sie. Sie wolle das Haus. Genau das. Und sonst keines. Sie habe es ihrer neuen Freundin bereits abgekauft. Die beiden mussten der Verhandlung gelauscht haben. Meine Tochter spricht auch ganz gut Arabisch. Antonia hielt einen gemalten Geldschein hoch, auf dem eine arabische Sieben mit sehr vielen Nullen stand. Ich war gerührt. Und der Vater ebenso. Er mochte knallhart sein, wenn es ums Geschäft ging. Doch bei ihren Töchtern werden arabische Väter weich wie Butter in der Wüstensonne.

Sie wolle dieses Haus, beharrte sie. »Kauf es endlich, Baba!«

Mein Verhandlungspartner seufzte. Und lächelte. Wo denn der Vertrag sei?, fragte mich der gezähmte Vater und unterschrieb das Papier, das ich ihm hinhielt, anstandslos – lediglich die Kaufsumme setzte er ein wenig herab. Sechseinhalb Millionen Pfund. Ich fand, da konnte Hisham nicht meckern. Dann wurde der Vertrag auf der Toilette kopiert, es folgte ein weiteres Stündchen Konversation, gemalt wurde auch noch und schließlich gingen die Saudis ihrer Wege. Alles Notarielle überließ ich Hisham. Sollte er sich mit dem Kleinkram rumärgern, wenn er wieder fit war.

Das Haus übrigens, in dem wir dann mit dem genesenen Hisham die Ferien verbrachten, war wirklich schön. Luxuriös geradezu, wenn auch ein wenig renovierungsbedürftig. Hisham war übrigens vom Kaufpreis begeistert. Er hatte nicht erwartet, dass ich so gut handeln konnte, und daher höchstens mit der Hälfte der sieben Millionen Pfund gerechnet. Ich verkniff mir einen Kommentar. Als ich mit Antonia im Pool badete, meinte sie, dass sie eigentlich eine Provision verdient hätte.

»Ja«, pflichtete ihr mein ältester Sohn Karim bei und grinste. »Ein Prozent der Kaufsumme würde ihr schon zustehen.« Er hatte gerade Prozentrechnen in der Schule. Ich multiplizierte und teilte. Das wären ja beinahe zehntausend Euro. Antonia dagegen konnte mit Prozenten noch nichts anfangen. Ich schlug ihr also vor, stattdessen lieber zu McDonald's zu gehen. Es würde Chicken McNuggets geben, bis sie platze. Sie akzeptierte glücklicherweise. Zufrieden lehnte ich mich auf meiner Luftmatratze zurück. Ich konnte also doch gut handeln.

SPOILERALARM

Ich weiß noch genau, wie mir der Neue das erste Mal auf die Nerven gegangen ist. Ich hatte ihn bis dahin gar nicht wahrgenommen, wir waren uns ein-, zweimal im Gang oder im Vorraum des Waschraums begegnet, hatten uns zugelächelt.

Gehring hieß der Neue, aus der PR-Abteilung. Mit denen hatte ich nicht besonders viel zu tun, wir beschäftigten uns eher mit relevanten Inhalten als mit dem Aufblasen von Heißluftballons.

Jedenfalls kam Gehring bei uns ins Büro, ließ den Blick schweifen, als suchte er etwas, und sah dann zu mir herüber. Ich konnte erkennen, wie er sich in Bewegung setzte und auf mich zusteuerte.

Ich starrte auf meinen Monitor, als müsste ich konzentriert nachdenken, fragte mich aber gleichzeitig, was der Kerl von mir wollte.

Schließlich blieb er neben meinem Tisch stehen. Ich reagierte nicht sofort, klickte mehrfach mit der

Ich starrte auf meinen Monitor, als müsste ich konzentriert nachdenken.

Maus in der Abrechnung herum, als wäre ich schwer beschäftigt. Ich ließ ihn ein wenig zappeln.

Gehring hatte Geduld. Der stand einfach da und wartete so lange, bis ich schließlich aufsah, als würde ich ihn das erste

Mal wahrnehmen, und verwundert fragte: »Ach. Hallo. Ja?« Ich schob mir die Brille etwas höher die Nase hinauf.

Er schaute zu mir herunter und deutete dann auf meinen Schreibtisch. »Ist ganz witzig geschrieben. Flott, aber irgendwie fehlt dem Buch was. Ein Bogen oder eine sinnvolle dramaturgische Kurve. Am Ende kommt irgendwie nichts, ein bisschen wie ein Rohrkrepierer. Verstehen Sie, was ich meine?«

Ich brauchte einen ganzen Moment, bis ich begriff, wovon er redete. Er hatte auf das Buch gezeigt, das auf meinem Schreibtisch unter meiner Brotbox lag. Ich benutzte die Öffentlichen, um zur Arbeit zu kommen, und las auf dem Weg in der S-Bahn. *Fleisch ist mein Gemüse* von Heinz Strunk lag dort. Ich war bereits zu zwei Dritteln durch das Buch durch.

»Und dieses *Abmelken,* von dem der Protagonist dauernd erzählt - das wird einem doch irgendwann wirklich zuwider, oder nicht? Ging Ihnen das nicht so?«

Tatsächlich *war* es mir genauso gegangen. Die mannigfaltigen Beschreibungen für das unbedingte Bedürfnis des Masturbierens waren wirklich extrem penetrant in dem Buch, aber ich hatte darüber hinweggesehen, weil, weil ... ich wusste es auch nicht. Eigentlich widerte mich das ganze Buch an und auf einmal hatte ich keine Lust mehr, auch nur noch eine einzige Seite davon weiterzulesen.

Aber der Gehring, wie er da stand, mit seinen dünnen Haaren, und mit schief gelegtem Kopf auf mich herabblickte, dem gönnte ich die Befriedigung nicht, ihm zuzustimmen. Deswegen verzog ich bloß den Mund, wie um Widerspruch anzudeuten, sagte aber nichts.

»Ich kannte auch mal einen, der als Mucker gearbeitet hat«, fuhr er fort und deutete wieder auf das Buch. »Ist schon realistisch, was der da schreibt. Nimmt man ihm ab. Und wie gesagt, ich hab's gern gelesen. Aber unter uns«, und dabei beugte er sich verschwörerisch nach vorn, sodass ich mir einbildete, seinen Mundgeruch zu riechen, »mehr als ein Buch muss man von dem auch nicht lesen. Das wiederholt sich alles irgendwann.«

Er sah mich einen Moment lang ernsthaft an, als könnte er auf diese Weise sicherstellen, dass ich mir seinen Rat zu Herzen nahm, und nickte befriedigt. Ich erwiderte nichts, wollte nur noch, dass er mich in Ruhe ließ.

Der Gehring sagte noch ein paar Sätze, versuchte, Konversation zu machen, aber ich blockte ab. Grunzte ab und zu und schließlich trollte er sich. Er ging noch beim Hagener vom Controlling vorbei und stand eine Weile dort und machte Small Talk.

Währenddessen drehten sich meine Gedanken im Kreis und ich warf dem Buch auf meinem Schreibtisch immer wieder böse Blicke zu. Für die Heimfahrt würde ich mir eine Zeitung kaufen, so viel stand fest. Mit dem Strunk war ich fertig und absurderweise kam es mir vor, als sei eher der Gehring als der Autor dafür verantwortlich.

Am nächsten Tag kam er in der Mittagspause erneut in unseren Raum gewandert. Ich hatte meine Drohung gestern wahr gemacht und den Strunk heimlich im Papierkorb entsorgt. Und diesmal hatte ich mein Buch in der Tasche, nicht auf dem Tisch. Irgendwie hatte ich gar nicht drüber nachgedacht, aber als ich seine gekrümmte Gestalt mit den hängenden Schultern bemerkte, war ich froh darüber. Als würde mich ein weiteres Buch auf dem Tisch erneut bloßstellen.

Aber dann bemerkte ich seinen Blick, der meine Tasche fixierte, und mir fiel auf, dass ich sie offenstehen gelassen hatte.

Gehring trat zu mir, deutete eine Bewegung mit dem Kinn in Richtung des Bodens an und sagte: »Charlie Huston!«

Ich sah zu ihm hoch, versuchte zu erkennen, ob das vielleicht ein anerkennender Tonfall gewesen war. Charlie Huston schrieb hartes Zeug, Männerliteratur, da konnte er mir kaum mit dem gleichen vernichtenden Urteil wie beim Strunk kommen.

Gehring atmete tief ein, sagte dann: »Also, den ersten Band fand ich genial. *Der Prügelknabe.* Der war richtig gut. Aber der hier?« Er schürzte die Lippen. »Ziemlich lahm, viele Hänger drin und irgendwie ruht er sich da auf den Lorbeeren der Vorgänger aus.«

Ich hatte den ersten Teil gelesen und ihn toll gefunden, die Reihe dann aber aus den Augen verloren. Neulich hatte ich das dritte Buch, *Ein gefährlicher Mann,* im Antiquariat entdeckt und mitgenommen.

»Dass Hank letztendlich sterben muss, ist ja irgendwie auch klar. Ein anderes Ende dieser Spirale aus Gewalt kann man sich auch gar nicht vorstellen. Kein Happy End jedenfalls.« Gehring zuckte mit den Schultern, schlenderte weiter.

Ich starrte ihm hinterher. Am liebsten hätte ich in die Tasche gegriffen und ihm das Buch an den Schädel gefeuert.

Aber das tat ich nicht, ich saß bloß da, knirschte mit den Zähnen und auf dem Nachhauseweg kaufte ich mir das zweite Mal eine Zeitung.

Wieder einen Tag später stand ich morgens vor meinem Bücherregal. Kurz dachte ich darüber nach, ob ich gleich komplett auf Zeitschriften umsteigen sollte. Ihm keine Angriffsfläche, keine Genugtuung bieten sollte. Aber das kam mir feige vor. Ich wollte mich wehren und ihm die Stirn bieten. Energisch schüttelte ich den Kopf. Nein, klein beigeben konnte ich auf keinen Fall. Ich musste bloß etwas finden, das er nicht kannte. Wo er einen Blick drauf werfen und keine blöde Expertenmeinung dazu abgeben konnte. Das musste doch machbar sein.

Endlich fanden meine Finger ein dünnes Buch mit abgegriffenem Einband und zogen es heraus. Sehr gut.

Diesmal lauerte ich in freudiger Erwartung darauf, dass er zu uns kam. Mehrmals ertappte ich mich dabei, dass ich auf die Uhr sah, weil ich befürchtete, er könnte fortbleiben. Als würde er ahnen, dass ich ihm heute die Grenzen aufzeigen wollte.

Aber er kam. Ich hatte das Buch offen auf meinem Tisch platziert, damit er es auf keinen Fall übersehen konnte. Und mit wachsender Erregung sah ich, wie sich seine Brauen beim Näherkommen zusammenzogen und er die Stirn runzelte.

Den Kopf schief legte, weil er offenbar Schwierigkeiten hatte, den Titel zu lesen.

Aber ein mulmiges Gefühl breitete sich in meinem Magen aus, sobald ich das Lächeln in seinem Gesicht bemerkte. Er hob das Büchlein an und betrachtete es einen Moment. »*Der dritte Polizist.* Ist schon eine Weile her, dass ich das gelesen habe. Das mit den Fahrrädern, die sich langsam in Menschen, und ihre Besitzer, die sich in Räder verwandeln – das ist echt großartig. Davon erzähle ich heute noch manchen Bekannten, die viel Fahrrad fahren. Da muss man ganz vorsichtig sein.« Er schnaubte ein kleines Lachen durch die Nase.

Unvermittelt holte er sich einen Stuhl von meinem Tischnachbarn Dessner heran, der in der Mittagspause war, und ließ sich darauf fallen.

»Der Mann ist komplett verrückt.« Er meinte Flann O'Brien. »Durchgedrehte Iren. Wirklich. Allein diese Liga der Einbeinigen.« Er schüttelte lächelnd den Kopf, offenbar in Erinnerungen versunken.

Diesmal hatte er nichts gespoilert, ich hatte das Buch bereits gelesen. Aber es konnte ja wohl nicht sein, dass dieser unerträgliche Nappel einfach jedes Buch, das ich ihm vorsetzte, bereits kannte. Es musste doch eins geben, dass er noch nicht gelesen hatte. Ich würde mich nicht geschlagen geben, so viel stand fest.

Abends stand ich vor meinem Bücherregal. Ich brauchte einen Schlachtplan. Ein Killerbuch, eines, gegen das er keine Chance hatte.

Die offensichtlichen sortierte ich gleich aus. *Der Alchimist*, *Die Blechtrommel* und *Der Schamane* – die Klassiker, mit so was würde ich ihn wohl kaum erwischen. Besonders die historischen Romane ignorierte ich komplett. Die waren vor ein paar Jahren in Mode gewesen, Ken Follet oder Iny Lorentz hatte er bestimmt gelesen.

Vielleicht etwas Altes von Paul Auster? Oder eher von seinen Sachen, die rauskamen, als der Hype längst vorbei war? *Die Brooklyn-Revue* möglicherweise. Aber ich ließ das Buch stehen. Ich traute dem Auster nicht zu, mich da rauszupauken.

Aber hinten rechts erspähte ich *Kane, der Verfluchte*. Sparten-Fantasy, Bastei-Lübbe, seit Jahren vergriffen und längst nicht mehr aufgelegt. Karl Edward Wagner war wenig bekannt in der Szene, nur absolute Spezis hatten so etwas im Regal.

Siegessicher wartete ich auf den nächsten Morgen.

»Wagner? Mann, das habe ich ja lange nicht mehr gesehen. Den bekommt man ja fast gar nicht mehr. Ist mir ehrlich gesagt lieber als Howard, noch schnörkelloser. Ich meine, nichts gegen Conan, das ist ganz großes Kopfkino, aber Wagner – der hat noch mehr. Kennen Sie Gemmell? Ist ein klein wenig sein Erbe gewesen, ganz ähnliche Charaktere. Leider ist der ja jetzt ebenfalls tot.«

Auf Gemmell wäre ich gar nicht gekommen, aber mir wurde klar, dass ich das mit der Fantasy sein lassen konnte. Da kannte er sich offenbar aus. Ich seufzte, aber das merkte er nicht – er schwadronierte weiter über erlesene Fantasy-Literatur, diesseits wie jenseits des Atlantiks, und wie sie sich seit den Sechzigern fundamental verändert hatte.

Mir war zum Heulen. Ich kam dem Kerl einfach nicht bei. Aber mein Stolz verhinderte, dass ich aufgab.

Die nächsten zwei Wochen versuchte ich alles: *Leute, ich fühle mich leicht,* das letzte Buch dieser zwischen den Beinen verschwitzten Alexa Hennig von Lange, eine obskure Übersetzung eines wenig bekannten portugiesischen Dichters und *Bartleby, der Schreiber.* Ein frühes Werk von Hermann Melville, das kaum jemand gelesen hatte, der dazu nicht im Studium gezwungen worden war.

Absolut Asche.

Er kannte sie alle. Jedes einzelne, jeden Autor und meist auch den Rest ihrer Werke. Selbst von Lange beherrschte er in- und auswendig. Dabei interessierte sich seit Jahren keine Sau mehr für die.

Verzweiflung machte sich in mir breit. Ich wusste nicht, ob ich wirklich eine Chance gegen ihn hatte.

Aber nachdem ich mehrere Tage kleinlaut ohne irgendwas auf der Arbeit erschienen war, jeden Tag bloß abgestumpft aus dem Fenster der S-Bahn geschaut hatte, reifte ein neuer Plan in mir. Wenn ich ihm auf normalem Weg nicht beikommen konnte, musste ich eben zu anderen Mitteln greifen.

Ich arbeitete wie besessen an meinem Projekt, reichte meinen Jahresurlaub im Block ein und kümmerte mich an den Wochenenden um nichts anderes. Und wenn ich ins Büro musste, mit roten Augen und ohne jede Körperspannung, dann gab ich mich kleinlaut. Ohne etwas zu lesen dabeizuhaben.

Gehring kam jedes Mal herein, ließ den Blick schweifen wie ein gelangweilter Aufseher im Hochsicherheitsgefängnis und ging befriedigt, weil ich mich nicht getraut hatte, Kontrabande auf meinem Tisch liegen zu lassen. Geschriebenes Wort.

Aber ich ertrug seinen Hochmut, weil ich wusste, dass ich ihn noch zu Fall bringen würde. Unter stoischer Miene verbarg ich meine Besessenheit.

Nach zwei Monaten war es endlich so weit, ich hatte es vollbracht. Wieder las ich morgens in der Bahn nicht, aber in meiner Tasche befand sich ein Buch.

Stattdessen ließ ich die Stadt draußen vorbeigleiten und ergab mich in Allmachtsfantasien, wie ich Gehring endlich in die Knie zwingen würde.

Mit gerunzelter Stirn nahm er das Buch hoch, betrachtete es. Drehte es auf die Rückseite, las den Klappentext.

Endlich fielen die befreienden Worte: »*Spoileralarm?* Kenne ich gar nicht ...«

Mit diesen Worten kapitulierte er vor mir, warf mir wie Vercingetorix bei Alesia all seine Waffen vor die Füße und analog zu Cäsar nickte ich gönnerhaft, während ich so tat, als würde ich meinen Monitor studieren.

Ich hatte schon befürchtet, er würde bei seiner Niederlage wortlos gehen, mit eingekniffenem Schwanz davonrennen. Mich damit um meinen Triumph bringen.

Aber das tat er nicht.

»Ist nicht so doll. Aber liest sich ganz gut durch«, antwortete ich gelassen, ohne noch einmal zu ihm aufzusehen. Tippte weiter meinen Bericht in den Computer. Ich wusste bereits, wie ein gebrochener Mann aussah – wie oft hatte ich ihn in meiner Vorstellung so stehen sehen, mit hängendem Kopf.

Innerlich dagegen jubelte ich, sprang und hüpfte ausgelassen hysterisch gegen die Wände meines Seins.

Irgendwann ging er, mit einem letzten Blick auf das Buch. Ich schaute ihm nach und erst als er die Tür hinter sich schloss, erlaubte ich mir einen Freudenschrei. Ich riss den Arm mit geballter Faust in die Luft und Dessner neben mir schaute mich befremdet an. Rückte deutlich ab, während ich für einen Augenblick Luftgitarre spielte.

Mich störte das nicht – sollte er doch denken, was er wollte. Meine Nemesis war besiegt! Die freien Völker standen vor der Asche Saurons!

Ich riss den Arm mit geballter Faust in die Luft und Dessner neben mir schaute mich befremdet an.

Grundzufrieden legte ich das Buch zurück in die Tasche und rief mir noch einmal seinen betrübten Gesichtsausdruck ins

Gedächtnis. Mit einem kleinen Grinsen streichelte ich über das glatte Cover, das ich selbst gestaltet hatte. *Spoileralarm,* Erstauflage: Ein Exemplar. Geschrieben von: mir.

Books on Demand, du Loser, Books on Demand, dachte ich, während ich mit einem fetten Grinsen weiter auf die Tür starrte, hinter der Gehring verschwunden war.

DIE SPLITTER IM GLAS

Adam drehte das kleine Kästchen aus Glas und Metall in seinen Händen hin und her. Von der linken unteren Ecke aus zog sich ein Fächer aus winzigen, fein verästelten Rissen quer über die gesamte Front. Die Sprünge waren filigran, kamen in ihrer Gesamtheit fast einem Kunstwerk gleich. Adam ließ seine Finger über das zerstörte Glas streichen, tastete nach dem Knopf auf der Oberseite. Keine Reaktion. Der Bildschirm blieb schwarz. Adam seufzte.

»Ich hoffe sehr, du hattest nichts anderes erwartet.« Sofian beugte sich vor, um das Gerät näher begutachten zu können. Gerüche von kaltem Rauch und ranzigem Männerschweiß drangen in Adams Nase. »Du weißt doch, dass dir Zati nur die kaputten Geräte besorgen kann.«

Adam zuckte mit den Schultern. »Das ist mir klar. Es ist bloß schon das dritte iPhone dieses Jahr. Ein älteres Modell, zugegeben, aber nicht das, was mir in meiner Sammlung noch fehlt.«

> **»Du weißt doch, dass dir Zati nur die kaputten Geräte besorgen kann.«**

»Und was fehlt dir?«

»Das weißt du ganz genau, *alter Mann*.« Er warf einen kurzen Blick auf das Handy seines Kollegen. Ein vorsintflutliches Nokia 6810, Baujahr 2004.

Ein Lächeln huschte durch Sofians langsam ergrauenden Bart. »Von dem Brocken trenne ich mich nicht mehr. Jedenfalls nicht, solange ich lebe. Un-ka-putt-bar, sage ich nur!«

Adam lachte. »Wir haben ja nicht einmal Netz hier drin.«

Sofians Lächeln verschwand. »Wir haben da draußen auch kein Netz mehr.«

Für einen Moment waren beide stumm. Adam starrte hinauf zu dem einzigen, kleinen Fenster hoch oben in der Wand aus unverputztem Beton, drei oder vier Meter über den unzähligen Aktenschränken, die sich von dem einen Ende des Raums bis zum anderen erstreckten. Ein paar Lichtstrahlen drangen durch die verdreckte Scheibe, zeichneten scharf abgegrenzte Muster in die heiße, stickige Luft über ihnen.

Die Tür zu ihrem Raum flog auf. Adam verkrampfte sich unwillkürlich, ließ das kaputte Smartphone rasch in seine Jeans-tasche fallen. Erst als er die schnellen, steifen Schritte Zatis erkannte, das maßgeschneiderte Hemd, wagte er wieder aus-zuatmen.

»Eine Bestellung für euch!« Der breitschultrige Mann wedelte so ausschweifend mit seinem Klemmbrett und den Schrankschlüsseln herum, als hätte er ihnen noch nie zuvor einen Auftrag überreicht.

Sofian ging auf Zati zu, nahm ihm wortlos das Brett ab und reichte den oberen der darauf befestigten Papierstapel an Adam weiter.

Adam blätterte kopfschüttelnd durch die Listen. Schon wieder waren sie handgeschrieben. Als hätten sie nicht einmal mehr Computer! Er konnte die winzigen, krakeligen Namen in den schier endlosen Tabellen kaum entziffern.

Zati trat an ihnen vorbei und öffnete das schwere Vorhängeschloss, das über eine lange Stange sämtliche Schränke zugleich sicherte. Adam beeilte sich, die entsprechenden Akten für jeden der Einträge auf seinen Listen herauszusuchen, und er sah aus dem Augenwinkel, wie Sofian für N bis Z dasselbe tat. Zati mochte einer der freundlicheren Kollegen aus ihrer Abteilung sein, aber selbst bei ihm empfahl es sich nicht, zu trödeln.

Orte, Namen, Nummern. Alles fein säuberlichst eingeordnet, nach einem ausgeklügelten System, das Adam mittlerweile aus dem Effeff beherrschte. Es dauerte keine fünf Minuten, bis er und Sofian

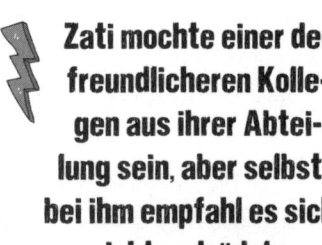

Zati mochte einer der freundlicheren Kollegen aus ihrer Abteilung sein, aber selbst bei ihm empfahl es sich nicht zu trödeln.

alle gewünschten Akten auf dem großen Metalltisch in der Mitte des Raumes zusammengetragen hatten und Zati mit dem dicken Bündel Papier unter dem Arm verschwand.

Zusammen mit den Akten war auch jegliche Leichtigkeit verschwunden, die Adam und Sofian zuvor verbunden haben mochte.

Eine Zeitlang sahen sich die beiden Männer einfach nur an. Letztlich war es Sofian, der die Stille brach. »So viele waren es noch nie«, flüsterte er.

Adam starrte an ihm vorbei. »Es sind nun einmal keine einfachen Zeiten.«

»Dennoch ... diese Mengen ...«

In Adams Augen blitzte etwas auf. Konnte der alte Mann es nicht einfach mal gut sein lassen? »Das wird auch wieder weniger.«

»Und wenn nicht?«

»Irgendwann wird schon wieder Ruhe einkehren. Es kann ja nicht ewig so weitergehen.«

»Und wenn doch?« Sofian stockte, sprach weit leiser, als er schließlich fortfuhr. »Übermorgen werden es fünf Jahre sein. Was, wenn es nicht endet? Wenn es jeden trifft, früher oder später?«

Wieder waren beide stumm.

Adam holte tief Luft, suchte aktiv den Blick des alten Mannes. »Haben wir eine Wahl?«

Sofian sagte nichts.

»Das meine ich ernst. Haben wir eine Wahl?«

Sofian zuckte mit den Schultern, sah weg, hinauf zu dem kleinen Fenster hoch über ihnen.

»Wie alt waren deine Nichten, als es deine Schwester erwischt hat? Dreizehn und neun, nicht wahr?«

Sofian schluckte, nickte kaum merklich.

»Mein Sohn ist gerade einmal vier. Was denkst du, was mit ihm passieren würde – was mit deinen Nichten passieren würde –, wenn wir diesen Job nicht hätten?« Adam atmete tief ein. »Du weißt, wie es in meiner Heimatstadt aussieht. Du weißt, wie viele Jobs es da draußen gibt. Jobs wie diesen hier, *gute Jobs,* mit denen man eine Familie ernähren kann.«

Sofian wich Adams Blick nicht länger aus. »Ich war mal Lehrer. Und du warst mal Ingenieur.« Seine Augen funkelten. Er deutete auf die Vordertasche von Adams Jeans. »Mikroelektronik. Erinnerst du dich noch? Dein Mantra vom Zusammenwachsen der Welt? *Das* waren gute Jobs.«

Adam zog das kaputte Smartphone aus seiner Tasche.

Natürlich erinnerte er sich. Er starrte auf die Splitter im Glas, die unzähligen Risse, die sich durch sein Spiegelbild zogen, es bis zur Unkenntlichkeit entstellten. Sammelte er diese verfluchten Dinger denn wirklich noch aus Nostalgie? Oder einfach nur, um all den Stumpfsinn zu übertönen? Weil es das Einzige war, was er überhaupt noch tun konnte?

»Das ist lange her«, sagte er schließlich. Er blickte dabei zu Sofian - und redete doch bloß mit sich selbst.

Im Hintergrund wurde es laut. Jäher, dumpfer Krach. Es klang wie Bauarbeiten in weiter Ferne oder das Gebrüll in einem Stadion - dabei wurde in der Region seit Jahren nicht mehr gebaut, standen die Stadien seit Ewigkeiten leer.

Es war bloß wieder einmal diese Zeit des Tages ...

Bald darauf ertönten von Neuem Schritte auf dem Gang. Die Tür flog auf. Ein Mann betrat den Raum. Gepflegtes Auftreten. Weißes Hemd und saubere Jeans, dazu Klemmbrett sowie Schlüssel - und die Figur eines Türstehers. Eindeutig ein Kollege Zatis, auch wenn Adam den Mann noch nie gesehen hatte.

Dieselbe Prozedur wie zuvor. Dieselbe Prozedur wie immer.

Der Mann entriegelte das Schloss. Adam wandte sich den Aktenschränken zu, flog über die Liste für A bis M - und erstarrte.

Unter den Hunderten von Einträgen war ein Name, den er noch im Schlaf erkannt hätte.

Seine Gedanken begannen zu rasen, seine Hände zu zittern. Für einen Moment, eine Sekunde nur, stockte er - doch dann spürte er den Blick des Mannes hinter ihm auf sich ruhen.

Er hatte keine Wahl.

Er hatte niemals eine Wahl gehabt.

Für einen Moment, eine Sekunde nur, stockte er.

Kurzerhand packte er die Akte zu den anderen hinzu und versuchte, nicht mehr daran zu denken, an nichts zu denken, nie wieder.

Am nächsten Tag erschien Sofian nicht zur Arbeit. Und am übernächsten auch nicht.

Adam fragte nicht, warum.

An Sofians Stelle bekam er einen neuen Kollegen. Nachname irgendetwas zwischen A und M; das war alles, was Adam von ihm behielt.

Das war alles, was Adam von ihm wissen musste.

Dafür stattete ihm Zati einen seiner abendlichen Besuche ab, ein breites Grinsen im Gesicht.

»Ich habe was für dich. Etwas, das dich freuen könnte.« Zati kramte in der Tasche, die er um seine Schulter trug. »Sorry für den Zustand - der Kerl muss sich ganz schön gewehrt haben. Ich dachte eigentlich immer, diese Dinger seien unkaputtbar.«

Und damit legte er die Bruchstücke eines Handys auf den Tisch. Adam musste gar nicht erst hinsehen, um zu erkennen, worum es sich handelte.

Fünf Jahre Bürgerkrieg. Seine Sammlung war komplett.

TEIL 3

»Es ist so schwer, gutes Personal zu finden!«

Chefs berichten aus ihrem Alltag

»Chef müsste man sein«, seufzen die Mitarbeiter, »dann hätte man das schönste Leben!« Und dann träumen sie von dicken Schlitten, eleganten Büros, hübschen Vorzimmerdamen, genussreichen Geschäftsessen, gemütlichen Nachmittagen auf dem Golfplatz und überhaupt so viel Freizeit, wie man möchte. Wozu ist man schließlich Chef?

Wer Glück hat, wird befördert, erbt das Familienunternehmen oder kann sich mit wachsendem Erfolg irgendwann Angestellte leisten – und weiß irgendwann gar nicht mehr, was ihm am Chefsein jemals so erstrebenswert erschienen ist.

Denn in Wahrheit haben Chefs nichts als Ärger, Arbeit und Verantwortung. Und schuld daran sind in ihren Augen natürlich vor allem die Mitarbeiter. Die ständig mehr verdienen, aber weniger arbeiten wollen. Die immer dann im Urlaub sind, wenn man sie mal braucht, oder krank feiern. Die gelobt und motiviert werden wollen und trotzdem Dienst nach Vorschrift schieben. Die einen belügen, bestehlen (Briefmarkenklau ist kein Kavaliersdelikt!) und sich heimlich über einen lustig machen.

»Das Leben könnte so schön sein, wenn ich nur fähige, zuverlässige Mitarbeiter hätte«, seufzen die Chefs dieser Welt. Doch dann wenden sie sich wieder ihren dicken Schlitten, eleganten Büros, hübschen Vorzimmerdamen, genussreichen Geschäftsessen oder Golfschlägern zu, denn gutes Personal ist bekanntlich schwerer zu finden als eine Nadel im Heuhaufen ...

DIE TOP TEN DER »EIGENTLICH BIN ICH«-TYPEN

Oder: Mitarbeiter, die die Welt nicht braucht

Ist eine Stellenausschreibung sauber formuliert, sollte sie für das Zielpublikum verständlich sein. Da steht zum Beispiel: »Wir suchen eine/-n Verwaltungssachbearbeiter/-in« oder »Wir stellen ein: Ingenieure/-innen für Luft- und Raumfahrttechnik«. Auch »Putzfrau gesucht« ist häufig zu lesen. Klare Sache, oder? Von wegen. Raten Sie mal, wer sich auf solche Anzeigen bewirbt.

Waren Sie schon mal auf einen Kaffee in Hollywood? Die Kellner dort erzählen ihren Gästen offen, dass sie eigentlich Schauspieler sind. Aber weil die Miete schon bezahlt werden muss, bevor Steven Spielberg anklopft, jobben sie halt im Diner. »Oops, Sie hatten das vegane Sandwich bestellt? So sorry, dann bringe ich den Bacon Burger schnell zurück in die Küche!«

Im Urlaub ist so etwas witzig, im Alltag allerdings ein Problem für jene, die Personal auswählen und weiterqualifizieren. Zumal die »Eigentlich bin ich«-Fraktion hierzulande erst nach und nach ihr wahres Gesicht zeigt. Darum hier die **Top Ten der lästigsten Mitarbeiter** - und Tipps für Personalverantwortliche: So entlarven Sie sie und holen das Beste aus ihnen heraus.

1. »Eigentlich bin ich ein Fernsehstar«

Hellwach der Blick, die Hände ständig in Bewegung – alles an dieser Person schreit: »Ich! Bin! So! Was! Von! Willig!«

Die Männer halten sich für geheime Zwillingsbrüder von Stefan Raab, die Frauen für die deutsche Antwort auf Madonna. Gleichzeitig moderieren, produzieren, schauspielern oder singen, Kinder erziehen, dazu Model oder Leistungssportler sein ... alles eine Frage der Einstellung. Doch jedes Genie fängt mal klein an, darum sitzt er oder sie noch hier.

Schon das Vorstellungsgespräch ist bühnenreif. Mit sich überschlagender Stimme zählt diese Person die Stationen ihres bewegten Lebens auf. Alle Schüler-Ferienjobs mitgerechnet, sind es so viele wie beim großen Vorbild.

Die eigenen Stärken? »Ich bin unermüdlich, mobil und flexibel!«

Irgendwelche Schwächen? »Meine Eltern sagen, meine Arbeitssucht.«

Aha. Und was würde er oder sie im Unternehmen ändern?

Plötzlich bekommt der Fernsehstar knallrote Wangen und stammelt etwas von »mehr Corporate Identity« oder »einem Plus an Nachhaltigkeit«.

Ertappt: Er oder sie hat keine Ahnung, worum es im Betrieb geht!

Erkennungsmerkmale: Immer unter Strom, doch ziemlich planlos. Taucht schon mal am Sonntag an der Pforte auf, weil er oder sie die Wochentage verwechselt hat.

Könnte doch ein guter Mitarbeiter/eine gute Mitarbeiterin werden, wenn ... er oder sie sich kritikfähig zeigt. Als Producer und Moderationstalent fürs Unternehmens-TV oder aber als Clown in der Betriebskita ist diese Person goldrichtig.

2. »Eigentlich bin ich Schuldirektorin«

Diese Frau ist auf einer Mission: die Welt umerziehen. Als ihr Lehramtsstudium abgeschlossen war, gab es jedoch leider keine Stellen. Darum sitzt sie nun im tadellosen Kostüm in Ihrem Büro und assistiert Ihnen.

Und dabei ist sie beängstigend perfekt. Sie kennt die Neuentwicklungen und Aktienkurse Ihres Unternehmens und der gesamten Branche aus dem Effeff. Zu Kollegen und Kunden ist sie gleichermaßen freundlich.

Wenn nur ihr missionarischer Eifer nicht wäre. »Wie steht es denn bei uns zurzeit mit der Burn-out-Prävention?« – »Verbrauchen wir nicht zu viel Papier?« – »Wir sollten eine Reduktion der Kurzstreckenflüge anvisieren!«

Der strenge Blick über die randlose Brille hinweg weckt in Ihnen ein Gefühl, als seien Sie neun Jahre alt, hätten eine Mathearbeit vergeigt – und die Klassenlehrerin ist maßlos enttäuscht von Ihnen.

Ihr Kopf sagt Ihnen, dass Sie mit dieser fähigen Kraft einen Glücksgriff getan haben, doch Ihr Bauch schreit Nein. Sie müssen nicht besser erzogen werden, Sie suchen lediglich eine fähige Assistentin, Himmel, A... und Zwirn!

Erkennungsmerkmale: Für die Stelle deutlich überqualifiziert, ein Blick, dem nichts entgeht.

Könnte doch eine gute Mitarbeiterin werden, wenn ... es in Ihrem Unternehmen für sie Entwicklungsmöglichkeiten gibt. Hand aufs Herz, als Personalratsvorsitzende oder Pressesprecherin wäre diese Frau der Hauptgewinn.

3. »Eigentlich bin ich Olympionike«

Höher, schneller, weiter! Dieser Athlet kommt nicht mit dem Fahrstuhl, er nimmt zwei Stufen auf einmal. Sein Händedruck schmerzt, unterm Hemd zeichnen sich beachtliche Muskeln ab. Disziplin, so viel steht fest, lässt er nicht vermissen, Raucherpausen und Katertage gibt es nie.

Damals, beim Vorstellungsgespräch, hätten Sie allerdings stutzig werden sollen. Zum Unternehmen brachte er nämlich allenfalls ein solides Halbwissen mit und als Sie ihn fragten, wo er sich in fünf Jahren sähe, wich er Ihrem Blick aus. Endlich erzählte er etwas von »leitender Position«.

Die fünf Jahre sind vergangen, er hat sich beruflich kaum bewegt, doch seinen wahren Traum von damals kennen Sie nun: Letzten Monat war er beim Ironman auf Hawaii dabei.

Ihre Kunden und Gäste beeindruckt der Muskelmann natürlich mächtig, doch Sie sind inzwischen ziemlich desillusioniert. Überstunden macht er nie, das ginge ja zulasten des Krafttrainings. Und nach dem Skiurlaub fällt er regelmäßig für Wochen aus: Hier ein gebrochenes Bein, dort ein Bänderriss ...

Erkennungsmerkmale: Mindestens drei Sport-Hobbys im Lebenslauf und natürlich die Statur.

Könnte doch ein guter Mitarbeiter werden, wenn ... die Stelle, die Sie ihm anbieten, sportliche Aspekte hat. Und wenn er ein Glückspilz ist, der sich selten verletzt.

4. »Eigentlich bin ich Supermama«

Sie ist über vierzig und sehr gepflegt, aber schmallippig. Hausfrau und Mutter war ihr Traumberuf – nun ist sie aufgewacht. Die Männer taugten alle nichts. Die Kinder blieben aus. Und der ungeliebte Job klebt an ihr wie Pech.

Von den jüngeren Frauen, die sich – ob mit, ob ohne Kinder – im Beruf selbst verwirklichen, hält sie nichts. Ihnen gibt sie gern zu verstehen, dass sie selbst seit einem Vierteljahrhundert im Dienst und somit unkündbar sei. »Ihr dagegen habt ja noch so lange bis zur Rente. Hmmm. Bis dahin gibt es uns sicher nicht mehr ...«

Autsch! Das schadet dem Betriebsfrieden.

Ob das Unternehmen Kriegsspielzeug, Schokoriegel oder Autoteile produziert, ist der verhinderten Supermama übrigens egal. Hauptsache, sie bekommt Tariflohn, dreißig Tage Urlaub im Jahr und täglich pünktlich Feierabend. Umringt von Männern kann sie übrigens richtig freundlich werden. So ganz aufgegeben hat sie die Hoffnung nämlich noch nicht: Wer weiß, vielleicht schwirrt irgendwo da draußen ja der Partner ihrer Träume herum, dem sie zu Hause den Rücken freihalten und ein spätes Baby schenken darf?

Erkennungsmerkmale: Bei Männern charmant, bei Frauen distanziert.

Könnte doch eine gute Mitarbeiterin werden, wenn ... Ihr Team ausschließlich aus Männern besteht – oder die Frauen es verstehen, Supermama mit Bewunderung und Fleiß für sich einzunehmen.

5. »Eigentlich bin ich Prinz«

Designerschuhe, goldene Uhr, gewählte Ausdrucksweise: Ohne Zweifel, dieser Mann hat Klasse. In einer perfekten Welt hätte er schon längst in ein Königshaus eingeheiratet, würde um die Welt jetten und ansonsten Wein sammeln. Allerdings gibt es mehr Möchtegern-Prinzen als -Prinzessinnen im heiratsfähigen Alter. Schuhe und Uhr hat er mit Krediten finanziert. Darum muss er dem schnöden Mammon nachjagen.

Er spricht viele Sprachen, ist weit herumgekommen und der geborene Diplomat. Leider glauben zu viele Möchtegern-Prinzen, das Erfüllen irgendwelcher Vorgaben und harte Arbeit seien etwas fürs Fußvolk. Und auf dem Mitarbeiterklo hinterlässt er regelmäßig Bremsstreifen, denn ein Prinz fasst doch keine Klobürste an!

Erkennungsmerkmale: Dieses Auftreten! Die Nase trägt er so hoch, dass es fast hineinregnet. Und dass er seine Aktentasche (noch) selbst schleppen muss, scheint ihn zu belasten.

Könnte doch ein guter Mitarbeiter werden, wenn ... er irgendwann erkennt, dass ihn niemand zum Prinzen küssen wird und er dann in Fahrt kommt. Stil, Fleiß und Diplomatie in einer Person: Manch ein anfänglicher Möchtegern-Prinz wird mit der Zeit eine überzeugende Führungskraft.

6. »Eigentlich bin ich die Junior-Chefin«

Sie hat einen Doktortitel, finanzierte ihr Studium als Fotomodell, engagiert sich ehrenamtlich für Menschenrechte und ist gerade mal 23 Jahre alt. Auf die Frage, wie sie all das geschafft habe, antwortet sie in sechs Sprachen: »Ich brauche nicht viel Schlaf.«

Bei solch einem Phänomen gibt es zwei Möglichkeiten – beide missfallen Ihnen. Möglichkeit eins: Es stellt sich heraus, dass das größte Talent dieser Person die Schauspielerei ist. Sofort nach Ablauf der Probezeit erweist sie sich als schwanger, muss monatelang liegen und nimmt danach drei Jahre Erziehungszeit. Wie gut sie wirklich arbeitet, erfahren Sie erst danach.

Möglichkeit zwei: Die Chefin von morgen kann alles, was Sie sich von ihr erhofft haben – und noch mehr. Ihre Leistung lässt alle anderen in der Firma blass aussehen. Inklusive Ihnen.

Erkennungsmerkmale: Jung-dynamisch, vollendete Manieren, ein Lebenslauf zum Niederknien – und nett wirkt sie auch noch.

Könnte doch eine gute Mitarbeiterin werden, wenn ... alles, was sie im Vorstellungsgespräch sagt, der Wahrheit entspricht. Und wenn sie für Ihr Unternehmen und Ihr Team brennt.

Wer weiß, vielleicht gibt sie eines Tages die perfekte Vorstands-vorsitzende ab?

7. »Eigentlich bin ich Ökobauer/-bäuerin«

Sie riechen diese Person, bevor Sie sie sehen. Sie wäscht sich nämlich nur selten (dieser Wasserverbrauch!) und wenn, dann ohne Seife. Deo verträgt er oder sie nicht. Kleidung muss vor allem praktisch und bequem sein.

Die positive Nachricht: Konsumorientiert oder oberfläch-lich sind solche Ökos sicherlich nicht. Sie werden auch Sorge dafür tragen, dass in Ihrem Unternehmen keine Ressourcen verschwendet werden. Und weil die meisten Vertreter dieser Spezies sehr viel lesen und sich ernsthaft mit allem auseinander-setzen, was in der Welt vorgeht, sind sie wandelnde Lexika. Die schlechte Nachricht: Sie missionieren gern, leider auch während der Arbeitszeit. Und eigentlich ist die Tätigkeit bei Ihnen nur ein Kompromiss. Kaum haben Sie sich richtig an sie gewöhnt, nimmt diese Person ihre Dinkelvollkornkekse, ihre Kräutersammlung, ihr ganzes Fachwissen und zieht weit, weit weg, um eine alter-native Selbstversorger-Kommune zu gründen.

Erkennungszeichen: Dieser Geruch! Diese Haarbüschel an den Beinen und unter den Achseln! Diese Diskussionen über regenerative Energien und die richtige Ernährung!

Könnte doch ein/-e gute/-r Mitarbeiter/-in werden, wenn … Ihr Unternehmen den oder die Öko so überzeugt, dass Abhauen kein Thema mehr ist. Und sowieso immer, wenn Sie Schnupfen haben.

8. »Eigentlich bin ich Sängerin«

Sobald sie sich unbeobachtet fühlt, beginnt sie zu singen. Ihre Nägel schimmern in zwanzig verschiedenen Schattierungen. Kein Haar liegt schief - kein Zweifel: Sie haben hier einen Star im Haus.

Wenn Sie sie fragen, was sie als Kind werden wollte - und falls sie ehrlich ist -, antwortet sie mit: Sängerin. Doch die Eltern winkten damals ab - zu unsicher. Also eine Ausbildung. Ihre Unternehmensphilosophie interessiert diese Dame jetzt nicht sooo brennend, wie sie zugibt. Trotzdem macht sie keinen schlechten Job. Ist nett zu allen, auch zu Azubis, Reinigungskräften und Lieferanten, und verbreitet Strahlelaune.

Aber wehe, ihr bricht beim Tippen ein Nagel ab! Oder ihre Bewerbung bei *The Voice of Germany* kommt an! Dann gerät Ihre aktuelle Deadline ganz schnell ins Hintertreffen und der Superstar in spe folgt seinen Instinkten: Lauter! Bunter! Berühmter!

Erkennungszeichen: Kommafehler im Bewerbungsschreiben, dafür makelloses Make-up.

Könnte doch noch eine gute Mitarbeiterin werden, wenn … Sie ihr ausreichend Kunstnägel schenken - und die Zeit, Maniküre-Katastrophen sofort zu beseitigen. Allerdings nur, falls sie nicht doch noch den Durchbruch als Sängerin schafft.

9. »Eigentlich bin ich ein Sofakissen«

Das Arbeitsamt schickte ihn. Oder einer Ihrer ältesten Freunde, dessen Cousin er ist. Das Zeugnis des Bewerbers sah so aus, dass sie ihn aus purem Mitleid einbestellten – doch überraschenderweise leuchteten aus seinen Augen Intelligenz und Humor hervor. So stellten Sie ihm all die wichtigen Fragen, erhielten passable Antworten und machten ihm ein Angebot.

Verdient nicht jeder eine zweite, dritte oder vierte Chance? Sie verordneten ihm einen neuen Haarschnitt, ein fleckenfreies Hemd und nicht zu schwere Aufgaben. Am ersten Tag glänzte er mit Pünktlichkeit, Aufmerksamkeit und Fleiß. Am zweiten hängte er sich schon weniger rein. Ab dem dritten wurstelte er sich nur noch durch.

Doch jedes Mal, wenn Sie sich überlegten, ihn rauszuschmeißen, las er wohl ihre Gedanken und gab sich wieder mehr Mühe. Sie versuchten es noch einmal mit ihm.

Die Probezeit ist nun vorüber und Sie haben ihn am Bein. Seitdem ist er krankgeschrieben.

Neulich lernten Sie seinen ehemaligen Lehrer kennen. Er verriet Ihnen, wie dieser Kerl mit 17 war: Er hatte sich genau ausgerechnet, wie oft er fehlen durfte, um noch zu den Abiturprüfungen zugelassen zu werden. Die Schule betrat er keinen Tag zu oft. Seitdem setzt er all seinen Intellekt dazu ein, Maloche zu vermeiden und trotzdem satt zu werden.

Erkennungszeichen: Ein Lebenslauf wie ein Emmentaler und trotzdem: Irgendwas hat der Kerl!

Könnte doch ein guter Mitarbeiter werden, wenn ... er bei Ihnen etwas entdeckt, das ihn noch mehr reizt als Herumhängen und Seriengucken. Eine knackige Kollegin, ein Firmenwagen ...

10. »Eigentlich bin ich ein Biest«

In dieser einen Abteilung läuft überhaupt nichts mehr. Dauernd bricht eine Kollegin zusammen oder meldet sich ein Kollege krank. Aus dem Büro ist binnen Kurzem ein Kriegsschauplatz geworden. Zwei oder mehr Mitarbeiter intrigieren, was das Zeug hält – und weder Sie noch die anderen Vorgesetzten wissen, wer die Strippenzieher sind.

Fest steht, dass irgendjemand ein falsches Spiel spielt. Telefonnachrichten kommen nicht mehr an, Deadlines geraten in Vergessenheit, der Flurfunk verbreitet Nachrichten von Drogenkonsum, Sexspielen und verheimlichten Schwangerschaften. Was ist erlogen, was wahr? Wer klüngelt mit wem? Wer hat ein Motiv? Um Antworten zu finden, braucht es wahre Detektivarbeit. Bis das eigentliche Biest identifiziert ist, können Jahre ins Land gehen – und hohe Schäden für die Firmenkasse und die Reputation des Unternehmens entstehen.

Erkennungszeichen: Auf den ersten Blick keines.

Könnte doch ein/-e gute/-r Mitarbeiter/-in werden, wenn ... Sie ihn oder sie auf eine einsame Insel versetzten. Ohne Konkurrenz und Publikum würde sich alles Biesthafte sofort verflüchtigen. Wetten, dass?

Nicht verschwiegen werden soll, dass es noch immer jede Menge andere Typen als die »Eigentlich bin ichs« gibt. Zum Glück. Wenn eine Ingenieurin genau in der Firma wirkt, die ihren Neigungen entspricht, wenn sie das tut, was sie am besten kann ... wenn ein Kaufmann als Sachbearbeiter in seinem

Element ist ... wenn der Fensterputzer bei der Arbeit vor Lebens-freude singt: Das sind die Mitarbeiterinnen und Mitarbeiter, die die Herzen von Personalverantwortlichen höher schlagen lassen. Weil sie das Unternehmen voranbringen – und ihre Zufriedenheit ansteckend wirkt.

UNGEWÖHNLICH BUNT

Friedemann Küster zog die nächste Bewerbungsmappe vom Stapel. Jedes Jahr die gleiche Prozedur, bis er alle Ausbildungsplätze in seinem Betrieb besetzt hatte. Heute ging es um eine Industriekauffrau, die vor allem seine Sekretärin im Vorzimmer unterstützen sollte. Da lagen die Hürden für die Bewerber naturgemäß besonders hoch. Friedemann schlug die Bewerbung auf. Ein hübsches Gesicht lächelte ihm vom Deckblatt entgegen. Alena Grunwald, las er. Sie war 19 Jahre alt und stand kurz vor ihrem Abitur. Sie hatte schulterlange blonde Haare, dunkle Augen und ein Grübchen an der rechten Wange. Ihre Lippen waren rot geschminkt, die dahinterliegende Zahnreihe strahlend weiß. Das Bild hatte einen sehr netten Eindruck bei Friedemann hinterlassen, weshalb er das Mädchen für heute zum Vorstellungsgespräch eingeladen hatte. Alenas Notendurchschnitt war mittelmäßig, allerdings hatte sie in Mathe eine Zwei. Das machte sie für Friedemann interessant und er wollte sie kennenlernen. Eine Frau, die rechnen konnte und noch dazu ein hübsches Gesicht hatte. Welchem Chef gefiel das nicht? Wenn Alena beim Gespräch nicht herumstotterte oder sich beim Praktikum wie der letzte Mensch anstellte, hatte sie den Ausbildungsplatz so

Eine Frau, die rechnen konnte und noch dazu ein hübsches Gesicht hatte. Welchem Chef gefiel das nicht?

gut wie sicher. Friedemann drückte einen Knopf an seinem Telefon.

»Frau Siegmund?« Es knackte in der Leitung.

»Ja, Herr Küster?«, antwortete eine weibliche Stimme geschäftsmäßig. Elvira Siegmund war Ende vierzig und arbeitete seit mehr als zehn Jahren für Friedemanns Firma. Inzwischen war sie so etwas wie seine rechte Hand. Eine Perle, die ihrem Chef jeden Wunsch von den Augen ablas, alles Wichtige herausfilterte und ihm alles Lästige vom Hals hielt. Nur die Optik hatte in der Zeit ihrer Zusammenarbeit etwas gelitten. Frau Siegmund naschte gern, vor allem zwischen den Mahlzeiten. In der untersten Schreibtischschublade versteckte sie eine Pralinenschachtel und sie liebte süße Stückchen zum Nachmittagskaffee. Deshalb war sie mit den Jahren etwas außer Form geraten. Ein wenig frisches Blut und ein hübscher Anblick im Büro konnten also nicht schaden, fand Friedemann. Das machte den Job als Geschäftsführer einer Maschinenbaufirma doch gleich viel angenehmer. Außerdem wurde die Arbeit nicht weniger, für die Firma lief es gerade hervorragend, und Frau Siegmund brauchte dringend Unterstützung.

»Sie können die nächste Bewerberin hereinschicken, Frau Siegmund«, sagte Friedemann ins Mikrofon.

»Ist gut, Herr Küster.«

Wieder knackte es in der Leitung. Nur wenige Sekunden später öffnete Frau Siegmund die Tür zu Friedemanns Büro, einem lichtdurchfluteten Eckzimmer mit großem Erker, in dem sich eine moderne Couchgarnitur aus schwarzem Leder

befand. Dort – in legerer Atmosphäre – sollte das Vorstellungsgespräch stattfinden. Friedemann zupfte an seiner gestreif-
ten Krawatte und schloss den vorderen Knopf seines dunklen
Sakkos. Er war sehr gespannt auf Alena Grunwald und setzte
ein freundliches Lächeln auf. Das fiel einen Augenblick später
abrupt in sich zusammen. Hinter Frau Siegmund betrat eine
schlanke Gestalt den Teppichboden von Friedemanns Büro.
Aber die Figur war nicht das Problem. Die junge Dame, die sich
mit raschen Schritten auf ihn zubewegte, hatte nicht mal annähernd Ähnlichkeit mit dem Bewerbungsfoto.

»Frau Alena Grunwald, Herr Küster«, stellte Frau Siegmund ihm die Bewerberin vor. Sie ließ ihren Chef nicht aus den
Augen. Sicher wollte sie keine Millisekunde seiner Reaktion
verpassen, wenn er Alena Grunwald zum ersten Mal gegen-
überstand.

Friedemanns Kinnlade klappte nach unten. Vor ihm stand
nicht das hübsche blonde Mädchen von dem Foto in der Bewerbungsmappe. Die junge Frau, die sein Büro betreten hatte, trug
knallenge schwarze Lederleggins mit Löchern und Nieten,
außerdem derbe Stiefel an den Füßen, deren Schnürsenkel über
den Boden schleiften. Ihr Oberteil bestand aus einem pech-
schwarzen Top und einem dunkelgrünen Netzhemd, das an
beiden Seiten von großen Sicherheitsnadeln zusammengehal-
ten wurde. Ihre Arme, ihr Hals und ihr Nacken waren mit bun-
ten Tattoos übersät. Die langen, pechschwarz gefärbten Haare
waren zu unzähligen Zöpfchen geflochten, die zu einem dicken
Pferdeschwanz zusammengebunden waren. Ihre Nase, die

Lippen, die Augenbrauen und Ohrläppchen waren von etlichen silberfarbenen Piercings durchstochen. Friedemann wusste gar nicht, wo er vor lauter Schreck zuerst hinsehen sollte.

»Guten Tag, ich bin Alena Grunwald«, stellte die junge Frau sich vor und hielt dem verdutzten Friedemann ihre rechte Hand entgegen. An den Fingern steckten mehrere dicke Silberringe mit Totenköpfen darauf. Nur widerwillig griff Friedemann danach. Alenas Händedruck war fest und energisch. »Danke für Ihre Einladung zum Vorstellungsgespräch. Ich freue mich total, dass ich kommen durfte«, fuhr sie fort, während sich Frau Siegmund schmunzelnd ins Vorzimmer zurückzog und ihren Chef mit der Bewerberin allein ließ. Friedemann starrte noch zwei Sekunden lang auf sein Gegenüber, erst dann fand er die Sprache wieder.

»Aber ...«, stammelte er, immer noch das hübsche Bild vor Augen. »Sie sind doch nicht Alena Grunwald. Ich meine ... das Foto in Ihren Bewerbungsunterlagen sieht ganz anders aus.«

»Doch, bin ich«, versicherte die junge Frau und nickte. »Das Bild ist zwei Jahre alt. Damals war ich siebzehn. Seither habe ich mich aber ein bisschen gewandelt.«

Ein bisschen? Das war reichlich untertrieben. Friedemann konnte nicht fassen, dass sich ein Mensch in so kurzer Zeit derart verändern konnte.

»Sie sind verpflichtet, sich mit einem aktuellen Foto zu bewerben«, erwiderte Friedemann ärgerlich. »Schließlich ist Ihre Veränderung keine Kleinigkeit. Sie sind jetzt ein völlig anderer Typ.«

»Aber immer noch ein Mensch.« Alenas dunkle Augen funkelten ihn wütend an. »Und darum geht es doch. Oder hätten Sie mich zum Vorstellungsgespräch eingeladen, wenn Sie gewusst hätten, wie ich jetzt aussehe?«

Friedemann fühlte sich ertappt. Er schluckte. Nein, natürlich nicht, gab er in Gedanken zu. Er hatte die andere Alena eingeladen, die süße Blonde mit dem netten Lächeln, ohne Tattoos und Piercings. Die Alena, die nun vor ihm stand, hätte er sicher nicht zum Gespräch gebeten. Sie hätte sofort eine Absage von ihm erhalten.

»Sehen Sie.« Alena pfiff durch die Zähne, als hätte sie Friedemanns Gedanken lesen können. »Wusste ich es doch. Sind eben alle gleich, diese Chefs. Habe ich schon oft erlebt. Hauptsache total normal und ein hübsches Gesicht, dann spielen sogar schlechte Noten keine Rolle. Was man sonst noch drauf hat, interessiert sowieso keinen.«

»Das trifft auf uns sicher nicht zu«, log Friedemann, dem inzwischen ziemlich unwohl in seiner Haut war. »In meinem Unternehmen lege ich großen Wert auf die fachliche Qualifikation meiner Mitarbeiter.«

Er machte eine einladende Handbewegung. »Bitte nehmen Sie doch Platz und erzählen Sie mir etwas über sich, Frau Grunwald. Warum haben Sie sich bei unserer Firma beworben?«

Tief im Inneren wusste Friedemann natürlich, dass er Alena gleich nach diesem Termin absagen würde. Einfach ein altes Foto in die Bewerbungsmappe zu kleben, um zum Gespräch eingeladen zu werden, bedeutete für ihn Betrug. Was das anging, war er sehr konservativ. Und ein Punk in seinem Vorzimmer? Wäre ja noch schöner. Was sollten denn seine Kunden von ihm denken?

»Danke«, erwiderte Alena und setzte sich Friedemann gegenüber auf die schwarze Ledercouch.

Einige Minuten später klopfte es an der Tür und Frau Siegmund kam mit einem Tablett herein, auf dem zwei Kaffeetassen standen. Ach herrje, das hatte Friedemann vollkommen vergessen. Er hatte mit seiner Sekretärin vereinbart, dass sie während des Gesprächs Kaffee servieren sollte. Schließlich war ein gemütlicher Plausch mit dem hübschen blonden Mädchen auf dem Foto geplant gewesen und natürlich hielt Frau Siegmund sich auch jetzt strikt an seine Anweisungen. Mit einem Grinsen auf den Lippen und einem Seitenblick auf Alenas tätowierte Arme stellte sie den Kaffee auf dem Couchtisch ab. Alena berichtete gerade von ihren Computerkenntnissen. »Alle gängigen Schreibprogramme sind kein Problem für mich, vor allem liebe ich Tabellenkalkulationen. Das macht mir totalen Spaß. Zahlen waren schon immer meine Welt.«

Frau Siegmund wandte sich um und wollte das Chefzimmer wieder verlassen, als die Tür aufgerissen wurde. Ohne anzuklopfen, stürmte ein junges Mädchen Friedemanns Büro und rannte dabei Frau Siegmund fast über den Haufen. Sie hatte etwa Alenas Alter, rotbraune Locken und Sommersprossen auf der Nase.

»Daddy, ich wollte nur kurz ...«, rief sie, dann blieb sie wie angewurzelt stehen. »Alena! Mensch, das ist ja ein Ding. Was machst du denn hier? Bewirbst du dich etwa in Daddys Firma? Das ist ja echt cool.«

»Ihr kennt euch?«, fragte Friedemann verwirrt.

»Klar kennen wir uns«, klärte Alena ihn auf. »Sara geht in meine Parallelklasse. Bio und Geschichte haben wir zusammen, da sitzen wir sogar nebeneinander.«

Friedemann erhob sich und hauchte seiner Tochter einen flüchtigen Kuss auf die Wange. »Sara, Schätzchen, im Moment ist es leider ganz schlecht. Ich bin mitten in einem Vorstellungs-gespräch. Kannst du später noch mal ...?«

Aber Sara dachte gar nicht daran, so schnell das Feld zu räumen. »Du musst Alena unbedingt einstellen, Daddy«, beschwor sie ihn. »Die hat nämlich echt was drauf. Außerdem ist sie ein Mathe-Genie. Ich glaube, sie ist das einzige Mädchen an unserer Schule, das den ganzen Analysis-Kram versteht. Du sagst doch immer, dass du im Büro Leute brauchst, die rechnen können.«

»Ja, schon.« Friedemann verdrehte innerlich die Augen. Die Sache lief wirklich alles andere als rund für ihn. Nun funkte auch noch seine eigene Tochter dazwischen. »Wir sind gerade dabei, uns näher kennenzulernen, Sara. Dann werden wir weitersehen. Es ist noch nichts entschieden.«

»Was gibt es denn noch zu überlegen?« Sara stemmte die Hände in die Hüften und sah ihren Vater herausfordernd an. »Gib es zu, Daddy. Du willst nur wieder so ein hübsches

Blondchen in deinem Büro haben. Hauptsache total normal, oder?«

»Jetzt reicht es aber, Sara.« Friedemanns Stimme wurde nun schärfer. »Lass uns jetzt bitte allein.«

»Schon gut«, schmollte Sara und ging zur Tür. Bevor sie hinausging, hob sie beide Fäuste in Alenas Richtung und drückte die Daumen. Dann verschwand sie mit Frau Siegmund im Vorzimmer.

»Also ...« Friedemann kehrte zur Couchgarnitur zurück, um das Vorstellungsgespräch fortzusetzen. »Sie sind also eine Schulkameradin meiner Tochter. Das allein ist natürlich kein Einstellungsgrund, das dürfte Ihnen klar sein.«

Alena nickte. »Deshalb will ich Ihnen auch zeigen, was ich alles drauf habe. Wenn Sie nichts dagegen haben, würde ich gern ein Praktikum in Ihrem Büro machen.«

Was sollte Friedemann nun sagen? Es fiel ihm absolut keine Begründung ein, um diesen Vorschlag ablehnen zu können. Außerdem würde Sara ihm die Hölle heißmachen, wenn er ihrer Freundin keine Chance gäbe. Er seufzte tief in seinem Inneren.

»Also gut, Frau Grunwald«, sagte er schließlich. »Mit Frau Siegmund können Sie einen Termin für ein Praktikum vereinbaren.«

Alena sprang auf und reichte Friedemann die Hand. »Vielen Dank, Herr Küster«, sagte sie. »Sara hat mir nicht zu viel versprochen. Sie sind tatsächlich ein netter Kerl.«

Sie strahlte über das ganze Gesicht und die Ringe an ihren Fingern klimperten mit ihren Piercings um die Wette.

Eine Woche später traute Friedemann seinen Augen kaum, als er am Morgen das Vorzimmer seines Büros betrat. An einem der Schreibtische saß eine schlanke, junge Frau mit langen Haaren, die ihr bis zum Po reichten. Die Haare waren mit leuchtend blauen Strähnen durchzogen, die im einfallenden Morgenlicht glitzerten. Ihre tätowierten Arme tippten lässig auf der Tastatur herum. Alena Grunwald startete heute also mit ihrem Praktikum. Neben ihr am Schreibtisch stand Frau Siegmund und nickte lächelnd. »Das ist ja toll, Frau Grunwald. So schnell hätte ich die Tabelle bestimmt nicht hinbekommen. Ich hätte wahrscheinlich wieder den halben Vormittag damit zugebracht.«

»Gar kein Problem, Frau Siegmund«, meinte Alena und winkte ab. »Wenn man erst mal kapiert hat, wie das Programm funktioniert, geht das total easy.«

Als Frau Siegmund ihrem Chef später den Kaffee servierte, schaute der sie fragend an. »Wie läuft es denn mit Ihrer Praktikantin?«

»Ungewöhnlich bunt, würde ich sagen, Herr Küster«, meinte Frau Siegmund und zwinkerte Friedemann zu.

Ungewöhnlich bunt? Wie sollte er das nun wieder interpretieren? Etwa als Aufforderung, endlich über seinen Schatten zu springen und Alena Grunwald den Ausbildungsplatz als Industriekauffrau zu geben?

Allerdings hatte Friedemann jetzt keine Zeit, weiter darüber nachzudenken. Er wartete auf einen wichtigen neuen Kunden,  **Ungewöhnlich bunt? Wie sollte er das nun wieder interpretieren?**

der um einen persönlichen Termin gebeten hatte, um Details eines großen Auftrages zu besprechen. Pünktlich um zehn meldete Frau Siegmund Herrn Lipinsky bei ihm an. Alena führte einen stämmigen, glatzköpfigen Mann in den Fünfzigern ins Chefzimmer und bot ihm höflich einen Kaffee an.

»Aber gern, junge Dame.« Herr Lipinsky nickte und ließ Alena nicht aus den Augen.

»Kommt sofort«, hauchte sie höflich lächelnd und verschwand wieder nach draußen.

»Da haben Sie ja einen hübschen Paradiesvogel in Ihrem Vorzimmer, Herr Küster. Alter Schwede, das ist mal ein Hingucker«, sagte Herr Lipinsky nach der Begrüßung zu Friedemann, der sofort blass geworden war und schon das Schlimmste befürchtet hatte. »Aber schließlich ist das Äußere nicht alles, oder? Ich finde es jedenfalls prima, dass Sie in Ihrer Firma auch für ungewöhnliche Menschen Platz haben.«

Friedemann war verwirrt. Damit hatte er nun wirklich nicht gerechnet.

»Meine Tochter hat seit Kurzem übrigens auch ein Tattoo«, fuhr der Mann in lockerem Ton fort. »Ist im Moment wohl ziemlich angesagt bei der Jugend. Macht die junge Dame eine Ausbildung in Ihrem Büro?«

Friedemanns Schultern entspannten sich, dann nickte er. »Selbstverständlich. Was denken Sie denn? Schließlich sind wir ein modernes Unternehmen«, erklärte er.

BIN ICH DA JETZT SCHON DRIN ODER WAS?

Es gibt heute genug junge Erwachsene, die sich an Lebensjahre ohne Internet nicht erinnern können (und die Existenz solcher Zeiten sogar für unmöglich halten). Die meisten von uns haben aber live mitbekommen, wie das damals ablief, als wir alle online gingen. Jetzt ist kaum mehr vorstellbar, was uns dabei so alles widerfuhr. Deshalb muss ich das, glaube ich, kurz erzählen.

Ich nehme dafür einen kleinen Umweg: Kennen Sie diese Indoor-Spielplätze in riesigen Hallen, zu denen man seinen Nachwuchs an Regentagen fahren kann? Wenn ja, hatten Sie vielleicht schon die Gelegenheit, dort auf einem saftklebenden Plastikstühlchen zu sitzen, zu warten, dass sich Ihre Brut ausgepowert hat, und (aus Ermangelung einer anderen Tätigkeit) die Spielenden zu beobachten. Sie werden rasch gelernt haben, in den ständig nachkommenden Kindern verschiedene Typen zu erkennen. Zuerst einmal gibt es die »Aufgeschlossenen«, die sofort ohne Scheu alles ausprobieren, die Mit-Tobenden ansprechen und schnell Freundschaften schließen. Dann sind da die »Angsthasen«, die nicht von der Seite der erwachsenen Begleitperson weichen und lieber zuschauen. Nur wenn sie vom zunehmend genervten Eintrittzahler dazu gezwungen werden, wagen sie sich höchstens ganz vorsichtig an ein besonders ungefährlich aussehendes Spielgerät heran. Die dritte Kategorie bilden die »Berserker«. Diese kennen Sie alle, denn sie sind unübersehbar: Sie rennen laut schreiend durch die Halle, rempeln nieder, was sich ihnen in den Weg stellt, und spielen mit so einer Rücksichtslosigkeit, dass oft genug etwas kaputt geht. Die Indoor-Spielplatzbesitzer mögen eigentlich nur den ersten beschriebenen Kindertyp wirklich gern, denn die sind unproblematisch, kommen sicher wieder und bilden die Seele einer solchen Einrichtung.

Und wenn Sie sich nun fragen, warum ich Ihnen das alles erzähle, darf ich Sie bitten, sich an die Anfänge des Internets zu erinnern (falls Sie dazu in der Lage sind). Na? Groschen gefallen? Das Netz war unser Indoor-Spielplatz und wir waren die Kids, die ihn eroberten. Welcher Typ Internet-Neuling waren Sie? »Aufgeschlossene/-r«, »Angsthase« oder »Berserker«? Haben Sie sich dort neugierig umgesehen, alles einmal ausprobiert und bei Problemen interessiert nachgefragt? Oder war Ihr vorherrschendes Gefühl dem World Wide Web gegenüber eher Furcht, die Sie davon abgehalten hat, irgendwo zu klicken, wenn Sie nicht genau wussten, was dann passiert? Oder aber haben Sie ohne Rücksicht auf Verluste überall herumgescrollt, jede Einstellung verändert und sich als großer Netz-Macker aufgeführt? (Ich gendere das jetzt nicht, denn diese Spezies schien es de facto nur in männlicher Ausführung zu geben.)

In den Anfangsjahren des flächendeckenden Internets gründete ich eine kleine Firma und ich kann Ihnen versichern, dass sich unter meinen Angestellten alle drei beschriebenen User-Typen befanden. Die besondere Herausforderung, die es für mich als Chef zu bewältigen galt, war, damit elegant umzugehen.

Nach etwa 25 Jahren World Wide Web denken wir nicht mehr allzu viel darüber nach, wie das surfende Leben, der vernetzte Büroalltag und die Zeit online ablaufen. Aber ähnlich wie bei der Erfindung des Automobils im 19. Jahrhundert gab es bei der Einführung des Internets keinen Erfahrungsschatz, auf den man zurückgreifen konnte. Die ersten Autofahrer kannten keine Verkehrsregeln, keine Ampeln, Zebrastreifen oder Verkehrsschilder. Wer sich traute, setzte sich hinters Steuer und fuhr los. Erst mit dem Auftauchen von Problemen erfand man nach und nach Gesetze und Verhaltensvorschriften. Genauso war es mit dem virtuellen Datenverkehr. Und der Beginn meiner Karriere als Unternehmer war stark von dieser Zeit des Ausprobierens im Netz gekennzeichnet.

Nehmen Sie zum Beispiel meine Assistentin Hanna (wir waren ein sehr junges Team, das sich freundschaftlich bei den Vornamen nannte). Sie war zwar in der Benutzung von Computern ein (verhältnismäßig) alter Hase, vollzog ihre ersten Berührungen mit dem Internet jedoch buchstäblich vor meinen Augen. Sie war eine »Aufgeschlossene«, wie sie im Buche steht: nie zaghaft, immer neugierig und durch und durch verantwortungsvoll. Da sie sich die weltumspannenden Weiten des Webs im Nu erschlossen hatte, wurde es schnell zu ihrer Hauptaufgabe, Informationen für mich zu recherchieren. Egal, ob es sich um eine eingehende Marktanalyse zu einem neuen Produkt der Konkurrenz, um technische Details eines Bauteiles oder um Reisevorbereitungen für meinen nächsten Kundenbesuch handelte, Hanna ermittelte alles (und das war in den Neunzigern bei Weitem nicht so selbstverständlich wie heute). Sie konnte einfach jedes Thema durch Infos aus dem Internet aufbereiten. Dabei ging sie folgendermaßen vor: Sie suchte, fand, druckte aus und heftete ab. Zu jeder Aufgabenstellung legte sie einen Ordner an, in dem sie die Recherche-Ergebnisse ablegte. Binnen weniger Monate hatten sich alle Wände ihres Büros mit Regalen gefüllt. Dort lagerte das gesammelte Wissen, nach Fachgebieten sortiert und mit Querverweisen ausgestattet. Gleichgültig, welche Fakten ich abrufen wollte, Hanna zauberte sie mit einem Handgriff hervor.

Sie schmunzeln an dieser Stelle vielleicht schon, weil Sie ahnen, worin die Redundanz der Angelegenheit liegt, aber Hannas Chef war zu stark von der Faszination darüber abgelenkt, was das Internet an Informationen für uns bereithält, um das zu erkennen. Dafür brauchte ich meinen Freund Peter, der einige Zeit nach Firmengründung als Prokurist zu unserem Team stieß. An seinem ersten Tag führte ich ihn bei uns herum. Mit stolzgeschwellter Brust demonstrierte ich ihm auch die Treffgenauigkeit von Hannas (analogen) Datenordnern. Zur Demonstration fragte ich sie nach einem in China hergestellten Einbau-Chassis, seinen Maßen, dem Preis und nach den Firmen, die es verwendeten. Blitzschnell präsentierte sie uns die Antworten.

Peter zeigte sich nur zögerlich beeindruckt.

Als wir Hannas Zimmer verlassen hatten, wollte er wissen: »Warum, zum Henker, befindet sich eine Papierkopie des Internets in diesem Raum?«

Ich stutzte und erkannte unseren Denkfehler: Wir hatten nicht verstanden, was »virtuell« bedeutet, und gedacht, wir müssten das im Web gesammelte Know-how in die reale Welt holen, um es wirklich existent zu machen. Die Tatsache, dass die Infos im Netz jederzeit abrufbar bleiben, hatten wir ignoriert.

So wirkungsvoll mir in jenem Moment die Schuppen von den Augen fielen, so aussichtslos war es, Hanna davon zu überzeugen, auf eine papierlose Führung ihres Büros umzusteigen. Wenn ich sie bat, mir die E-Mail eines Geschäftspartners zu zeigen, lag diese nicht in der Inbox meines Mailprogramms, sondern in Papierform auf meinem Schreibtisch. Wann immer ich sie um einen Link zu einer Homepage bat, druckte sie mir die Startseite aus. Und wenn ich sie fragte, ob sie mir noch einmal das Datenblatt eines Kunden heraussuchen könnte, zog sie einen Ordner aus dem Regal, in dem sich ihre Ausdrucke unserer Computerdatenbank befanden. Von diesem erhielt ich dann eine Fotokopie, weil sie das Original lieber nicht aus der Hand geben wollte.

Als die Regalwände durch den gesamten Gang, die Abstellkammer bis in das Zimmer der Buchhalterin gewuchert waren, wurde Hanna schwanger. Dass der Vater des Kindes Buchbinder ist, erfuhr ich erst später. Auf jeden Fall haben wir Hanna, die nach dem Mutterschutz nicht zurückkehrte, alle sehr vermisst und viel an sie gedacht. Gerade neulich fragte mich Peter in Reminiszenz an Hanna (und man muss dazusagen, dass ihr Baby mittlerweile an der Uni studiert), ob er die Online-Pizzabestellung ausdrucken und mir eine Kopie davon auf den Schreibtisch legen soll.

Mein Vertriebsmitarbeiter Tim war zu Beginn eher ein »Angsthase«, was das Internet anging. Es brauchte ziemlich viel gutes Zureden und An-die-Hand-Nehmen, bis er sich traute, selbstständig online zu gehen. Vielleicht war er dann aber in gewisser Weise noch findiger und moderner als unsere Hanna, denn er sah das Netz irgendwann als ein Werkzeug an, das ihn beruflich wie privat weiterbringen sollte. Er surfte sich sozusagen an die Sonnenseite des Lebens. Sein Schreibtisch zum Beispiel war voll mit Büroartikeln, die ich nie eingekauft hatte. Als ich mich erkundigte, woher das ganze Zeug kam, antwortete er: »Das sind alles Gratis-Probeexemplare von Onlineshops für Werbegeschenk-Anbieter.« Auf meine Frage hin, ob nun zu erwarten sei, dass all diese Firmen mich zu Aufträgen zwingen, winkte er lässig ab. »Quatsch, ich habe die Bedingungen genau durchgelesen. Man muss nichts bestellen, nur weil man sich zur Ansicht etwas schicken lässt.«

Dass Tim zwar gut im Aufspüren von Gratisprodukten, aber weniger im Lesen von Kleingedrucktem war, stellte sich etwas später heraus. Bleich wie eine Wand und mit angstschweißglänzender Stirn kam er eines Tages in mein Büro. Ich dachte zuerst, er hätte sich einen (analogen) Virus eingefangen und wolle mich fragen, ob er nach Hause fahren könne.

»Chef«, begann er jedoch zögerlich, »ich weiß, dass ich eigentlich nicht mehr in der Arbeitszeit nach Gratis-Sachen surfen soll, aber ich fürchte, ich habe es doch wieder getan.«

»Na ja. Wegen dem einen oder anderen Mal, wenn gerade nicht viel los ist, wird die Firma nicht gleich den Bach runtergehen«, antwortete ich gönnerhaft.

»Da stand eindeutig ›Free Sample‹. Ich schwöre es! Aber jetzt habe ich irgendwie unabsichtlich doch eine größere Menge von dem Zeug geordert. Im Namen des Unternehmens, weil da darauf hingewiesen wurde, dass sie die Samples nicht an Privatpersonen verschicken.« Sein Schweiß floss nun in Strömen und er kam gar nicht nach, ihn mit dem Ärmel von der Stirn zu wischen.

»Und was hast du bestellt? Wenigstens Druckerpapier, das Hanna dann aufbrauchen kann?«

»Kühltaschen. Sehr schöne, mit Blumen drauf. Ich dachte, ich könnte meiner Frau mit dem Free Sample eine Freude machen. Oh nein, wenn die Firma jetzt wegen der Sache dichtmachen muss, verzeihe ich mir das nie.« Er war den Tränen nahe.

»Wie viele Kühltaschen, Tim?«

»Ein Container statt ein Stück.«

»Wie viele sind das?«

»Sechzigtausend.«

»Sechzigtausend Kühltaschen?«, fragte ich perplex.

»Mit Blumenmuster, ja. Aber Chef, ich kenne da ein paar Leute. Die sind momentan ohne Job. Wir engagieren sie, damit sie sich mit den Taschen auf den Weg machen und sie verkaufen.« Er begann mir vorzurechnen, wie viel Gewinn wir erzielen könnten, wenn wir ein Drittel des Preises aufschlagen würden.

Ich dachte nur sehr kurz darüber nach, ob ich ins Kühltaschen-Geschäft einsteigen wollte, kam aber zu der Überzeugung, dass ich mit dem Blumenmuster nicht klarkäme. Also bat ich Hanna (zu dem Zeitpunkt noch nicht schwanger), mir die Kontaktdaten der Firma aus dem Netz herauszusuchen. Wenig später hatte ich einen Ausdruck der betreffenden Homepage auf meinem Schreibtisch.

Tim sah mir Nägel kauend dabei zu, wie ich in China anrief und mich zum Verantwortlichen durchfragte. Dieser war zum Glück sehr verständig, versicherte mir, dass er den Container nicht losgeschickt hätte, ohne noch einen schriftlichen Auftrag zu erhalten. Er fragte mich, ob er mir nicht vielleicht ein Free Sample schicken dürfe.

Ich glaube eigentlich, dass ich immer ein cooler Chef war, der voll und ganz auf der Seite seiner Mitarbeiter steht, aber die geblümte Probetasche lehnte ich aus personalpädagogischen Gründen ab.

Tim ist übrigens der Einzige aus dem ursprünglichen Team, der noch heute (zwanzig Jahre später) für mich arbeitet.

»Berserker« gab es unter meinen Angestellten eigentlich nur einen: Rolf, der das Lager verwaltete. Er scrollte sich in Lichtgeschwindigkeit durch Internetseiten, klickte hier, klickte da und brachte nicht selten seinen PC zum Totalabsturz, indem er

69 Fenster gleichzeitig geöffnet hatte. Unser IT-Mann hasste ihn, ich persönlich mochte seine Unerschrockenheit ganz gern. Wie unerschrocken er tatsächlich war, kann ich mit einer Geschichte belegen. Dazu muss ich wieder ausholen und etwas über die Anfangsjahre des Internets in Erinnerung rufen: Immer und überall Zugang zu - nennen wir es einmal - erotischem Bild- und Videomaterial zu haben, waren wir Anfang der Neunzigerjahre noch nicht gewöhnt. (Da meine Frau diesen Erlebnisbericht eventuell in die Finger bekommt, erlauben Sie mir bitte, an dieser Stelle ein wenig zu mogeln.) Wir alle kannten nur die abgesofteten, harmlosen Streifen, die am Wochenende nach 23 Uhr auf RTL 2 ausgestrahlt wurden. Kontakt zu echten Pornos hatten wir nicht.

Immer und überall Zugang zu — nennen wir es einmal — erotischem Bild- und Videomaterial zu haben, waren wir Anfang der Neunzigerjahre noch nicht gewöhnt.

Doch dann (und jetzt bin ich wieder bei der Wahrheit) kamen das Internet und sein hyperaktiver User Rolf. Ich glaube, eine Page des frühen World Wide Web, die er während seiner Arbeitszeit nicht besucht hat, gab es nicht. So wird es Sie nicht überraschen, dass er auch Erotikseiten aufrief (viele gleichzeitig, versteht sich). Wir Arbeitgeber wären in den Anfangsjahren auch nie auf die Idee gekommen, irgendwelche Portale zu sperren.

Eines Tages knapp vor Büroschluss, als ich mir gerade einen Kaffee aus der Küche holen wollte, wurde ich darauf aufmerksam, dass sich ungewöhnlich viele Mitarbeiter im Lager zusammengerottet hatten. Neugierig trat ich näher. Das Grüppchen stand rund um Rolf, der vor seinem PC saß, und starrte fasziniert auf den Bildschirm.

»Glaubst du, dass sie Turnerin ist? Ich denke nicht, dass normale Mädchen ihre Beine in diese Position bringen können«, kommentierte einer.

Dann bemerkten sie mich und ich durfte beobachten, wie ihre Mienen betreten wurden und sie rot anliefen.

Nur Rolf ließ sich durch mein Auftauchen nicht irritieren. »Das musst du dir ansehen!«, rief er mich begeistert herbei. »Die Frau macht Sachen, mit denen sie im Zirkus auftreten könnte!«

Als solider Familienvater, der ich heute bin, würde ich gern berichten, dass ich dieses Cybersex-Meeting in unserem Lager gesprengt habe. Aber warum sollte ich (schon wieder) lügen? Ich war jung und neugierig, also trat ich näher und sah mir an, was meine Belegschaft so bewunderte. Es kann sogar sein, dass ich so etwas wie »Schließt mal einer eben die Vordertür ab und lässt die Rollos herunter?« sagte, weil ich nicht von einem hereinspazierenden oder durchs Fenster blickenden Kunden erwischt werden wollte.

Irgendwann, als Rolf gerade den Suchbegriff »Big Boobs« eingab, stieß unsere einzige Mitarbeiterin Hanna zu uns. Mir war das schrecklich peinlich, denn eine Assistentin sollte ihren Chef nicht dabei erwischen, im Netz (oder sonst wo) nach großen Brüsten Ausschau zu halten. Er hat zu Bürozeiten gefälligst asexuell zu sein, woran ich mich, abgesehen von jenem einen Ereignis, auch immer sklavisch gehalten habe.

Zum Glück war Hanna nicht nur das Internet betreffend eine »Aufgeschlossene«. Unerschrocken trat sie näher und besah sich schweigend die barbusige Bevölkerung auf Rolfs Bildschirm. Nach einem Weilchen, in dem ich vor Scham fast gestorben wäre, deutete sie auf ein Bild, das zwei nackte schwedische Bibliothekarinnen inmitten von Stapeln alter Bücher zeigte.

»Kannst du mir diese Homepage für meinen Mann ausdrucken, Rolf?«, bat sie.

Sie hatte Glück, dass dies noch möglich war, denn am Tag darauf bat ich meinen IT-Spezialisten, Erotikseiten für unsere Firma zu sperren.

ASSISTENT/-IN GESUCHT

An die Geschäftsleitung
Ute Brinkenfeuer
Holetti GmbH
Stesslinger Straße 41
10439 Berlin

Roswitha Kaiser
Trebbinger Straße 21
10963 Berlin

Sehr geehrte Frau Brinkenfeuer,

ich habe Ihre Stellenanzeige gesehen und möchte mich auf
die Stelle der Assistentin der Geschäftsleitung bewerben. Wie
Sie meinem beigefügten Lebenslauf entnehmen können, bin
ich aufgrund meiner langjährigen einschlägigen Erfahrungen
sicherlich bestens geeignet und werde in der Lage sein, Ihre
Erwartungen mehr als zu erfüllen. Meine Stärken sind Anpas-
sungsfähigkeit, Verlässlichkeit und Freude an der Teamarbeit.
Über eine Einladung zum Vorstellungsgespräch würde ich
mich sehr freuen.

Ich verbleibe mit herzlichen Grüßen,
Roswitha Kaiser

E-Mail an: Roswitha Kaiser <roswitha.kaiser@aol.com>
Von: Anna Gruber <personalabteilung@holetti.de>

Sehr geehrte Frau Kaiser,
danke für Ihre Bewerbung und die Zusendung Ihrer Unterlagen. Ich darf Ihnen mitteilen, dass unsere Geschäftsführerin, Frau Brinkenfeuer, Sie zu einem Vorstellungsgespräch einladen möchte. Dazu bitten wir Sie, am Dienstag, den 8. März, um 9 Uhr in unser Firmengebäude in der Stesslinger Straße 41 (1. Stock, Büro der Geschäftsführung).
Wir freuen uns darauf, Sie persönlich kennenzulernen.
Mit freundlichen Grüßen
Anna Gruber

E-Mail an: Anna Gruber <personalabteilung@holetti.de>
Von: Roswitha Kaiser <roswitha.kaiser@aol.com>

Sehr geehrte Frau Gruber,
danke für Ihre E-Mail. Leider geht es bei mir rund um den 8. März nicht. Ich muss mich in einer Klinik einer Behandlung unterziehen. Nichts Ernstes, aber wichtig. Ginge es auch nach dem 12. März? Entschuldigen Sie bitte die Unannehmlichkeiten.
Mit freundlichen Grüßen,
R. Kaiser

E-Mail an: Roswitha Kaiser <roswitha.kaiser@aol.com>
Von: Anna Gruber <personalabteilung@holetti.de>

Sehr geehrte Frau Kaiser,

eigentlich führen wir alle Vorstellungsgespräche am 8. März, aber da Ihre Bewerbungsunterlagen so vielversprechend geklungen haben, wollen wir eine kleine Ausnahme machen und Sie einige Tage früher einladen. Falls Sie es mit Ihrem Klinikbesuch vereinbaren können, würden wir uns freuen, Sie schon am 5. März um 9 Uhr bei uns begrüßen zu dürfen.

Mit freundlichen Grüßen,

Anna Gruber

Holetti Firmengebäude, 1. Stock, Büro der Geschäftsführung, 5. März, 9 Uhr, anwesend sind die Geschäftsführerin Ute Brinkenfeuer, die Personalleiterin Anna Gruber und die Bewerberin auf die Assistentinnenstelle Roswitha Kaiser.

BRINKENFEUER: Zuerst einmal herzlich willkommen bei Holetti, Frau Kaiser. Schön, dass Sie da sind.

KAISER: Ich freue mich auch.

BRINKENFEUER: Ihre Vita ist beeindruckend. Sie können wirklich auf einen tollen Erfahrungsschatz zurückgreifen. Möchten Sie uns kurz erzählen, wieso Sie sich ausgerechnet bei uns beworben haben?

KAISER: Nun ... ich finde gut, was Sie hier aufgebaut haben. Man kann Ihnen nur zu Ihren Erfolgen gratulieren.

BRINKENFEUER: Danke! Aber warum wollen Sie in die Getränkeautomaten-Branche? All Ihre bisherigen Anstellungen hatten mit Medien zu tun.

KAISER: Ich suche neue Herausforderungen.

BRINKENFEUER: Weshalb haben Sie Ihre Stelle in der Sound&Text-Media verlassen?

KAISER: Ich brauchte eine Auszeit, um wieder mehr Zeit mit meinem Mann verbringen zu können. Meine Beschäftigung bei Sound&Text ließ keine Interessen abgesehen vom Büro zu. Das wollte ich für meine Partnerschaft nicht länger.

BRINKENFEUER: Das ist zu verstehen.

KAISER: An Holetti gefällt mir auch, dass offensichtlich von niemandem erwartet wird, dass er sein Leben außerhalb der Arbeit vernachlässigt. Das Unternehmen präsentiert sich sehr familienfreundlich. Betriebseigener Kindergarten, frei einteilbare Arbeitszeiten. Toll. Und auch, dass hier fast nur Frauen arbeiten, mag ich.

GRUBER *(blättert in Kaisers Bewerbungsunterlagen)*: Sie haben aber selbst keine Kinder, nicht wahr?

KAISER *(schlägt die Augen nieder)*: Nein.

GRUBER: Planen Sie welche?

KAISER *(ohne hochzusehen)*: Irgendwann vielleicht.

BRINKENFEUER: Anderes Thema: Ab wann wären Sie denn nach Ihrem Klinikaufenthalt einsetzbar? Wie schnell könnten Sie danach anfangen?

KAISER *(lächelnd)*: Das ist gar kein Problem. Dr. Reuters sagt, es gibt keinerlei Beeinträchtigungen.

Gruber zückt ihr Handy und tippt etwas ein.

BRINKENFEUER: Das klingt gut. Wir hatten nämlich gehofft, dass wir jemanden finden, der oder die schon am 15. durchstarten könnte.

GRUBER *(lässt das Handy sinken)*: Dr. Reuters von der Reuters Fruchtbarkeitsklinik?

KAISER *(strahlend)*: Ja, genau! *(erschrocken, als ihr klar wird, was sie verraten hat, wird rot)* Äh, nein. Ich meine einen anderen Dr. Reuters.

GRUBER: Kann es sein, dass Sie gerade versuchen, schwanger zu werden?

BRINKENFEUER: Nicht, dass uns das etwas angehen würde, aber wenn Sie planen, schon in wenigen Monaten wieder auszufallen, wären wir sehr dankbar, davon zu wissen.

Kaiser schweigt.

> **Kann es sein, dass Sie gerade versuchen, schwanger zu werden?**

E-Mail an: Anna Gruber <personalabteilung@holetti.de>
Von: Chantal Knoppich <chantal90@t-online.de>

Guten Tag,
auf der Hompage von Holeti gibt's so nen Job angeboten. Da dachte ich, da tu ich mich mal bewerben. Können sie mir sagen,

was ich dafüht tun muss? Soll ich mal das Arbeitszeugniss von MäcDonalds schicken? Da waren sie sehr zufriden.
Danke für die Infos.
Chantal Knoppich

E-Mail an: Chantal Knoppich <chantal90@t-online.de>
Von: Anna Gruber <personalabteilung@holetti.de>

Sehr geehrte Frau Knoppich,
danke für Ihr Interesse an Holetti. Da ein großer Teil der Aufgaben der Assistentin der Geschäftsleitung gute Kenntnisse in Schriftdeutsch erfordert, glauben wir nicht, dass Sie dafür geeignet sind. Wir danken Ihnen aber für Ihre Bemühungen und wünschen Ihnen viel Erfolg für Ihre weitere Berufslaufbahn.
Hochachtungsvoll,
Anna Gruber

E-Mail an: Anna Gruber <personalabteilung@holetti.de>
Von: Chantal Knoppich <chantal90@t-online.de>

Tag,
ich finde das schon unter aller Sau, das sie nich mal meinen Lebenslauf sehn wolln. Wie wolln sie da beurdeilen, ob ich geeignet bin. Sind sie doch selpst schuld, wen sie nimand finden. Ich bewerb mich sicher kein zweites mahl.
Chantal Knoppich

An die Personalabteilung
Anna Gruber
Holetti GmbH
Stesslinger Straße 41
10439 Berlin

Tom Jungwall
Schraystraße 1
82110 Germering

Sehr geehrte Frau Gruber,

ich bin 27 Jahre alt, habe bisher als Teamassistent bei Siemens München gearbeitet und werde nächste Woche nach Berlin umziehen.
Mit großem Interesse habe ich die Homepage der Firma Holetti studiert und möchte mich nun auf die freie Stelle bewerben.
Ich hoffe, die beigefügte Vita und meine Zeugnisse entsprechen Ihren Anforderungen.
Ich freue mich darauf, von Ihnen zu hören.

Mit freundlichen Grüßen aus Bayern,
Tom Jungwall

E-Mail an: Tom Jungwall <tomjung@web.de>
Von: Anna Gruber <personalabteilung@holetti.de>

Sehr geehrter Herr Jungwall,

vielen Dank für die Zusendung Ihrer Bewerbung. Die Bewerbungsgespräche finden am 8. März statt, aber wir möchten Sie noch einmal darauf hinweisen, dass es sich um die Stelle der Assistentin/des Assistenten der weiblichen (!) Geschäftsleitung Frau (!) Ute Brinkenfeuer handelt.

Mit freundlichen Grüßen,
Anna Gruber

E-Mail an: Anna Gruber <personalabteilung@holetti.de>
Von: Tom Jungwall <tomjung@web.de>

Sehr geehrte Frau Gruber,

danke für Ihre Mail. Tatsächlich wusste ich vor meiner Bewerbung darüber Bescheid, dass Ute Brinkenfeuer eine Frau ist, und ich weiß auch, wie es um die Männerquote in Ihrem Team bestellt ist. Das ist für mich kein Problem.

Um wie viel Uhr am 8. März würde mein Erscheinen zum Bewerbungsgespräch passen?

In Vorfreude auf das Gespräch und mit freundlichen Grüßen,
Tom Jungwall

Holetti Firmengebäude, 1. Stock, Büro der Geschäftsführung, 8. März, 14.30 Uhr, anwesend sind die Geschäftsführerin Ute Brinkenfeuer und die Personalleiterin Anna Gruber.

BRINKENFEUER *(schenkt sich neuen Kaffee ein)*: Nicht eine einzige Bewerberin dabei, von der ich hundertprozentig überzeugt bin.

GRUBER: Und wenn wir die Kleine frisch vom Abi nehmen? Gut möglich, dass sie sich bei uns gut entwickelt. Sie wirkte doch sehr nett und eifrig. Und ein paar Praktikumsplätze hatte sie auch bereits, wo sie zufrieden mit ihr waren.

BRINKENFEUER: Wie hieß die noch mal?

GRUBER *(blättert in ihren Unterlagen)*: Mia Freutz. Die ist aber schon extrem jung. Knapp 18.

BRINKENFEUER: Was bleibt uns anderes übrig? Sollen wir etwa diese Kaiser nehmen, die uns nur braucht, um sich dann in Ruhe künstlich befruchten zu lassen?

GRUBER: Du hast ja recht. Jetzt müssen wir uns noch schnell pro forma diesen Jungwall anhören. Wie einfach wäre es, wenn man von vornherein sagen dürfte, dass man nur eine Frau möchte. Dann könnte man ihm und uns viel Zeit ersparen.

BRINKENFEUER *(blättert in den Unterlagen)*: Wird wieder mühsam, sich einen triftigen Grund für die Ablehnung einfallen zu lassen. Seine Qualifikationen sind nämlich gut. Zum Glück ist seine erste lebende Fremdsprache Französisch und nicht Englisch. Daraus lässt sich ziemlich einfach etwas machen.

GRUBER: Ich verstehe nicht, warum sich einer bei uns bewirbt, wenn er auf der Homepage sieht, dass bei uns

außer dem Hausmeister und zwei Technikern nur Frauen
arbeiten.

*Es klopft, die Tür öffnet sich, Tom Jungwall steckt den Kopf zur
Tür herein.*

Gruber und Brinkenfeuer sehen hoch.

JUNGWALL: Mein Name ist Tom Jungwall. Ich habe jetzt um
14.30 Uhr einen Vorstellungstermin. Die Sekretärin meinte,
ich sollte einfach reinschauen.

GRUBER: Bitte kommen Sie nur.

*Gruber wirft Brinkenfeuer einen bedeutungsschwangeren Blick
zu, während sich die drei miteinander bekannt machen.*

BRINKENFEUER *(plötzlich etwas schüchtern)*: Bitte nehmen
Sie doch Platz.

JUNGWALL *(lächelt charmant)*: Danke schön.

*Brinkenfeuer lässt ihn nicht aus den Augen, während er sich hin-
setzt und interessiert im Büro umsieht.*

GRUBER: Ist Ihr Umzug nach Berlin gut über die Bühne
gegangen?

JUNGWALL: Ja, alles erledigt. Tolle Stadt. Nicht so spießig wie
München.

GRUBER *(kühl)*: Ich habe in München studiert.

JUNGWALL: Oh, schön. Vermissen Sie es?

GRUBER: Nein.

Jungwall grinst.

GRUBER: Und wie hat es Ihnen bei Siemens gefallen?

JUNGWALL: Sehr gut.

GRUBER: Sie haben dort in einem reinen Männerteam gearbeitet?

JUNGWALL: Ja. Ich weiß, worauf Sie hinauswollen. Lassen Sie mich gleich vorwegnehmen, dass es mir egal ist, ob ich mit Frauen oder Männern arbeite. Und im Sinne des Allgemeinen Gleichstellungsgesetzes geht es Ihnen genauso, nicht wahr?

BRINKENFEUER *(schnell)*: Selbstverständlich. Derjenige oder diejenige mit den besten Qualifikationen bekommt den Job.

JUNGWALL: Gut.

GRUBER: Sie sprechen fließend Französisch?

JUNGWALL: Oui, Madame.

GRUBER: Wie sieht es mit Englisch aus?

JUNGWALL: Geht so.

Gruber wirft Brinkenfeuer einen triumphierenden Blick zu.

Brinkenfeuer hat aber nach wie vor nur Augen für Jungwall.

GRUBER: Sie wissen, dass unser Kooperationspartner in Amerika sitzt?

JUNGWALL: Nein, das wusste ich nicht. Dann hätte ich endlich einen Grund, meine Englischkenntnisse in einem Abendkurs aufzubessern.

BRINKENFEUER *(gedankenverloren)*: Haben Sie dazu abends Zeit?

JUNGWALL: Ja. Ich bin neu in der Stadt. Klingt nach einer guten Gelegenheit, Leute kennenzulernen.

BRINKENFEUER: Kennen Sie denn gar niemanden?

JUNGWALL: Nein. Aber keine Sorge, ich lebe mich schnell in einer neuen Umgebung ein.

BRINKENFEUER: Da bin ich froh. Ich kann Ihnen ja vielleicht auch mal ein geselliges Lokal zeigen oder so.

JUNGWALL: Ja, das wäre nett.

Jungwalls und Brinkenfeuers Blicke halten einander fest.

Ich kann Ihnen ja vielleicht auch mal ein geselliges Lokal zeigen oder so.

GRUBER *(leicht ungehalten)*: Wie ist es um Ihre Computerkenntnisse bestellt?

JUNGWALL *(sieht weiterhin Brinkenfeuer an)*: Exzellent.

GRUBER: Sind Sie flexibel, was Arbeitszeiten und Überstunden angeht?

JUNGWALL *(ohne Brinkenfeuer aus den Augen zu lassen)*: Ich bin sehr flexibel.

GRUBER: Belastungsfähigkeit?

JUNGWALL: Sie würden staunen.

BRINKENFEUER *(lächelt versonnen)*: Das klingt wirklich so, als wären Sie bestens qualifiziert für die Stelle.

GRUBER: Na ja.

JUNGWALL: Ich denke auch.

BRINKENFEUER: Sind das blaue Kontaktlinsen oder haben Sie wirklich so helle Augen?

Gruber räuspert sich.

JUNGWALL: Nein, keine Kontaktlinsen.

GRUBER: Ich glaube, wir haben genug gehört.

JUNGWALL: Was denn, schon?
GRUBER *(abweisend)*: Sie hören von uns.
BRINKENFEUER *(eifrig)*: Ich rufe Sie auf jeden Fall an.

E-Mail an: Anna Gruber <personalabteilung@holetti.de>
Von: Tom Jungwall <tomjung@web.de>

Sehr geehrte Frau Gruber,
nach reiflicher Überlegung muss ich Ihnen leider nach unserem Gespräch in der letzten Woche mitteilen, dass ich mit der Situation, eine Frau zum Chef zu haben, doch nicht klarkommen würde. Sie hatten diesbezüglich recht. Deshalb möchte ich meine Bewerbung zurückziehen.
Ich hoffe auf Ihr Verständnis und verbleibe mit besten Grüßen,
Tom Jungwall

E-Mail an: Ute Brinkenfeuer <brinkenfeuer@holetti.de>
Von: Tom Jungwall <tomjung@web.de>

Liebe Ute,
ich kann es kaum erwarten, Dich wiederzusehen! Wollen wir heute Abend essen gehen?
Vielleicht möchtest Du dieses Mal ja auch zum Frühstück bleiben.

Kuss,
Tom

BEWERBERBINGO

Hin und wieder graut es mir vor den kommenden Aufgaben.

Als Abteilungsleiter des User-Help-Desks einer großen Versicherung liegt es in meiner Verantwortlichkeit, passende Mitarbeiter zu finden. Eigentlich ein sehr interessanter und vielseitiger Part meines Jobs. Man lernt neue Menschen kennen, unterhält sich mit ihnen, redet über ihre Stärken, ihre Schwächen und schließlich sucht man den Passendsten oder die Passendste aus und überbringt ihm bzw. ihr die frohe Botschaft.

Zumindest sieht es von außen so aus.

Die Wahrheit ist, wie so oft, leider anders.

Alles begann mit einer internen Stellenausschreibung. Also einer Mail und einem Verweis im Intranet, dass ein Mitarbeiter gesucht wurde. Diesmal war es für den technischen Support an der Hotline für interne PC-Probleme. Weiblich oder männlich, Vorkenntnisse im Umgang mit Windows 7/8.1 und den typischen Office-Programmen waren erwünscht, weitere PC-Kenntnisse erforderlich, Freundlichkeit im Umgang mit Menschen, Belastbarkeit, eine wohlklingende Telefonstimme und, da im Schichtdienst gearbeitet würde, war auch ein Führerschein unabdingbar. Schulungen wurden angeboten und je nach Kenntnisstand lag die Gehaltsmarge, die ich anbieten konnte, zwischen 1800 und 2100 Euro im Monat. Ein normaler Callcenterjob in einem normalen Unternehmen also.

Natürlich hatte sich intern niemand auf die Stelle beworben, also war meine erste Anlaufstelle die örtliche Agentur für Arbeit. Nach wenigen Telefonaten und Weitergabe der Daten an die Jobbörse waren ein paar Tage später die ersten Bewerbungsgespräche terminiert. In anderen Positionen ist meist noch ein Mitarbeiter aus der Abteilung Human Resources mit dabei, bei so einer Stelle liegt die Entscheidungskompetenz – und somit auch die Verantwortung für den Mitarbeiter – ganz allein bei mir. Dies kann Vorteile haben, muss es aber nicht.

Das erste Bewerbungsgespräch hatte ich auf neun Uhr gelegt. Von meinem Büro in der zweiten Etage aus habe ich einen guten Blick auf die Besucherecke. Eine Praktik, die in den Vereinigten Staaten gern angewandt wird und sich auch in Deutschland immer größerer Beliebtheit erfreut, ist die Beobachtung der Bewerber vor dem Gespräch. Nach Meinung etlicher Forscher lassen sich Rückschlüsse auf das zukünftige Arbeitsverhalten der Personen ziehen, wenn man sie nur einige Minuten, dem Anschein nach völlig allein, sich selbst überlässt. Angeblich soll dies sogar wirksamer sein als ein mehrstündiges Gespräch oder gar die Teilnahme an einem Assessment Center. Ich gebe zu, dass ich die offene und persönliche Interaktion um ein Vielfaches mehr schätze, aber interessant zu beobachten ist es trotzdem.

Ist er nervös? Knibbelt er an den Fingernägeln? Riecht er an seinem eigenen Atem? Muss er ständig auf die Toilette? Wie oft richtet die Person ihr Hemd? Geht sie vielleicht sogar noch einmal ihre Unterlagen durch? Grüßt sie die anderen Bewerber?

Ich bin mir sicher, dass Unternehmenschefs und Forscher mit Fragen wie diesen und den dazugehörigen Antworten psychologische Profile erstellen und ganze Bücher füllen können und es wahrscheinlich auch gemacht haben. Aber hier ging es um den Job eines Callcenteragenten und nicht um eine Stellung als Chef des MI5, weshalb ich diesmal auf teure Consultings verzichtete.

An jenem Morgen allerdings hätte ich mir zumindest einen Psychologen an meiner Seite gewünscht. Der junge Mann, nennen wir ihn Herrn Werner, Mitte dreißig, streng gescheitelte Haare, Anzug mit passender Krawatte und Einstecktuch, hatte etliche Unterlagen auf dem kleinen Tisch im Wartebereich verteilt und schien diese komplett studieren und auswendig lernen zu wollen. Verstehen Sie mich bitte nicht falsch - Personalchefs lieben es, wenn die Bewerber etwas über das Unternehmen sagen können, bei dem sie vorstellig werden, aber dieser schien die Geschäftsberichte, Dividendenzahlungen und Protokolle der Jahreshauptversammlungen in sein Gehirn meißeln zu wollen. Ohne voreilige Schlüsse zu ziehen, bat ich den Herrn am Empfang, den Bewerber zu mir zu schicken. Nach einer freundlichen Begrüßung und dem obligatorischen Small Talk (Haben Sie gut hergefunden?) begannen wir unser Gespräch. Er wirkte selbstbewusst, höflich und zuvorkommend. Innerlich schloss ich die Bewerberrunde direkt nach dem ersten Kandidaten. Vielleicht mochte er etwas zu genau sein, aber auch das ist einer Teamdynamik manchmal sehr zuträglich.

Ich erläuterte unsere Unternehmensphilosophie, was alles zu seinen Aufgaben gehören würde, und wollte gerade dazu übergehen, gemeinsam seine Zeugnisse, Abschlüsse und vorherigen Anstellungsverhältnisse durchzusprechen, als er mich etwas zu rüde unterbrach.

»Wie viel kann man hier verdienen?«, wollte er geradeheraus wissen.

Eigentlich eine völlig legitime Frage, allerdings sollte man die Einführung dieses Teils den Personalchefs überlassen. Ich musste schon ein wenig stutzen, überflog seine Zeugnisse und stellte fest, dass er von den Vorkenntnissen her eigentlich bestens geeignet für die Stelle war.

»Nun ja, bei passender Eignung ist es uns möglich, Ihnen ein Grundgehalt von zweitausend Euro anzubieten«, begann ich etwas zögerlich. »Nach der Probezeit würde sich das um weitere einhundert Euro erhöhen.« Ich wollte mit offenen Karten spielen. In etwa diese Summe hatte ich der Betreuerin bei der Agentur für Arbeit genannt. Also lehnte ich mich zurück und beobachtete seine Reaktion. Doch zu meiner Verwunderung entstand eine lange Pause, die langsam unangenehm zu werden drohte. »Herr Werner?«, hakte ich nach.

»Zu wenig.« Er sah mich mit einem ruhigen Lächeln an.

»Wie bitte?«

»Das ist mir zu wenig, ich brauche mindestens viertausend Euro.«

Ganz davon abgesehen, dass seine Wortwahl sicherlich nicht die glücklichste war, versuchte ich ihm zu erklären, dass solch eine Erhöhung für diese Position am Anfang leider nicht möglich sei. Das würde unser Gehaltsgefüge sprengen, aber er könnte sich ja hocharbeiten und, bei passender Eignung sowie einigen Schulungen, wäre es sicherlich in einiger Zeit ...

Die Schlösser seines Aktenkoffers klackten auf. Ruhig, fast stoisch legte er seine Dokumente zusammen, schloss den Koffer, stand auf und reckte mir die Hand entgegen.

»Ich wünsche Ihnen noch einen schönen Tag«, sagte er lächelnd, als ich verdutzt seine Hand schüttelte. Innerhalb von wenigen Momenten hatte er das Gebäude verlassen und ließ mich mit offenem Mund zurück.

Nach einem starken Kaffee in der Kantine und noch mehr Kopfschütteln auf dem Weg zurück in mein Büro saß dort bereits der nächsten Bewerber. Anscheinend hatte der Empfang ihn schnurstracks zu mir gelotst. Das Alter stimmte mit dem des ersten Herrn überein, das war allerdings auch die einzige Schnittmenge. Er war ein junger Mann mit einem ausgewaschenen World-of-Warcraft-Fan-Shirt, einer Jeans, die unten ausfranste, Sneakers und einer Haarmatte, die mal einen Schnitt gebrauchen könnte. Verstehen Sie mich nicht falsch, das Erscheinungsbild täuscht oftmals über die Fähigkeiten hinweg - viele unserer besten und begabtesten Techniker favorisieren solch ein Outfit und verdienen um einiges besser als ich. Trotzdem sollte man sich zu Bewerbungsgesprächen ein wenig anders kleiden. Doch es war noch nicht einmal sein Erscheinungsbild, das die Wut langsam, aber stetig in mir hochkochen ließ. Der junge Mann, nennen wir ihn Herrn Dröhmler, saß auf *meinem* Stuhl, hatte das Foto *meiner* Kinder in der Hand und tippte gedankenverloren auf *meiner* Tastatur herum. Nennen Sie mich kleinkariert, aber so ein Verhalten passt besser in ein amerikanisches Apple-Epos als in eine Versicherungsgesellschaft.

»Ihre?«, wollte er ohne Begrüßung wissen und hielt das Foto meiner beiden Töchter in die Höhe.

»Jaaa«, antwortete ich langgezogen, halb fragend, halb zornig. »Sollte man annehmen, oder? Es ist *mein* Büro!« Ich nahm den Rahmen an mich und stellte das Bild wieder auf seinen Platz. »Was machen Sie da?«

»Mir die Zeit vertreiben, Sie waren ja nicht da. Nur kurz ins Internet, ich muss meine Armeen boostern, der nächste Angriff steht bevor und da habe ich die Zeit genutzt. Unsere Allianz hat ganz schön was abbekommen und jetzt ist Payback-Time!«

Auch ich habe mal Onlinegames gespielt und konnte zumindest erahnen, was er meinte. Als ich mich hinter Herrn Dröhmler stellte, wurde meine Ahnung zur traurigen Gewissheit. Tatsächlich hatte er den Browser geöffnet, sich in sein Onlinespiel eingeloggt und verwaltete nun seine Space-Armeen.

»Wie kommen Sie ...«

»Rechner war nicht gesperrt«, war seine kurze Antwort, als ob er erahnte, was ich fragen wollte. »Können Sie unterschreiben, dass ich hier war?«

Ohne groß den Blick vom Monitor zu nehmen, griff er in seine Hosentasche. Zum Vorschein kam ein Formular der Agentur für Arbeit. Ich sollte bestätigen, dass er in unserem Haus vorstellig war, damit man seine Leistungen nicht kürzte. Sofort unterzeichnete ich das zerknüllte Blatt und gab es ihm zurück. Er nickte, loggte sich aus dem Spiel aus und sperrte sogar meinen Computer. Dann bedankte er sich freundlich und lächelte, als er das Büro verließ.

Ich unternahm keine Versuche, ihn aufzuhalten.

Langsam, die Situation noch verarbeitend, trat ich an die Glasfront und blickte ihm hinterher. Herr Dröhmler sollte nicht mehr lange meine Gedanken durcheinanderbringen, denn die nächste Bewerberin saß bereits unten in der Besucherecke. Nun ja, *saß* war vielleicht der falsche Ausdruck. Rückblickend würde ich eher sagen, dass sie verharrte wie eine Schlange, die auf Beutesuche war. Mit kerzengeradem Rücken bedachte sie jeden der vorbeigehenden Mitarbeiter mit einem kurzen und abschätzenden Blick. Ihr hochgeschlossener Hosenanzug zeugte von Strenge, der Kragen war sogar umgeklappt, was ihr ein noch martialischeres Aussehen verlieh. Die dunkle Aktentasche lag auf den Knien, ihre Hände hatte sie fest um das Leder geschwungen, als ob dort geheime Dokumente lagerten. Der Dutt aus brünetten Haaren war so fest gebunden, dass ich mich einen Moment lang fragte, ob das nicht schmerzte.

Ich blickte auf die Uhr. Es war 10.10 Uhr, der vorherige Termin hatte nur wenige Momente gedauert, sie war also über fünfzig Minuten zu früh.

Bei Bewerbern, die allzu früh vor dem vereinbarten Termin erscheinen, habe ich immer ein mulmiges Gefühl. Natürlich, wenn die Bahnverbindung einfach nicht besser passt oder der Partner einen absetzen musste, kann ich das durchaus nachvollziehen. Doch irgendetwas in mir wusste, dass dies hier nicht der Fall war. Noch bevor ich den Gedanken weiter verfolgen konnte, drehte die Frau ihren Kopf. Langsam, als hätte sie die ganze Zeit gewusst, dass ich sie beobachte, wandte sie sich mir zu. Als sich unsere Blicke trafen, stoppten ihre Bewegungen. Ein Schauer lief mir über den Rücken – ihre Pupillen durchbohrten mich. Für einen Herzschlag hatte ich das Gefühl, als guckte sie mich gar nicht an, sondern durch mich hindurch. Nein – sogar in meine Seele. Innerlich fröstelte es mich.

Unsicher schlich ich zu meinem Stuhl und sah mir die Unterlagen etwas genauer an. Frau Bosch war 42 Jahre alt, hatte hervorragende Arbeitszeugnisse,  **Ein Schauer lief mir über den Rücken – ihre Pupillen durchbohrten mich.** doch blieb sie bei keiner Stelle länger als ein Jahr. Kein gutes Zeichen. Außerdem fehlten ihre Schulunterlagen vollends.

Selbst auf dem Bewerbungsfoto sah sie irgendwie zum Fürchten aus. Aufgrund des vorherigen Gesprächs nahm ich alle privaten Fotos vom Board und verstaute sie in meinem Schreibtisch. Danach schluckte ich trocken und wollte das Gespräch so schnell wie möglich hinter mich bringen. Per Telefon bat ich den Empfang also, sie hochzuschicken. Ich erhob mich, baute mich auf und hörte ihre Absätze klackern, während sie die Treppe nahm.

»Guten Tag«, sagte sie mit fester Stimme, noch bevor eine Silbe meinen Mund verließ.

»Frau Bosch, es ist schön, dass Sie hier sind. Möchten Sie sich ...«

»Ja, vielen Dank.« Schon hatte sie Platz genommen, öffnete ihren Aktenkoffer, holte Zettel und Papier hervor und lächelte mich an. »Ihre Firma hat den Umsatz in den zurückliegenden drei Jahren nicht steigern können«, begann sie ruhig. »In den letzten beiden Quartalen ist er sogar gesunken.«

Ich hatte kaum Platz genommen. War ich jetzt derjenige, der Auskunft geben sollte?

»Da sind Sie bestimmt besser informiert als ich«, versuchte ich einen Scherz. »Ich leite lediglich den User-Help-Desk. Aber unser Vorstandsvorsitzender kann Ihnen da bestimmt weiterhelfen.«

Sie lächelte nicht, machte sich Notizen. »Ich sehe dieses Gespräch als einen Austausch, der für beide Seiten von immenser Bedeutung sein kann«, verkündete sie.

Unweigerlich sackte ich ein wenig tiefer in meinen Stuhl, bevor ich erwiderte: »Ganz bestimmt, es geht ja nicht nur darum, dass der Bewerber zum Unternehmen passt, auch der Job muss zum Menschen passen.«

»Exakt!« Ihr Kuli flog über den Block. Sie kam mir vor wie ein Roboter, der versuchte, menschliche Verhaltensweisen nachzuahmen, und seine Fähigkeiten nun am lebenden Probanden anwandte. »Hat Ihre Firma in den nächsten Jahren vor, ihre Expansion weiter voranzutreiben? Durch feindliche Übernahmen zum Beispiel?«

Sie werden assimiliert werden. Ihre Kultur wird sich anpassen und uns dienen. Widerstand ist zwecklos, drang es mir durch den Kopf.

Ein dünner Schweißfilm legte sich auf meine Haut. Ich zuckte mit den Schultern und lehnte mich nach vorn.

»Vielleicht reden wir erst einmal über Sie«, schlug ich freundlich vor. »Wie ich sehe, liegen keine Unterlagen über Ihre schulische Ausbildung bei.«

Sie sah mich mit einem Eisblick an und bewegte sich kein Stück. »Verbrannt«, hauchte sie schließlich. »So etwas passiert. Aber gern komme ich später noch einmal darauf zurück.«

Auch das hatte ich in diversen Horrorfilmen schon einmal gesehen. Nach einer halben Stunde, in der das Gespräch eher mühsam vorankam, besann sie sich anscheinend, dass sie nun genug Informationen über die menschliche Spezies in Stresssituationen gesammelt hatte, schüttelte mir die Hand und verließ das Gebäude. In diesem Moment hatte ich das Gefühl, als würde die Sonne ein wenig heller scheinen.

Nachdem ich mich in der Kantine erholen konnte, stand das nächste Gespräch in meinem Terminkalender. Frau Docker schien von den Unterlagen her gut in das Profil zu passen. Das Foto wirkte sympathisch, die Vorkenntnisse stimmten, sie wohnte sogar in der Nähe und suchte eine neue Herausforderung. Als wir uns begrüßten, fiel mir augenblicklich ihre fröhliche und offene Art auf. Die Jeans und die wilden Haare trugen ebenfalls dazu bei, dass ich gleich lächeln musste, als ich ihr etwas zu trinken anbot.

»Frau Docker ...«

»Jawohl, locker vom Hocker.«

Mir gefiel dieses Wortspiel. Ich mag es, wenn Leute sich nicht allzu ernst nehmen. »Möchten Sie ein Wasser? Kaffee?«

»Och, am liebsten einen Schnaps.«

Sie lachte laut und schrill. Aber ich musste ihr recht geben. Nach so einem Vormittag hätte ich auch gut einen vertragen können.

»Milch oder Zucker?«

»Schwarz, wie meine Seele.« Wieder das laute Lachen.

Okay, das war dann auch genug. Ich lachte nicht mehr mit, zog die Mundwinkel lediglich kurz nach oben.

Schwungvoll setzte ich mich hinter den Schreibtisch und schlug ihre Bewerbungsmappe auf. »Ja, ich freue mich sehr, dass es geklappt hat ...«

»Oh, großartig!« Sie erhob sich und hielt mir die Hand hin. »So schnell hatte ich noch nie einen neuen Job.«

Ich brauchte erst ein paar Herzschläge, um zu begreifen, dass sie einen Witz gemacht hatte. Schließlich nahm Frau Docker wieder Platz.

»Sie wohnen ganz in der Nähe, dann wäre der Weg ja auch nicht so weit. Schöne Gegend, übrigens.«

»Wieso, wohnst du auch da?«

»Wie bitte?« Sie sprach so schnell, dass ich mir nicht sicher war, ob ich sie richtig verstanden hatte.

»Ja, dann können wir beide irgendwann schön einen trinken gehen.«

»Vielleicht«, presste ich hervor und machte ihr deutlich, dass ich dieses Gespräch nun gern weiterführen würde.

»Haben Sie denn einen Stift für mich?«

Ich gab ihr einen Stift.

»Und hast du noch Papier? Sorry, ich Schussel habe alles vergessen.«

Auch das gab ich ihr. Erneut folgte ein schrilles Lachen. Das Gespräch war durchzogen von weiteren Wortspielen, schnellen Wechseln vom Duzen zum Siezen und zurück sowie Lachanfällen, die einem das Trommelfell platzen ließen. Am Ende war ich mir sicher, dass ich einen Tinnitus zurückbehalten würde. Doch auch dieses Gespräch war irgendwann vorbei und ich sank erschöpft in den Bürostuhl. Als ich meinen Füller ergreifen wollte, um Notizen hinter dem Profil der Dame zu vermerken, griff ich ins Leere. Erst in diesem Moment fiel mir auf, dass ich ihn seit heute Morgen nicht mehr in der Hand gehabt hatte. Mein guter Montblanc-Füller, das Geschenk meiner Frau zum Hochzeitstag – einfach verschwunden!

Ich suchte das ganze Büro ab, ging sogar noch einmal in die Kantine, doch von meinem Füller fehlte jede Spur. An dieser Stelle **Mein guter Mont-blanc-Füller, das Geschenk meiner Frau zum Hochzeitstag – einfach verschwunden!** hätte ich bei der Agentur für Arbeit anrufen oder gar die Polizei einschalten können, ich entschied mich allerdings dagegen.

Ein paar Monate später traf ich einen befreundeten Personalchef auf einer Tagung und wir kamen ins Gespräch. Herr Werner, mein erster Bewerber an diesem Tag, war auch bei ihm vorstellig gewesen. Er wurde auf frischer Tat ertappt, wie er Trophäen von Betrieben mitgehen ließ und diese bei sich in der Wohnung ausstellte. Dem Anschein nach eine psychische Störung. Meinen Füller erhielt ich tatsächlich wieder, nachdem die Polizei seine Wohnung durchsucht und den »Trophäenschrank« ausgeräumt hatte. Und auch eine geeignete Bewerberin stellte sich einige Tage später vor ... nach unzähligen langen und harten Gesprächen.

MONEY FOR NOTHING

»Sie sind aber auch wirklich zu dämlich. Wahrscheinlich sind Sie nicht mal in der Lage, einen Eimer Wasser umzutreten.« Peter Bremer hatte sich – mal wieder – vor dem Schreibtisch der jungen Werbekauffrau Sabine Henning aufgebaut. Bremer, smart und tadellos gekleidet wie immer, sprach mit etwas lauterer Stimme als üblich, aber durchaus beherrscht und gelassen. »Sie sollten die Konkurrenzbeispiele raussuchen und zwar in der richtigen Reihenfolge. 2005 kommt *vor* 2010. Geht das vielleicht auch mal in Ihren Kopf? Oder muss ich hier wirklich alles selber machen?«

Ich beobachtete die Szene in meiner Werbeagentur von der Empore aus, wo ich mein Reich habe – mit einer gewissen Genugtuung, wie ich nicht verhehlen kann.

Ja, dieser Bremer gefiel mir. Schon war er wieder zurück durch die Glastür, auf dem Weg in sein eigenes Büro mit der herrlichen Aussicht auf den Bodensee. Die anderen Mitarbeiter versammelten sich um Sabines Platz. Die hatte einen hochroten Kopf und schluckte schwer.

»Das ist wirklich ein dreckiger Mistkerl«, empörte sich der dicke Grafiker Bernd.

»Ja, ein richtiges Arschloch«, stimmte Texterin Sandra zu. Und die gutmütige Designerin Marianne, die schon vom ersten Tag an bei uns arbeitete, bot Sabine ihre Hilfe an.

Sollten die sich alle nur aufregen. Seit Bremer vor drei Monaten die Stelle als Leiter meiner renommierten Werbeagentur Grün & Weiß angetreten hatte, konnte ich, Sebastian Grün, mich jedenfalls beruhigt zurücklehnen und mich wieder auf die Bilanzen konzentrieren. Mit dem vorherigen Creative Director hatte ich einen Fehlgriff getan. Der war zu lasch. Und dann stimmten auch die Zahlen einfach nicht mehr.

Zusammen mit meinem Freund Thomas Weiß habe ich das Unternehmen vor demnächst 25 Jahren gegründet. Ich bin kein Werbefachmann, für diesen Bereich war - muss ich jetzt leider sagen - Thomas zuständig. Der war immer der Kreativste unter den Kreativen. Und dann kam vor drei Jahren dieser verdammte Schlaganfall. Da war Thomas gerade mal 55.

Dafür macht mir im kaufmännischen Bereich so schnell keiner etwas vor. Rechnen konnte ich schon immer. Und so haben wir uns damals ergänzt wie Topf und Deckel. Na ja, mittlerweile hat sich Thomas zum Glück wieder etwas erholt. Aber arbeiten kann er nicht mehr. Und ich musste auf die Schnelle einen Werbefachmann einstellen.

Wie gesagt, der Erste war mehr oder weniger ein Griff in die Tonne gewesen. Aber dann hatte ich Bremer am Haken. Um den beneidete mich die gesamte Konkurrenz. Peter Bremer hatte im Bereich Produktmarketing und Kommunikation promoviert, allerbeste Qualifikationen und Empfehlungen mitgebracht und war hochgelobter Preisträger zahlreicher Auszeichnungen der Branche.

»Was nutzen all die Auszeichnungen, wenn der Typ ein arroganter Drecksack ist?«, hörte ich Sandra wie aufs Stichwort unten in die Runde fragen. Ebenso wie die jüngere Sabine stand auch sie bei Bremer massiv unter Beschuss. »Der mag ja was auf dem Kasten haben, aber menschlich ist er ein Totalausfall«, regte sich Sandra auf.

Bremer hatte ihr erst kürzlich eine Standpauke gehalten, die sich gewaschen hatte, und dann eine Abmahnung geschrieben. Sandra nahm es mit den Pausenzeiten nicht so genau. »Ich schaue mir die Arbeit von Frau Heise schon seit einiger Zeit genauer an. Sie leistet zu wenig«, hatte Bremer zu mir gesagt.

Sandras Verteidigung wollte er gar nicht erst hören. »So war es hier doch immer. Wir haben nie so genau auf die Uhr geguckt. Aber wenn dann eine Deadline näherrückte umgekehrt auch nicht. Dann haben wir alle freiwillig jede Menge unbezahlte Überstunden geschoben«, hatte die sich zaghaft zur Wehr gesetzt. Doch das ließ Bremer nicht gelten. Gut so. Die Zeiten ändern sich. Und am Ende müssen die Zahlen stimmen. Dass das meinen Mitarbeitern nicht passt, ist ja klar. Aber man kann es auch nicht jedem recht machen.

»Der Lackaffe müsste mal einen Kommunikationskurs machen«, ging das Gespräch unten weiter. Bernd ließ sich jetzt auf der Schreibtischkante nieder. »Gut, dass wir für den Milch-Auftrag noch bis Oktober Zeit haben. Wir haben wirklich noch nicht viel für die Präsentation beisammen.«

»Ohne Stefan ist es halt nicht so leicht. Der hatte immer die besten Ideen und fehlt jetzt an allen Ecken und Enden«, seufzte Marianne. »Und jetzt sind auch noch Frank und Tine im Urlaub. Aber ich denke, dass Bremer das schon machen wird.«

Ja, davon war ich auch felsenfest überzeugt. Seit wir Bremer hatten, brauchten wir Stefan Müller nicht mehr. Bremer hatte den Texter vor nunmehr sechs Wochen an die Luft gesetzt. Stefan war bei seiner Kilometerabrechnung ein Fehler unterlaufen. Er hatte einen Termin mit abgerechnet, der im letzten Moment gecancelt worden war. Und so standen auf der Abrechnung Fahrtkosten für 52 Kilometer, die Stefan gar nicht zurückgelegt hatte. Keine Ahnung, ob er das mit Absicht gemacht hatte – sah ihm eigentlich nicht ähnlich. Stefan war schon lange im Team und sicher auch ein guter Mann. Mein Partner hatte ihn jedenfalls immer in höchsten Tönen gelobt. Aber er war auch einer unserer bestbezahlten Leute. Und in Zeiten schwindender Aufträge ist eine Mannschaft von zehn Mitarbeitern nun mal ein erheblicher Kostenfaktor. Das hatte ich Bremer schon bei seiner Einstellung klargemacht und ich war froh, dass er sich als durchsetzungsstark erwies. Außerdem kostet eine Koryphäe wie Bremer ja auch eine Stange Geld. Und ich kann es mir nicht erlauben, Geld zum Fenster rauszuwerfen.

Grün & Weiß profitierte zwar noch weiter vom guten Namen und langjährigen Kontakten, doch inzwischen war auch die Konkurrenz in der Branche gewachsen. Neue Köpfe und Ideen drängten auf den Markt, Kunden stellten andere

Anforderungen. Und so gingen einige Aufträge verloren, neue kamen kaum noch hinzu.

Immense Hoffnungen setzte ich deshalb vor allem auf den Großauftrag einer Molkerei. Die wollte ein komplett neues Produkt auf den Markt bringen und Grün & Weiß sollte die Werbekampagne übernehmen. Noch fehlte auch der Name für die neue Milch. Aber Bremer war zum Glück Experte auf dem Gebiet der Namensfindung, auch wenn er - was seine Ideen anging - die Katze noch nicht aus dem Sack gelassen hatte. Doch in ein paar Wochen würde er sicher so weit sein und uns alle überraschen.

Ich war auf dem Weg zu meiner Sekretärin gewesen, als ich die Szene unten verfolgte. Im Weitergehen bekam ich noch mit, wie die Stimmen sich senkten. Ich konnte nichts mehr verstehen bis auf diesen einen Satz von Bernd: »Wir werden es Bremer noch zeigen.«

Am nächsten Tag erhielt ich in aller Frühe einen Anruf, der mir das Blut in den Adern gefrieren ließ. Himmel noch mal! Ich rannte die Wendeltreppe runter zu Bremer und riss die Tür zu seinem Büro auf. Gut, dass er zu dieser frühen Stunde schon da war. Meist trudelten die Werbeleute erst gegen zehn ein.

Bremer saß in seinem bequemen, hellbeigen Lederdrehstuhl, der großen Fensterfront zugewandt. Bei ihm war alles tipptopp aufgeräumt. Er sagte immer, er brauche Platz und Ruhe, um seine Kreativität fließen lassen zu können. Das war wohl wieder einer seiner kreativen Momente. Bremer hatte sich zurückgelehnt und die Füße weit ausgestreckt. Seine manikürten Hände ruhten auf der auffälligen blauen Ledermappe, die auf seinen Beinen lag. Dieses geschmackvolle Stück mit dem kleinen goldenen Schloss, das wir alle schon bewundert hatten, trug er oft mit sich herum. Sicher verwahrte er seine Ideen darin.

Die Sonne spiegelte sich auf dem See. Jetzt im August waren die Fähren natürlich voll besetzt mit Ausflüglern. Und auf Bremers Gesicht konnte ich in diesem Moment ein breites, versonnenes Lächeln sehen. Offensichtlich hatte er gerade einen seiner besonderen Einfälle, für die er in der Branche so bekannt war. Ich störte ihn jetzt ungern, aber es musste sein.

»Herr Bremer, schlechte Nachrichten. Ich hatte gerade einen Anruf von der Molkerei«, kam ich gleich auf den Punkt. »Deren Konkurrenz hat wohl ein ähnliches Produkt entwickelt. Jetzt kommt es darauf an, wer es als Erstes auf den Markt bringt.« Bremer hatte sich ruckartig zu mir umgedreht. Ich ließ mich schwer auf den Besucherstuhl ihm gegenüber fallen. »Am Freitag will der Vorstand sehen, was wir bislang so haben. Die wissen ja, dass noch nicht alles fertig sein kann. Aber wir müssen die Präsentation vorziehen. Irgendwas müssen wir liefern.«

»Heute ist Mittwoch«, sagte Bremer nur. Sonst war ihm keine Regung anzusehen. Doch genau das versetzte mir ein gutes Gefühl. Der Mann war sich seiner und seiner Sache sicher. Grün & Weiß würde sich schon behaupten und bald wieder in der ersten Liga der Werbebranche mitspielen.

Wieder oben in meinem Büro, erwartete mich jedoch der nächste Hiob in Gestalt meiner Sekretärin. »Bernd, Sandra und Sabine haben sich gerade krankgemeldet. Sie waren gestern Abend zusammen essen und da war wohl die Mayonnaise verdorben. Also vermutlich Salmonellen. Die drei werden ein paar Tage ausfallen.«

Nun wurde ich doch etwas nervös. Jetzt blieben also noch Bremer, Marianne und unsere Praktikantin Mona, um bis übermorgen eine 1-a-Präsentation zu liefern. Aber ich hatte ja keine Wahl und konnte nur Daumen drücken.

Marianne ackerte mächtig und auch Mona blieb bis nach Mitternacht in der Agentur. Die wiederholten Warnungen von Marianne, dass wir das unmöglich schaffen könnten, wollte ich nicht hören. Sie war schon immer eine Bedenkenträgerin gewesen und ich setzte mein Vertrauen unerschütterlich in Bremer. Der ließ sich die Ergebnisse von Marianne und Mona liefern und bat ansonsten um Ruhe.

Was soll ich sagen? Die Präsentation am Freitag wurde zu einem Desaster. Die absolut neuartige Milch hatte Bremer »Milky« genannt. Er trug die Präsentation zwar ruhig und selbstsicher vor, doch außer den Vorschlägen meines alten Teams für die Werbekampagne war da rein gar nichts Innovatives hinzugekommen. Ich beobachtete, wie sich die Gesichter der Molkerei-Leute in Richtung Dunkelrot veränderten, und mir selbst fiel ebenfalls die Kinnlade runter. Ich bekam kaum noch Luft, dafür hatte ich Herzrasen. Wie ein geprügelter Hund ging ich später vom Hof. Bremer wirkte dagegen relativ gelassen. Fast schien es so, als hätte er gar nicht verstanden, was hier gerade passiert war. Irgendwie wurde ich den Eindruck nicht los, dass er wirklich an den Namen »Milky« und seine Präsentation geglaubt hatte. Aber das konnte doch gar nicht sein ...

Bernd, Sandra und Sabine waren natürlich von Marianne über die Katastrophe informiert worden. Am Montag waren sie wieder genesen an Bord - mit betretenen Gesichtern.

Keiner wusste so richtig, ob und wie es mit Grün & Weiß weitergehen würde - und auch ich hatte keine Ahnung.

Am Montagabend saß ich dann in einem Biergarten am See. An dem heißen Sommerabend war kaum ein Platz zu finden. Ich kam mit meinem Banknachbarn ins Gespräch und der war ganz angetan, als ich die bekannte Werbeagentur Grün & Weiß erwähnte.

»Da habe ich mich auch mal beworben«, erzählte er. »Am Abend vor dem Vorstellungsgespräch bin ich mit der Fähre nach Konstanz gefahren. Auf dem Schiff habe ich mich noch so nett mit einem Herrn unterhalten und ihm von meinen Plänen erzählt«, berichtete der Mittvierziger. »Wir haben ein Bier getrunken und irgendwie wurde mir dann schlecht. Ich weiß gar nicht mehr genau, wie ich vom Schiff gekommen bin. Ich glaube, der nette Mann hat mir noch geholfen. Jedenfalls vermisste ich später meine blaue Ledermappe. Sie war einfach weg - und mit ihr all meine Bewerbungsunterlagen und Papiere«, bedauerte mein Gesprächspartner.

»Das ist ja unglaublich. Und was ist dann passiert?«, wollte ich wissen.

»Ich weiß auch nicht genau. Ich bin umgekippt und kam ins Krankenhaus«, erzählte der Mann weiter. »Ich hatte nichts bei mir und zunächst wusste keiner, wer ich war. Erst nach ein paar Tagen ging es mir wieder besser. Als ich wieder zu Hause war und mich nach der Stelle bei Grün & Weiß erkundigte, sagte man mir, dass sie inzwischen besetzt sei. Dann ist meine Mutter gestorben und ich musste nach Kanada«, fügte der Mann hinzu.

Ich stutzte. An ein Bewerbungsgespräch, das nicht stattgefunden hatte, weil der Bewerber einfach nicht aufgetaucht war, hätte ich mich doch erinnern müssen.

»Wie war noch gleich Ihr Name?«, fragte ich.

»Bremer«, erwiderte der Mann. »Peter Bremer.«

DER FEIERABENDHELFER

»Jetzt fahr endlich!«, zeterte ich so laut, dass selbst der schlafende Azubi neben mir zusammenzuckte. So ein Schnarchzapfen. Also der im roten Corsa vor mir, nicht der Azubi. Na ja, der auch.

Der Kleinwagen tingelte gemütlich weiter. Aber was sollte man auch von einem erwarten, der auf seiner Hutablage eine gehäkelte Klorolle liegen hatte. Die Ampel vor uns schaltete auf Gelb, was den Corsafahrer prompt bremsen ließ.

»Du Depp!«, schrie ich und riss den Schnarchzubi erneut aus seinen unverdienten Träumen, während der Anhänger mit dem Bauschutt hinter mir spontan begann, gegen meinen bremsenden Geländewagen anzuschieben.

Meine Finger verkrampften sich um das Lenkrad, während das Heck des roten Wagens immer näher kam.

»Chef ...« Sogar mein träumender Sitznachbar erwachte blitzplötzlich und starrte mit großen Augen nach vorn.

Mit einer Handbreit Abstand kam mein Fahrzeug hinter dem Kleinwagen zum Stehen. Und mein Herz beinahe zum Stillstand. Nur um gleich umso heftiger in meiner Brust zu hämmern.

Noch während ich durchatmete, schaltete die Ampel um und der Corsa machte sich rasch vom Acker. Mir fehlten die Worte.

»Es ist grün, Chef«, kommentierte mein Azubi von der Seite und bewies damit einmal mehr, dass Jungs wie er eine Art

Hardcore-Belastungstest für die Nerven ihrer armen Vorgesetzten waren. Ich behielt diese Weisheit für mich, nickte und fuhr weiter. Denn jetzt war Feierabend. Und Fußball. Endlich.

Kühles Bier, ein leckerer Schweinebraten und meine geliebte Frau neben mir auf der Couch. Nach diesem Tag hatte ich mir das auch redlich verdient. Denn meine Mitarbeiter benahmen sich manchmal wie kleine Kinder. Solange ich sie einfach machen ließ, beschäftigten sie sich selbst. Irgendwie und mit irgendwas. Und wenn ich Glück hatte, passte das Ergebnis am Ende sogar. Doch leider war eher das Gegenteil die Regel. Heute, am Mittwoch, war es damit losgegangen, dass auf der einen Baustelle die Schlagbohrmaschine kaputtging. Kein Problem: Anruf des Arbeiters beim Chef (bei mir) und während schon die nächste Katastrophenmeldung einging, fuhr besagtes Ich rasch ein Ersatzgerät zu Baustelle Nr. 1. Dann schnell weiter zu Einsatz Nr. 2: Mein ansonsten zuverlässigster Geselle hatte den Bauwagenschlüssel verloren ... komischerweise in seinem eigenen Handschuhfach. Dass aber zwischenzeitlich auf Baustelle Nr. 1 die Schlagbohrmaschine dummerweise ein Kabel getroffen hatte, führte zu einem weiteren Telefonat. Was soll ich sagen? So verliefen viele meiner Tage. Und der Gipfel des heutigen war, dass sich einer meiner hochqualifizierten Azubis das Teppichmesser ins Bein rammte, als er einen Sack Fugenmasse aufschneiden wollte. So wurden Zwischenfälle manchmal zur Regel und sorgten dafür, dass auf dem Chefposten niemals Langeweile aufkam.

Egal, das lag hinter mir. Jetzt kam der Feierabend. In bester Stimmung fuhr ich auf den heimatlichen Hof, wo es mir sofort jede Hoffnung auf einen friedlichen Abend verschlug, als ich meine Frau sah. Ungeduldig ging sie vor dem Haus auf und ab, das Gesicht zu ihrer »*Mann, Mann, Mann*«-Miene verzogen. Das konnte nur eines von drei Dingen bedeuten.

Ich hatte

a) einen Termin vergessen,

b) eines der Kinder vergessen oder

c) eine Verabredung mit meiner Frau vergessen.

Im Prinzip schenkte sich die ganze Vergesserei nicht viel, unterm Strich ging so was nie gut für mich aus. Aber erst mal nix anmerken lassen.

»Hallo«, grüßte ich betont unschuldig, als ich aus dem Wagen stieg. Mein Azubi brummte etwas Unverständliches, ehe er sich wortlos davonschlich. Offensichtlich hatte diese Hängehose schon mehr in meiner kleinen Firma gelernt, als ich vermutet hätte.

Gewitterwolken über dem Kopf meiner Ehefrau verrieten mir, dass sie so leicht nicht zu beruhigen sein würde. »Architekt Brössel hat nun viermal angerufen«, warf sie mir sogleich mit gefährlich ruhiger Stimme an den Kopf. »Er wartet noch immer auf dein Angebot.«

Gewitterwolken über dem Kopf meiner Ehefrau verrieten mir, dass sie so leicht nicht zu beruhigen sein würde.

Mist. Ich warf einen sehnsüchtigen Blick in Richtung Wohnzimmerfenster. Mittwoch. Champions League. Missmutig nahm ich das Telefon, das mir meine Frau – in diesem Fall gleichermaßen meine *Sekretärin* – entgegenhielt. Doch ehe ich den Architekten anrufen konnte, fuhr meine *Büroangestellte* miesepetrig fort: »Und vergiss bitte nicht, dass Frau Artmann heute Abend noch vorbeikommen wollte. Kurz vor neun. Fliesen aussuchen.«

Uh. Jetzt wurde es finster. Frau Artmann. Bauunternehmerin. Stammkundin. Leider. Absagen ging da gar nicht. Das konnte dauern. Denn diese ältere Dame schien meine Fliesenausstellung mit einem Modeladen zu verwechseln und brachte dort Stunden zu, ohne sich entscheiden zu können. Die ließ mich gewiss erst wieder aus ihren verbalen Klauen, wenn der Schlusspfiff schon längst verklungen war.

»Aber ich muss doch noch ...« Mein kurzer Protest verebbte sogleich. Denn die Augen meiner Frau verrieten eindeutig, dass ihre Strafpredigt noch nicht zu Ende war.

»Ach übrigens, hast du endlich mal nach dem WLAN geschaut? Das ist heute schon wieder abgestürzt.«

Auch das noch. WLAN, Internet, Computer. Also da war ich nun wirklich kein Experte.

Es half nichts, Frau Sekretärin spulte ihre Liste weiter herunter. »Und hast du die Serienbriefe ausgedruckt? Du weißt ja, ich kann dieses komische Programm nicht bedienen.«

Spontan klatschte meine Handfläche gegen meine Stirn. Verflixt, die hatte ich ebenfalls vergessen. Okay, vielleicht war jetzt der Zeitpunkt gekommen, um aufzugeben. Mittwoch. Fuß-ball. Gestrichen. Dafür Büroarbeit und Kundenbetreuung. Shit. Doch bevor ich mich endgültig geschlagen gab, wagte ich ein letztes Aufbäumen gegen das Unvermeidliche. »Können die Lene und du nicht ...«, stotterte ich, »das mit dem Büro könnt ihr doch viel besser.« Komplimente sollen ja manchmal Wun-der bewirken. Doch über das Gesicht meiner Frau schlich sich lediglich ein beinahe gemeines Grinsen. Mit einem einzigen Wort ließ sie meine allerletzte Hoffnung auf einen gemütlichen Fußballabend zerplatzen wie eine Seifenblase.

»Tupperabend.« Dann, nach einer kurzen Pause, meinte sie noch gelassen: »Manchmal ist es halt so. Da kannst du nix machen.« Damit drehte sie auf dem Absatz um und ich blieb zurück wie ein Azubi auf Schlüsselsuche. Bis sie kurz stehen blieb. Wie ein zartes Pflänzchen keimte meine Hoffnung, dass sie doch Erbarmen mit mir haben könnte. Nachdenklich sah sie mich an, bis ein Lächeln über ihr Gesicht huschte: »Frag doch den Roland, Schatz. Der kennt sich mit Computern aus ... Der kann dir da bestimmt helfen.«

Na klar. Der Roland. Lenes Roland. Mein künftiger Schwie-gersohn. Einer, der sich auf dem Weg von der Mensa in den Hörsaal verlief. Ehe ich den fragen würde, verpasste ich lieber das Endspiel der nächsten Weltmeisterschaft.

In diesem Zustand verließ mich meine Gattin und ich stierte niedergeschlagen hinterher. Wenn es die Azubis nicht fertig-brachten, den Chef zu erledigen, dann schaffte das am Ende die Familie.

Ich weiß schon, das Wort *selbstständig* leitet sich von zwei Begriffen ab. Selbst und ständig. Mein Blick schweifte über den sich unter der Papierlast biegenden Schreibtisch. Direkt in Sichtweite meines eigenen Wohnzimmers. Also gefühlt ziemlich weit weg. Flimmerte da nicht der Bildschirm, begleitet von Stadionrufen?

Die Ausschreibung für den Architekten ignorierend, schob ich mein schlechtes Gewissen zur Seite. Leichtfüßig und mit deutlich verbesserter Laune steuerte ich auf meine Couch zu. Nur um in der Tür zu verharren.

Wer saß da auf meinem Platz? Schlimmer noch: Der Freveltäter hatte sich auch noch ein Bier eingeschenkt und die Füße hochgelegt. Tief in meinem Inneren meldete sich ein urtümlicher Groll.

»Roland«, sagte ich halblaut und schluckte die Flüche herunter, die mir auf der Zunge lagen.

»Hallo Ewald«, antwortete mein Schwiegersohn in spe unbedarft und grinste breit. »Auch ein Bier?«

In meinem Verstand leiteten die dort wohnenden kleinen Männchen eine Kernschmelze ein. »Du schaust Fußball?«, fragte ich so gelassen, wie ich es nur vermochte.

»Hmm«, entgegnete er, »Champions League.«

Danke für diese überflüssige Erklärung. Man kann wirklich nicht behaupten, dass er sich nicht bemühte. Der Roland. Oder dass er faul wäre. Das auch nicht.

Nur unfähig. Und ungeschickt. Unzuverlässig leider ebenfalls. Wahrscheinlich hatte er einfach zu lange studiert, als dass man ihn noch für nützliche Dinge gebrauchen konnte.

Vielleicht hätte ich noch eine Weile vor mich hin gehadert, wäre da nicht gerade unser Sturm zum Angriff übergegangen. Bananenflanke von links. Das sah gut aus. Der Linksaußen zog zur Mitte. Architekt? Keine Ahnung, dieses Wort besaß keine Bedeutung für mich. Der Schuss ging steil über die Verteidiger hinweg zum Mittelstürmer. Der dribbelte, was das Zeug hielt. »Jawoll, mach das Ding rein!«, brüllte ich ungehemmt und Roland stimmte mit ein. Aber der Stürmer spielte allein gegen vier Gegner. Das konnte nichts werden. Die anderen standen wie eine Mauer. Da half auch der kümmerliche Schuss am Ende nichts. Aus. Mist.

»Manchmal ist es halt so. Da kann man nix machen.« Roland nahm einen tiefen Schluck aus seinem Glas und sah mich selbstgefällig an.

Ehrlich gesagt wäre ich sehr gut ohne seinen Kommentar zurechtgekommen. Während sich die Jungs auf dem Rasen wieder sortierten, fiel mein Blick in Richtung Büro. Wo ein einsamer Lichtschimmer davon zeugte, dass ich eigentlich gar nicht im Wohnzimmer sein durfte. Sondern dort. Und zwar ganz allein. So wie der Stürmer.

Beinahe ungläubig sah ich meinen Schwiegersohn an. Vielleicht war er ja doch zu mehr nütze, als er aussah?

»Du Roland, wenn du mal fertig bist mit deinem BWL-Studium, dann arbeitest du doch in einem Büro, oder?«

Der Junge freute sich über die Aufmerksamkeit und nickte eifrig. Bis ihm klar wurde, worauf ich hinauswollte, und seine Mundwinkel regelrecht nach unten sackten.

Aber was sollte ich sagen? Manchmal war es halt so.

Eine Viertelstunde später, ich saß gerade über dem Brössel'schen Angebot, klingelte es an der Tür. Zu dumm, war es denn schon neun? Während Roland der Artmann öffnete, versuchte ich noch verzweifelt, die frisch kalkulierten Preise in die Felder einzutragen. Wie aus weiter Ferne hörte ich, wie mein Schwiegersohn die Dame in die Fliesenausstellung schickte. Gut gemacht. Zufrieden kehrte der Junge ins Büro zurück.

»Sag mal, Roland, du kennst dich doch mit Tabellenkalkulation aus, oder?«

»Klar«, sagte er und hakte seine Daumen in den Gürtel.

»Das hier ist ein Angebot an den Architekten Brössel. Es fehlen nur noch die Summen, dann kann es raus. Machst du das bitte mal? Dann kann ich zu Frau Artmann.«

Nach einer bedeutungsvollen Schweigepause fand Roland sein selbstsicheres Lächeln wieder und machte sich sofort an die Arbeit. Na, da schien diese Studiererei ja doch zu was nutze zu sein. Großzügig überließ ich Roland meinen Computer und ging zur Artmann. Nicht ohne mit einem tiefen Seufzer noch einen sehnsüchtigen Blick Richtung Fernseher geworfen zu haben.

»Könnte ich nicht doch die roten Fliesen mit dem Blumen-

Na, da schien diese Studiererei ja doch zu was nutze zu sein.

muster haben?« Sie verstand es einfach nicht, dabei hatte ich ihr schon mehrmals erklärt, dass diese roten Dinger niemals für ihre Bäder reichen würden. Restposten! Die *gnä' Frau* diskutierte weiter mit sich selbst. Wobei ich zum Zeugen degradiert wurde. »Oder doch lieber die grünen?« Jemandem wie mir war das wurscht, welche Platten da an der Wand klebten. Frau Artmann dagegen sah darin eine lebenswichtige Entscheidung. Und so was brauchte halt Zeit. In diesem Moment schien es mir wie ein Lichtschein, als Roland auf mich zukam. Bis ich seine Miene sah und das Telefon, welches er mir entgegenstreckte.

Damit wurde meine Verzweiflung in andere Bahnen gelenkt. Direkt zu Architekt Brössel. »Ich habe Ihr Angebot gerade fertiggemacht«, flunkerte ich gekonnt. Nur um mir gleich einen kräftigen Anschiss abzuholen. Mist. Der durchschaute mich mittlerweile auch schon.

Meine Augen fixierten den mustergültigen Schwiegersohn. »Roland«, ich hielt rasch das Mikro des Telefons zu, »kannst du bitte ...« Mein Blick zeigte auf die Artmann. Und, was soll ich sagen, er nickte großzügig und ging lächelnd auf die Dame zu. Guter Junge.

Ich verkrümelte mich schnell ins Büro. Beim Blick auf den Bildschirm hätte ich beinahe jubiliert. Das Angebot war tatsächlich fertig. Ich musste es nur noch abschicken. Selbstbewusst, wie ich nun mal bin, flötete ich ins Telefon: »Sehen Sie mal in Ihren Posteingang«, und drückte auf den Sendeknopf. Wusch, da war das Angebot schon draußen.

Und daneben? Ja, neben der Tastatur wartete ein Stapel mit Serienbriefen. Dieser Roland, wer hätte gedacht, dass so ein feiner Kerl in ihm steckt? Ich war gerade noch darin vertieft, den Turm mit den fein säuberlich gestapelten Briefen zu bewundern, als ich hörte, dass mein Schwiegerroland soeben Frau Artmann verabschiedete. Auf dem Weg zu mir steckte er noch kurz den Stecker des WLAN ein, dann schenkte er mir ein souveränes Lächeln.

Jetzt war ich sprachlos. Und wie. Denn alles war erledigt.

Serienbriefe? Check.

WLAN? Kurzer Blick aufs Handy, Check.

Frau Artmann? Check.

Und dieser arrogante Brössel? Doppelcheck.

Ohne auch nur eine Minute zu verlieren, eilten wir zurück ins Wohnzimmer. Gerade rechtzeitig zur zweiten Halbzeit. Was für ein Krimi. Sicher, unsere Jungs lagen zwar mit zwei Toren hinten, aber das waren halt Kämpfer. Die gaben nicht auf. Genau wie mein Roland und ich. So machte Fußball Spaß. Und da saßen wir auch noch, wie zwei Kumpels, bis unsere Frauen heimkamen. Früher als gedacht. Mitten in der Chance zum 2:2. Also irgendwie unpassend. Womit die gute Stimmung ein ziemlich abruptes Ende fand, weil ich sofort wieder ihr »*Mann, Mann, Mann*«-Gesicht erkannte.

»Sag mal, Ewald, hast du das Telefon nicht gehört?«, meckerte sie mich sogleich an. Ziemlich spontan kam mein schlechtes Gewissen zurück.

»Oh, nö?«, stotterte ich.

»Brössel hat versucht, dich zu erreichen. Aber die Mails gehen nicht durch und du gehst nicht ans Telefon«, schimpfte meine Sekretärin.

Ungläubig sah ich in Richtung Router. Das rote Blinklicht leuchtete auf. So ein Mist. Streikte etwa wieder das WLAN?

Noch während ich darüber nachdachte, wurde mein Schwiegersohn neben mir zusehends kleiner.

Für meine Frau noch lange kein Grund, mich in Ruhe zu lassen. »Brössel sagt, dass die Summen im Angebot falsch sind. Er will kein *Hochhaus* bauen, sondern ein Einfamilienhaus.« Der Blick meiner Holden durchbohrte mich.

Schuldbewusst stand ich auf und nahm mein Handy. Tatsache, mehrere Anrufe von Brössel. Und auch einige von Frau Artmann, die sich noch einmal rückversichern wollte, dass die drei Paletten mit den roten Fliesen dann wie mit meinem freundlichen Schwiegersohn abgesprochen auf der Baustelle waren. In mir zerbrach etwas.

Da hätte es gar nicht sein müssen, dass meine Tochter die Serienbriefe kontrollierte. Sie tat es trotzdem. Und was soll ich sagen? Herbert Kunz hätte sich sicherlich gefreut, so viel Post zu bekommen. Zweihundertmal denselben Brief. Weil Roland überall die gleiche Adresse draufgedruckt hatte in seinem bierseligen Übereifer.

»Roland«, zischte ich wie eine alte Dampflok.

Nur um sofort gestoppt zu werden. »Lass mir ja den Jungen in Ruhe, das waren deine Aufgaben«, belehrte mich meine Frau und schüttelte den Kopf. Wie Napoleon nach seiner letzten Schlacht trottete ich hinter ihr her ins Büro und fügte mich in mein Schicksal. Während es sich mein Feierabendhelfer mit meiner Tochter auf der Couch gemütlich machte. Schließlich kam gerade, direkt im Anschluss an das vergeigte Spiel, ein englischer Krimi.

Mein Sekretärinnen-Ehefrau-Chef zeigte mir dann mit wenigen Handgriffen, was bei den Serienbriefen und der Tabellenkalkulation schiefgelaufen war. Währenddessen setzte ich das WLAN wieder in Gang und überlegte mir schon mal, was ich der Artmann erzählen würde. Am Ende kam ich zu dem Schluss, dass man bei einem derartigen Schwiegersohn seine Azubis wieder schätzen lernte.

Aber was sollte ich sagen? Manchmal war es halt so. Da konnte man nix machen.

EINE FRAGE DES ANSTANDS

Der Bengel sah ihn mit großen Augen an, als würde er Chinesisch mit ihm sprechen. Das machte Klaus Krömer bloß noch wütender. Was bildete das Bürschchen sich eigentlich ein, ihn so anzugaffen? Wusste er überhaupt, wen er vor sich hatte?

»Hallo, junger Mann! Haben Sie nicht gehört? Ich habe Ihnen gerade gesagt, dass ich Ihren Aufzug unmöglich finde! Wie laufen Sie hier eigentlich rum, Freundchen!«

»Äääh ... ich hab Feierabend.«

»Äääh«, äffte Krömer das freche Jüngelchen nach. »Wissen Sie, was man mit jungen Leuten wie Ihnen zu meiner Zeit gemacht hat, wissen Sie das eigentlich? Erst mal erzogen hätte man Sie!« Krömers Stimme neigte dazu, sich schrecklich zu überschlagen und einen quiekenden Klang zu bekommen, wenn er sich aufregte. Krömer wusste das und hasste es. Er wirkte dann längst nicht so ehrfurchtgebietend, wie er es gern gehabt hätte - und wie es seiner Meinung nach zu ihm als Abteilungsleiter passen würde. Schon als er ein Jugendlicher war, hatte man sich über seine Stimme lustig gemacht, die in den ungünstigsten Situationen zu quieken begann. Ein Teufelskreis: Je wütender er wurde, desto mehr kippte seine Stimme. Was ihn umso wütender machte - und seine Stimme noch mehr quieken ließ. »Duffy« war sein Spitzname gewesen, das kam von Duffy Duck, der Comic-Ente. Wenn ein Dutzend spottender Klassenkameraden im Halbkreis um ihn herum stand und ihn

»Duffy, Duffy« rief, konnte jedes Wort, das er zu seiner Verteidigung rief, seine Situation nur noch verschlimmern. Besser war es, die Tränen der Wut herunterzuschlucken, vorzuspielen, ruhig zu sein, und abzuwarten, dass die Schmach vorüberging – und sich dabei immer wieder selbst zu sagen: »Eines Tages zeige ich es euch allen. Eines Tages zeige ich es euch allen ...!«

Und jetzt stand er vor diesem Azubi, der höchstens im ersten oder zweiten Lehrjahr sein dürfte und der ihm ein respektloses »Äääh« entgegenstammelte. Was ihn so wütend machte, dass er mit seiner verhassten Duffy-Stimme quietschte: »In diesem Aufzug will ich Sie hier nicht mehr sehen. Sie sind ja eine Schande für das Unternehmen!«

Der Junge blickte ihn immer noch ratlos an, zeigte nun aber die Unverfrorenheit, einfach die Schultern zu zucken. Die Schultern zu zucken, war das zu fassen?

»Also, Schicht ist vorbei und ich bin nicht auf dem Firmengelände. Ich hab Freizeit und in der Freizeit kann ich ja anhaben, was ich will.«

Was für eine bodenlose Unverschämtheit! Da wagte dieses in lumpige, zerrissene Jeanshosen gekleidete Früchtchen, einem Vorgesetzten solche Widerworte zu geben! Läuft rum wie ein Obdachloser und das direkt vor dem Firmengelände, auf dem er Lohn und Brot geboten bekommt, sieht aus wie verboten und wagt dann auch noch Frechheiten!

Aber in seiner Kehle hatte sich Duffy breitgemacht, um dort eine Weile zu bleiben. Unter keinen Umständen wollte Krömer zulassen, dass Duffy weiterhin quaken würde. Lieber funkelte er den Bengel schweigend an und versuchte, mit seinem Blick eine deutliche Botschaft zu übermitteln: *Das wird Folgen haben, junger Mann!*

Wütend ließ Krömer den Jungen stehen und eilte mit schnellen Schritten über das Gelände der Automationsfirma, in der er bereits vor zehn Jahren Leiter der Abteilung Vertrieb geworden war. Hochgearbeitet hatte er sich im Unternehmen, in dem er schon seine eigene Ausbildung absolviert hatte, und das Hocharbeiten war ihm dank guter deutscher Tugenden gelungen: Fleiß, Höflichkeit, aber vor allem Anstand. Anstand, jawohl, eine Tugend, die die jungen Leute heute gar nicht mehr zu kennen schienen!

Anstand, ein Wert, dem außerhalb seiner Generation überhaupt niemand Beachtung schenkte! Es war doch ein reines Elend, womit er sich konfrontiert sah, Tag für Tag! Das waren seine wütenden Gedanken, als er durch die Flure des Verwaltungsgebäudes stampfte.

Bevor Krömer sein Büro erreichen konnte, hielt ihn Meyerling aus der Buchhaltung auf.

Es war doch ein reines Elend, womit er sich konfrontiert sah, Tag für Tag!

»Warte mal, Klaus«, rief er ihm von seinem Arbeitsplatz aus zu, stand auf und kam ihm auch schon entgegen. »Bleib mal stehen!«

Krömer seufzte innerlich. Meyerling entsprach nicht dem klassischen Bild eines Buchhalters, der sich hinter Zahlenkolonnen und dem Taschenrechner vergrub und seine Umwelt in Ruhe ließ, solange es nicht um Bilanzen und Einsparpotenziale

ging. Meyerling gehörte zu den Kollegen, die auf jeder Betriebs-
feier am lautesten sangen, am heftigsten flirteten und am unge-
niertesten mit dem kumpelhaften Du umgingen. Krömer selbst
blieb lieber beim Sie. Professionelle Distanz konnte nicht schaden, fand er, aber der Vertraulichkeit eines Meyerlings, der
sich in der ganzen Verwaltung großer Beliebtheit erfreute, war
schwer auszuweichen.

»Hast du ein Facebook-Konto, Klaus? Die Rita aus dem
Marketing hat der Firma jetzt eine Facebook-Seite eingerichtet.
Wäre schön, wenn alle Kollegen da mal vorbeischauen und ...«

Oh, da erwischte er Krömer aber gerade auf dem ganz
falschen Fuß! Aber auf dem völlig falschen!

»Facebook?«, schnaubte er. »Facebook? Was habe ich denn
mit dieser Verrohungsmaschine zu tun, durch die die Menschen
das gute Benehmen vergessen? Wo sich wildfremde Personen
gegenseitig beschimpfen und beleidigen? Ist dir eigentlich mal
aufgefallen, wie es mit den Sitten unserer Auszubildenden steil
bergab geht? Sind die nicht alle auf diesem *Facebook*?« Das
letzte Wort spie Krömer geradezu aus. »Anstand und Benehmen, damit geht es allmählich zu Ende und das liegt nicht
zuletzt an ...«

»Reg dich bitte ab, Klaus! Dann bist du eben nicht bei
Facebook, ist doch okay.« Meyerling ließ ein Augenrollen
erkennen, bevor er sich schulterzuckend wieder zum Gehen
wenden wollte.

»Jetzt unterbrichst du mich auch schon, genau wie diese
Azubi-Bürschchen!«, keifte Krömer. »Es gab mal Zeiten, da

haben gut erzogene Erwachsene sich besser benommen – da gab es noch *Anstand!*«

»Ist gut jetzt, Klaus. Hab dich mit dem falschen Thema erwischt. Lassen wir es doch dabei.« Meyerling schlenderte zurück in sein Büro und blieb sichtlich unbeeindruckt von Krömers Ausbruch. Das zweite Mal innerhalb weniger Minuten, dass ein Gesprächspartner, mit dem er ein Hühnchen zu rupfen hatte, mit einem Schulterzucken reagierte!

Hauptsache, Duffy schlich sich nicht wieder in seine Stimme. Duffy war schon gefährlich nah die Kehle hochgekrochen, Krömer spürte das. Geordneter Rückzug war angesagt.

Was war eigentlich mit seinen Mitmenschen los? Dieses ganze Facebook, diese ganze Feierei im Betrieb und außerhalb, man duzte einander wie selbstverständlich, Jugendliche zeigten keinen Respekt mehr ... Hatte denn heute niemand mehr einen Sinn für würdevolles Verhalten? War er wirklich der Letzte seiner Art?

Endlich erreichte er sein Büro. Dankbar schloss er die Tür hinter sich; wenn er erst einmal in seinem eigenen kleinen Reich war, störte ihn niemand mehr. Er hatte mehrmals sehr eindrucksvoll vor seinen Kollegen klargemacht, dass man anzuklopfen hatte, wenn man Eintritt bei ihm begehrte – und zwar ausnahmslos jeder und zu jedem Zeitpunkt!

Auf seinem Schreibtisch fand er eine interne Mitteilung. Aus der Marketingabteilung kam sie – ging es etwa wieder um dieses schändliche, Sitten verderbende Facebook, das voll war mit Cybermobbing und wüsten Beschimpfungen?

Nein. Die Notiz war zwar von Rita Brodowy, die offensichtlich dafür gesorgt hatte, dass das Unternehmen jetzt auch in diesen unsozialen, ach was, diesen asozialen Medien vertreten war. Aber bei dieser Nachricht ging es um etwas anderes.

»Liebe Kolleginnen und Kollegen,

mit viel Spaß und Elan ist das Redaktionsteam der Marketingabteilung dabei, eine neue spannende Ausgabe der Mitarbeiterzeitung zusammenzustellen. Natürlich sollen Sie in der nächsten Nummer von *Zusammen stark* auch selbst wieder eine Stimme bekommen. Wir freuen uns über Themenvorschläge und selbstverständlich auch über Ihre eigenen Beiträge – zu jedem Thema, das Ihre Kolleginnen und Kollegen interessieren könnte.

Wir danken für Ihr Feedback!

Mit freundlichen Grüßen

Rita Brodowy, im Auftrag des ganzen Redaktionsteams von *Zusammen stark*«

Auch das war doch wieder typisch! Den Kollegen Arbeit machen, wo es nur geht! Waren diese Tipp-Tussis nicht selbst dafür zuständig, das interne Schmierblatt mit dem Klatsch und Tratsch zu füllen, den sie auf den Fluren aufschnappten? Und nun waren die Weiber zu faul, ihre eigene Arbeit zu erledigen? Das war doch nicht anständig, so was! Einfach nicht *an-stän-dig!*

Krömer hielt in seiner Fantasie nur zu gern Wutreden, wenn er sich ärgerte. Die Stimme in seinem Kopf schlug nie um und klang plötzlich wie Duffy Duck – die war immer volltönend, tief und eindrucksvoll ...

Mit einem Mal kam Krömer auf einen Gedanken. Warum sollte er sich immer wieder mit seinen dummen Kollegen und respektlosen Untergebenen in Einzelgesprächen abgeben, wenn er sie zu Recht wegen ihres unangemessenen Verhaltens – oh, und wie oft sie sich unangemessen verhielten! – zur Rede stellte? Viel besser war doch, sie alle auf einmal zu erreichen! Einen Aufsatz, aus dem der gerechte Zorn des letzten anständigen Mitarbeiters dieser Firma sprach! In diesem Schmierblatt, das unerklärlicherweise in allen Abteilungen freudig erwartet und gern gelesen wurde. Klatsch und Tratsch lesen, statt fleißig zu arbeiten, und dann bei Facebook einen dieser »Shitstorms« veranstalten, das war es doch, was alle taten. Aber er würde es ihnen zeigen, wenn er ihnen in seinem Beitrag um die Ohren haute, was ihnen längst einmal jemand hätte sagen sollen! Die Leviten würde er ihnen lesen, erklären, was Anstand ist, das würde er tun, oh, ganz sicher würde er das!

Krömer war sehr zufrieden mit seinem Plan. Er wollte schnell zur Tat schreiten und die notwendigen Schritte einleiten. Schließlich war er keiner dieser Müßiggänger, die nur redeten. Er gehörte zu denen, die handeln! Deshalb kritzelte er die nächsten 15 Minuten lang einige Notizen auf ein Papier, griff gleich im Anschluss zu seinem Telefon und wählte die interne Durchwahl seiner Sekretärin.

Frau Mayer erschien umgehend. Es hatte im letzten Jahr nicht lange gedauert, bis er ihr final klargemacht hatte, dass er sehr erpicht auf Hierarchien war: Einer muss wissen, wo es langgeht, und Anordnungen geben, einer muss darauf hören und Anordnungen ausführen - unverzüglich, ohne Widerrede und mit vollem Einsatz. Seit Frau Mayer seine Vorstellungen verstanden hatte, ließ sie ihn selten länger als ein paar Minuten warten, wenn er etwas von ihr wünschte.

»Frau Mayer, wir haben ein Projekt. Wir werden bis morgen einen sehr wichtigen Textentwurf fertigstellen.« Er weihte seine Sekretärin in seine Pläne ein und schob ihr die zwei Blätter voller Notizen zu. »Morgen früh hätte ich Ihre Ausarbeitung dann gern auf meinem Schreibtisch liegen! Es muss so schnell gehen, falls ich Änderungen möchte. Und bei diesem heiklen Thema bin ich sehr sicher, dass es eine Weile dauern wird, bis meine Vorstellungen klar ausgedrückt sind. Ich will, dass dieser Text für die Kolleginnen und Kollegen absolut unmissverständlich ausfällt.«

Frau Mayer machte ein begriffsstutziges Gesicht. »Ich verstehe nicht ganz ... Sie meinen, Sie werden Ihren Entwurf ins Diktiergerät sprechen und ich soll ihn bis morgen abtippen?«

Krömer schnaubte abfällig. »Frau Mayer, ich bitte Sie! Ich bin ein vielbeschäftigter Mann, ich bin eine der Stützen dieses Unternehmens! Für solche Schreiberei habe ich gar keine Zeit, das ist Ihre Aufgabe! Ich werde Ihnen Anweisungen für den Feinschliff geben, wenn ich Ihren ersten Versuch morgen zu Gesicht bekommen habe! Ach, und wir sind uns vermutlich einig: Ein Mann in meiner Position kann sich nicht mit kontroversen Themen belasten, den Diskussionen muss ich aus Zeitgründen aus dem Weg gehen. Wenn ich Ihnen geholfen habe, Ihren Artikel für die Mitarbeiterzeitschrift zu perfektionieren, werden

Sie ihn unter Ihrem eigenen Namen an die Marketingabteilung weitergeben. Man wird sich sicherlich fragen, wie eine Kraft mit einer untergeordneten Position auf solche brillanten Ideen kommt, aber Schwamm drüber. Für mich ist das so in Ordnung. Sie brauchen mir nicht dafür zu danken.«

Frau Mayer starrte ihn mit offenem Mund an. »Herr Krömer, ich glaube nicht, dass ich das möchte ...«

»Frau Mayer, bitte. Das ist Ihr Job, dafür werden Sie bezahlt, wenn Sie das nicht möchten, gibt es eine Reihe Menschen, die sehr glücklich über Ihre Stelle wären.«

Frau Mayer schluckte hart. »Sie wollen also, dass ich die zwei Protokolle, um die ich mich heute noch kümmern sollte, doch erst morgen ...«

»Frau Mayer! Ich bin wirklich enttäuscht von Ihnen! Hatte ich Ihnen nicht gesagt, wie wichtig diese Protokolle sind? Dafür gibt es keinen Aufschub! Morgen früh habe ich spätestens um neun Uhr alle besprochenen Aufgaben auf dem Schreibtisch, die Protokolle und Ihren Aufsatz für das Betriebsblättchen.«

Frau Mayer hatte immer noch diesen ungläubigen Ausdruck im Gesicht. Was hatte diese Frau denn neuerdings für ein Problem?

Als Krömer das nächste Mal den Mund zum Sprechen aufmachte, sollte eigentlich ein schneidender Ton zu hören sein, mit einem für Führungskräfte angemessenen Nachdruck. Leider meldete sich wieder einmal Duffy zu Wort.

»Ich wüsste nicht, dass die Personalabteilung ...« Krömer räusperte sich, um Duffy wieder in die Tiefen seiner Kehle zu verbannen. »... dass die Personalabteilung ...« Duffy war dieses Mal aber besonders hartnäckig. Noch ein Räuspern. »Ich wüsste nicht, dass die Personal...« Räuspern. Ein Hüsteln. Ein Räuspern. »... die Personal...« Egal, er war und blieb schließlich Chef, was ging es die dumme Kuh von Sekretärin an, wie seine Stimme klang! »Ich wüsste nicht, dass die Personalabteilung endgültig darüber entschieden hätte, ob Ihr Zeitvertrag in die Verlängerung geht, Frau Mayer!«, kiekste er mit einer Stimme, die sich überschlug wie die eines Fünfzehnjährigen im Stimmbruch.

Er sah seine Sekretärin mit unverhohlenem Hass an. Wenn die Schlampe jetzt anfing zu kichern und sich über ihn lustig zu machen, dann ... Nein, das tat sie nicht und das war ihr Glück. Ihre ungläubige Miene war mittlerweile einem erschrockenen, ängstlichen Gesichtsausdruck gewichen. Das schenkte Krömer eine gewisse Befriedigung.

Frau Mayer schlich aus dem Büro wie ein geprügelter Hund. Ja, die blöde Kuh würde Überstunden machen müssen. Aber so war das eben: Wer für einen anständigen Mann arbeitete, musste eben auch anständig Einsatz zeigen!

Krömer war mittlerweile sehr mit sich zufrieden. Ja, er war auf einem guten Weg, die Menschen in dieser 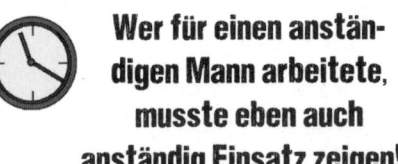 **Wer für einen anständigen Mann arbeitete, musste eben auch anständig Einsatz zeigen!**

ser Firma auf ihre charakterlichen Mängel hinzuweisen – und das konnte schließlich nur gut für alle sein!

Zufriedenheit machte ihn immer hungrig. Wer mit sich im Reinen ist, der darf auch ordentlich essen, das war seine Devise! Glücklich biss er in sein mitgebrachtes Sandwich. Die Mayonnaise ließ er achtlos auf die Tischplatte tropfen. Wozu gab es die Putzfrauen, die gutes Geld verdienten! Wenn sie nichts sauberzumachen hätten, wären sie ja schließlich arbeitslos!

Als Krömer an diesem Abend sein Büro verließ, ahnte er nicht, dass sein Allerheiligstes in derselben Nacht Treffpunkt eines ungleichen Trios werden sollte. Oh, was hätte Klaus Krömer gezetert, hätte er gewusst, dass selbst der Bengel mit den zerrissenen Hosen sich einfach Zutritt zu seinem Büro verschafft hatte! »Keinen Anstand hast du!«, hätte er ihn wohl angebrüllt, nicht mit der quakenden Stimme eines albernen Enterichs, sondern mit dem grollenden Bass eines wütenden Donnergottes.

Nicht nur der Auszubildende hatte es sich am Schreibtisch seines Chefs bequem gemacht, dort saßen außerdem Gisela, die Reinigungskraft, und Frau Mayer, die Sekretärin ohne Sinn für Überstunden. Alle drei beugten ihre Köpfe tief über die handschriftlichen Notizen von Klaus Krömer.

»Sittenverfall«, las Gisela brummend vor, die sich zunächst geweigert hatte, an dem Schreibtisch mit den vielen Mayonnaise-Klecksen Platz zu nehmen.

»Renaissance des Anstands«, kicherte Philipp, der Auszubildende.

»Es wird Zeit, dass man einander wieder respektiert«, zitierte Frau Mayer ihren Chef langsam und skeptisch. Sie hatte heute nicht wie sonst an jedem Dienstagabend ihren ehrenamtlichen

Deutschkurs im Flüchtlingsheim geben können, sie musste ja Überstunden machen. Als sie Philipp am frühen Abend am Stehimbiss getroffen hatte, wo sie sich mit einem schnellen Abendessen versorgen wollte, hatte sie ihm von ihrem Dilemma erzählt. »Kein Problem, ich springe einfach in deinem Kurs ein, Frau Mayer! Ich hatte eh vor, zu dem Flüchtlingsheim zu fahren, weil ein Kumpel von mir neulich auf Facebook zu einer Spendenaktion aufgerufen hat. Ich hab den Keller voller Spielzeug für die Kids, haben wir alles gesammelt. Nehme ich dann gleich mit.«

»Auf Facebook?«, hatte Frau Mayer geseufzt. »Von Facebook hält der Krömer ja gar nichts. ›Schlechte Sitten lauern da‹, sagt er immer.«

Philipp hatte dazu nichts gesagt, sondern nur gegrinst.

Später, nach dem ehrenamtlichen Einsatz im Heim, war Philipp zurück in die Firma gekommen.

»Frau Mayer, ich leiste dir ein bisschen Gesellschaft«, hatte er gesagt. Und sie hatte ihm lachend durchs Haar gestrubbelt, weil der Junge so ein großes Herz hatte.

Seit etwa einer Viertelstunde waren sie nun zu dritt: Gisela hatte den Beginn ihrer Putzschicht auf später verschoben; wie sonst an jedem anderen Abend erst mal den Müll zu entsorgen, den der Krömer nie selbst in den Abfalleimer warf, konnte noch etwas warten. Jetzt studierte sie zusammen mit den anderen beiden die Gedankengänge ihres Chefs.

»Wer weiß heute schon noch, wie man sich benimmt«, entzifferte Gisela die schlampige Handschrift.

Frau Mayer zerknüllte die Notizblätter beherzt und warf sie Richtung Papierkorb, wo sie neben der mayonnaiseverschmierten Serviette auf dem Boden landeten.

Gisela schaute dem Papierball betroffen hinterher. »Musste das nicht noch schönschreiben für den feinen Herrn?«

Frau Mayer zuckte gleichgültig die Schultern. »Und du? Musst du ihm nicht noch seinen Dreck wegräumen?«

Gisela imitierte ihr Schulterzucken. »Bei mir ist Hopfen und Malz wohl verloren! Genau wie bei dir, Frau Mayer!«

Philipp kicherte albern. »Und was ist mit mir, gibt es da noch Hoffnung auf Anstand?« Wie auf Kommando schüttelten beide Frauen gleichzeitig übertrieben den Kopf.

»Nee, Junge«, schnaufte Frau Mayer, »du bist mal gleich der Untergang vom Abendland!«

Wenig später verließen die drei gemeinsam das nächtliche Gebäude. Das Büro blieb zurück, wie Krömer es verlassen hatte, mitsamt den Mayonnaise-Flecken und ohne dass sein flammendes Pamphlet das Licht der Welt erblickt hatte. Die Blätter mit seinen Notizen waren zuvor dürftig wieder geglättet worden und lagen nun mit den Spuren ihrer Misshandlung auf dem ungeputzten Schreibtisch. Auf der Rückseite hatte das Trio eine Nachricht hinterlassen:

»Haben uns Ihre Worte umgehend zu Herzen genommen, Chef. Denken darüber nach und sind dafür richtig anständig einen trinken gegangen. Danke!«

Autorenbiografien

Heike Abidi ist studierte Sprachwissenschaftlerin. Sie lebt mit Mann, Sohn und Hund in der Pfalz bei Kaiserslautern, wo sie als freiberufliche Werbetexterin und Autorin arbeitet. Heike Abidi schreibt vor allem Unterhaltungsromane für Erwachsene sowie Jugendliche und Kinder.

Kerstin Bätz lebt mit ihrer Familie in einem 140-Seelen-Dörfchen im lieblichen Taubertal. Neben der umfangreichen Arbeit im ehemaligen Pfarrhaus und dem zugehörigen Garten betreut sie Kinder der Grundschule außerhalb des Unterrichts. Im Sommer 2015 erschien ihr erster Psychothriller.

Volker Bätz war schon immer ein Geschichtenerzähler. Er war als Publication Manager und Autor für die US-amerikanische Firma Dark Age Games tätig. Im Laufe dieser Tätigkeit wurde ihm irgendwann klar, dass er das Schreiben in seiner Muttersprache unbedingt versuchen musste.

Susanne Böckle, von Beruf Justizangestellte, wollte schon als kleines Mädchen Bücher schreiben. Einen Großteil ihrer Kindheit verbrachte sie in der Leihbücherei. Schon in der Grundschule waren ihr Buchstaben und Wörter sympathischer als Zahlen und sie kritzelte lieber Geschichten statt Rechenaufgaben in ihr Matheheft. Auch heute verschlingt sie noch fast jedes

Buch, das ihr zwischen die Finger gerät. Seit einigen Jahren schreibt sie Kinderbücher, aber auch Geschichten für Erwachsene. Die Autorin lebt am Rande des Nordschwarzwaldes mit herrlichem Blick auf das Enztal. Von ihr stammen die Geschichten *Typisch Müller* sowie *Ungewöhnlich bunt*.

Nikolas Brandenburg begann nach seinem Studium direkt, bei einem großen deutschen Automobilbauer zu arbeiten. Nach etlichen Jahren wechselte er als Abteilungsleiter des User-Help-Desks in eine ebenfalls nicht kleine Versicherungsgesellschaft und fing an, seine Erlebnisse niederzuschreiben. Noch heute sammelt er die skurrilsten Geschichten und möchte irgendwann einen Best-of-Band seiner besten Einstellungsgespräche herausbringen. In seiner Freizeit macht er am liebsten nichts mit Menschen, sondern geht gern angeln oder spielt an der Konsole Call of Duty.

Ursi Breidenbach, die Autorin von *Bin ich da jetzt schon drin?* und *Assistent/-in gesucht,* studierte Kunstgeschichte und Kulturmanagement in Wien. Sie lebt mit ihrer Familie in Leoben (Steiermark) und München. In ihren Unterhaltungsromanen für Erwachsene und Jugendliche verbindet sie gern Liebe mit Kunst und Kultur.

Julia Dombrowski wurde 1980 in Herford geboren. Sie studierte Germanistik und Philosophie in Marburg an der Lahn und an der Karls-Universität Prag. Heute arbeitet sie freiberuflich vor allem als Werbe- und PR-Texterin, Kolumnistin und Bloggerin.

Akram El-Bahays größter Wunsch ist zwar nicht, »einmal selbst Teil einer Geschichte zu sein«, doch er liebt es, als Autor eigene Geschichten zu erfinden. Seine Freude am Schreiben lebt er als Journalist aus. Als Kind eines ägyptischen Vaters und einer deutschen Mutter ist El-Bahay mit Einflüssen beider Kulturen aufgewachsen.

Paul Faber hat nach seiner Schulzeit auf dem platten Land auf den Rat seiner Eltern gehört und zunächst einen sinnvollen Beruf erlernt. Warum er diesen Sinn damals ausgerechnet in der Verwaltung vermutete, kann er zwanzig Jahre später nicht mehr nachvollziehen. Immerhin liefert das Thema Stoff für literarische Verwertung. Und Zeit zum Schreiben findet man bei derart geregelten Arbeitszeiten obendrein.

Christa Goede ist Diplom-Politologin, Social-Media-Managerin (FH Köln), Klartextschreiberin, Schachtelsatzallergikerin, Rechtshänderin, Linksdenkerin, Internetbewohnerin, Blümchenliebhaberin, Punkrockhörerin, Motivationsmaschine, Monsterhäklerin, Disziplintierchen und Besserwisserin mit Sinn für Humor.

Moritz Hampel wurde 1973 in Berlin geboren und wuchs im östlichen Niedersachsen auf. Nach dem Abitur leistete er anderthalb Jahre Zivilersatzdienst in einem Sozialprojekt mit straffällig gewordenen Jugendlichen in Dublin, Irland. Nach einem Studium der Nordamerikastudien an der FU Berlin arbeitet Moritz Hampel derzeit als Game-Designer. Er hat drei Kinder und wohnt mit seiner Familie in Berlin.

Andreas Kammel wurde 1985 am Bodensee geboren; Gerüchten zufolge hat er schon bald darauf mit dem Schreiben begonnen. Das Verlangen, an Erfahrungen und Gefühlen teilzuhaben, die nie erlebt worden sind, der Wunsch, durch ungewöhnliche Perspektiven den Menschen ihre letzten Geheimnisse zu entlocken – all das hält ihn bis heute bei der Stange. Aus ähnlichem Antrieb heraus studierte er Physik, legte seinen Master bei Stephen Hawking in Cambridge ab und promovierte schließlich an einem Max-Planck-Institut. Wenn er nicht gerade für einen seiner Jobs durch die Weltgeschichte reist oder an neuen Projektideen feilt, lebt er mit Partnerin und Hund in München. Von ihm stammt der Beitrag *Die Splitter im Glas*.

Verena Napiontek studierte Germanistik und Anglistik. Seit zig Jahren arbeitet sie als Redakteurin (Schwerpunkt Politik) und Kolumnistin. Eine Auswahl ihrer Kolumnen ist in einem Buch erschienen. Mit ihrem Mann lebt sie in der Mitte Hessens – und hofft, sich irgendwann ihren Jugendtraum erfüllen zu können: auf einer Terrasse im Süden am Meer Romane zu schreiben.

Petra Plaum entstand in der Wüste Tunesiens, wurde geboren in Pforzheim am Schwarzwaldrand und lebte auch schon in Kalifornien, bevor sie in Bayerisch Schwaben sesshaft wurde. Mit so einer Vita muss man schreiben – in ihrem Falle vor allem Fachartikel zu Medizin- und Bildungsthemen sowie Kurzgeschichten. Petra Plaum teilt sich ihr Zuhause mit Mann, drei Töchtern, einem Hamster, zwei Wellensittichen und etwa einem Dutzend Süßwasserfischen.

Heike Eva Schmidt, geboren in Bamberg, lebt im schönsten Teil Oberbayerns zwischen Bergen und Seen. Nach einem Psychologiestudium war sie zunächst als Journalistin für Radio, TV und Print tätig, ehe sie ein Stipendium für die Drehbuchwerkstatt München erhielt. Seitdem arbeitet sie als freie Drehbuchautorin und Schriftstellerin. Von ihr stammt die Geschichte *Alles roger in Kambodscha*.

Heike Schulz, Jahrgang 1968 und Mutter zweier erwachsener Kinder, lebt mit ihrer Familie in der Nähe von Köln. Sie hat jahrelang multikulturelle Jugendfußballmannschaften trainiert und in der Betreuung eines Jugendtreffs sowie als pädagogische Betreuungskraft an verschiedenen Schulen ihrer Heimatstadt gearbeitet. Die Autorin schreibt Romane für Jugendliche und junge Erwachsene und ist Mitglied des Autorenkreises Rhein-Erft. Wenn sie nicht gerade schreibt, liest oder ins Kino geht, kann man sie auf ausgedehnten Wandertouren durch die freie Natur antreffen.

Andrea Schütze ist Diplom-Psychologin und schreibt eigentlich Kinderbücher, die es in sich haben. Wenn sie ab und an eine Pause von Feenzauber, Hexenwirbel und sonstigen magischen Verwicklungen braucht, dürfen es gern mal Kurzgeschichten für Erwachsene sein. Und die haben es dann auch in sich. Nur anders. Mehr auf: www.andrea-schuetze.de

Mina Teichert, als Winterkind im Jahr 1978 in Bremen geboren, verfolgte zunächst hartnäckig das Ziel, Kunstreiterin im Zirkus zu werden. Mit zwölf entschied sie sich um und beschloss, Kinofilme zu machen, was sie über den Umweg der Fotografin ans Schreiben brachte. Mit ihrem vorsichtigen Debüt *Cherryblossom* gelang es ihr, 2012 als Autorin das Licht der Welt zu erblicken und sich in diese Art des Geschichtenerzählens zu verlieben. Wenn sie nicht gerade schreibt, hilft sie ihrem Mann auf seinem Milchviehbetrieb oder bemuttert ihre dreizehnjährige Tochter und deren Katzenbabys.

Tino Schrödl wurde 1972 geboren und arbeitet als Autor, Regisseur und Producer von TV-Reportagen.

Friedrich Wolf entdeckte bereits früh seine Liebe zum Schreiben. Heute verarbeitet er seine Erlebnisse und Gedanken zu fantasievollen Geschichten. Nebenberuflich ist Wolf dabei in einem Callcenter aktiv und hilft Menschen mit Computerproblemen. Für ihn die beste Inspiration für seine Storys.

Manuela Wolfermann ist Erzieherin/Heilpädagogin. Schon als Kind war sie eine richtige Leseratte. Nachdem sie sich durch die gesamte Kinder- und Jugendbücherei gelesen hatte, fing sie an, selbst Geschichten zu erfinden. Leider verstaubten sie erst mal in der Schublade. Nach der Geburt ihrer Kinder flammte diese Leidenschaft wieder auf. Sie hat Veröffentlichungen in Anthologien und pädagogischen Fachzeitschriften vorzuweisen. Mit ihrem Mann, zwei Kindern und etlichen Haustieren lebt sie in Dortmund.

Impressum

Herausgegeben von Heike Abidi und Anja Koeseling
Willkommen in der Bürohölle!
Von schrecklichen Chefs, fiesen Kollegen und unfähigen Untergebenen
ISBN: 978-3-959100-45-8

Eden Books
Ein Verlag der Edel Germany GmbH
Copyright © 2016 Edel Germany GmbH, Neumühlen 17, 22763 Hamburg
www.edenbooks.de | www.facebook.com/EdenBooksBerlin | www.edel.com
1. Auflage 2016

Dieses Werk wurde vermittelt durch die Literaturagentur Scriptzz, Berlin |
www.scriptzz.de

Einige der Personen im Text sind aus Gründen des Persönlichkeitsschutzes
anonymisiert.

Projektkoordination: Svenja Monert
Lektorat: Antje Winkler
Umschlaggestaltung: BüroSüd | www.buerosued.de
Layout und Satz: Datagrafix Inc.| www.datagrafix.com
Druck und Bindung: optimal media GmbH, Glienholzweg 7,
17207 Röbel/Müritz

Das FSC®-zertifizierte Papier *Holmen Book Cream* für dieses Buch lieferte
Holmen Paper, Hallstavik, Schweden.

Printed in Germany

Dieses Buch ist auch als E-Book erhältlich.

Um die kulturelle Vielfalt zu erhalten, gibt es in Deutschland und in Österreich
die gesetzliche Buchpreisbindung. Für Sie, liebe Leserin und lieber Leser,
bedeutet das, dass Ihr verlagsneues Buch jeweils überall dasselbe kostet,
egal, ob Sie Ihre Bücher gern im Internet, in einer großen Buchhandlung oder
beim kleinen Buchhändler um die Ecke kaufen.